관광지리학자와 함께 답사하는

한국의 땅

관광지리학자와 함께 답사하는

한국의 땅

| 윤병국 지음 |

이 도서는 2019년도 경희사이버대학교
연구비지원에 의한 결과임. (KHCU 2019-6)
This work was supported by the Kyung Hee Cyber University Research Fund in 2019 (KHCU 2019-6)

머리말

한국에서 1960년대부터 대학에 관광학과가 개설될 때 지리학자들이 관광학연구와 관광학과 개설을 주도하였음에도 불구하고, 현재 관광지리학의 위상은 관광학 또는 관광경영학의 분과학문밖에 인정받지 못하고 있다. 특히 관광통역사 자격증시험의 관광자원해설은 본래 관광지리 과목이었고 그 지식이 없으면 시험 보기 힘들고 관광안내가 충분하지 않기에, 관광지 해설에 있어서 관광지리는 근본이다.

서구에서 관광지리학의 역할이 무엇이고 그 방향성을 어떻게 설정해야 하는가에 대한 꾸준한 연구와 논쟁이 진행되어 온 것에 비해 국내의 연구는 저평가되고 있고 그 미래는 불투명하다. 그럼에도 불구하고 관광활동과 관광산업의 성장을 지속해서 유지하고 더욱 발전시키기 위해서는 관광지리학의 기여는 필수적이다.

이에 우리의 국토를 일반인들도 쉽게 이해하고 흥미를 느낄 수 있게 하며, 관광학 전공자들에게 관광지개발, 관광자원 개발, 관광상품 구성 등에 필요한 우리 땅의 관광지리적 현상을 찾아가는 길이 즐겁고 흥미로운 여행이라는 것을 알리고 싶은 마음이 이 책을 저술하게 된 이유이다. 그러기 위해서 국내 관광지리학 관련 전문 지식을 최대한 정리하고자 하였고, 이를 바탕으로 관광지리학 연구와 대상에 대한 새로운 방향성 설정해 보았다. 그리고 기존의 관광지리서에서 상대적으로 미흡한 지리적 현상이 어떻게 관광지를 구성하는 요소가 되고 관광상품으로 활용될 수 있는가에 설명하는데 많은 부분을 할애했다.

각 장의 구성은 다음과 같다.

제1장은 우리 땅 연구와 방법론으로 기존 연구의 의미와 미진한 방법을 보완하였다. 제2장은 전통적 지리관을 부활시키고 우리 땅을 재해석하고자, 전통적인 땅에 대한 인식으로 풍수지리를 이해하고 현대적 관점에서 적용하는데 비중을 두었다. 제3장은 관광공간으로서 우리 땅의 자연지리적 환경을 기술하였다. 제4장은 관광공간으로서 우리 땅의 인문지리적 환경을 기술하였고 다양한 관점과 사례를 추가하였다. 제5장 관광지리적 지식이 관광개발에 어떻게 연계될 수 있는지를 사례 중심으로 연구하였다. 제6장은 새로운 관광공간을 전통적 공간에서 찾았고, 미래형 관광공간을 문화관광개발과 접목하는 방안도 제시해보았다.

본서는 관광관련학부의 전공자뿐만 아니라 여행지리의 교양서적으로서도 역할을 할 수 있게 내용을 구성하였다. 따라서 여행을 통해 즐거운 인생을 살고자 하는 여행자를 위해서 조그마한 지식과 경험을 보탠 것이다.

이 책에 수록된 사진과 내용은 저자가 37여년의 관광지리학자로서 국내외를 답사하면서 찍은 것과 저술논문의 내용이다. 그럼에도 부족한 부분은 공공기관의 자료와 사진 그리고 동료·선후배의 책과 논문을 인용하였다. 이 책이 나오기까지 동기유발을 해준 경희사이버대학과 한국학술정보 관계자께 감사드린다. 아이러니하게도 컴퓨터 속에 묵혀있던 사진과 글이 집중화 작업으로 세상에 빨리 나오게 촉진제가 된 것은 코로나 19로 인한 6개월여의 사회적 거리두기와 온라인교육 덕분이었다. 끊임없이 변화하는 세상에 묻혀 살지만, 우리 땅에 누적된 경이롭고 신묘한 경관들과 함께 어울리면서 행복하게 살아가고자 하는 것이 이 책의 마지막 바람이다.

2020. 8.
경희사이버대학교 관광레저항공경영학부
윤병국 교수

목 차

다섯 걸음 관광지와 관광 개발

여섯 걸음 미래 관광 공간 창조

우리 땅의 연구와 방법론

01 지리학의 개념과 연구방법

지리학의 역할과 개념

이 책은 한국의 땅에 대한 연구서이다. 그래서 한국의 땅을 연구를 위해서는 그 땅에서 오랜 세월 동안 부대끼면서 지속적으로 살아온 사람들의 이야기를 함께 해야 제대로 된 연구가 된다. 땅이 인간을 만나 그곳의 자연환경과 적응하면서 만들어낸 독특하고 차별화된 것을 지역성이라 하고 그들이 만들어낸 '삶의 양식'이 문화이다. 지역성과 문화 그리고 그것을 잉태한 자연 및 인문환경을 연구하는 학문이 지리학이다.

서양에서 지리학은 영어권을 기준으로 Geography라고 하는데 B.C. 273~B.C. 192 그리스 지리학자 에라스토테네스(Eratosthenes)가 최초로 사용하였다는 기록이 있으며 그 의미는 Geo 토지(땅)를 graphia 기술하다는 의미였다.

동양에서 지리(地理)는 중국 한나라 한서지리지(漢書地理誌)에서 그 어원을 찾을 수 있다. 이 책이 중국 한나라의 산천, 산물, 인물, 풍물 등을 기록한 것으로 보아 지지(地誌)적 연구(Regional Study)부터 시작되었다고 할 수 있다.

지리학은 동서양을 막론하고 중세이전에는 각 지역에 사는 사람들의 모습과 지역 생산물을 기록하고 세금을 징수하기 위한 국가경영 목적의 학문이었다. 식민 착취시대에는 낯선 정복지의 정보와 상황을 전달하는 역할을 하여 탐험대열에 반드시 지리학자가 포함되거나 선봉대 역할을 하였다. 이후에 유럽의 프랑스, 독일, 영국 그리고 미국의 학자들을 중심으로 지리학으로서의 학문적 위상이 형성되어 왔다. 불행하게도 한국의 근대지리학은 일본 식민시대에 우리 국토를 착취하기 위해 그리고 식민지 국민교육을 위해 도입되었다. 그러나 이후 해방 이후 한국 1세대 지리학자들을 중심으로 전통지리학과 서구의 지리학을 접목하며 진정한 의미에서의 한국 지리학 역사가 시작되었다.

현재는 지역에 펼쳐진 '인간 삶의 모자이크'를 연구하는 학문에서 신지역 지리학, GIS 등으로 과학적 지리학으로 한국 사회발전의 중요한 역할을 하고 있다.

이러한 지난(至難)한 과정을 거쳐 형성되어온 지리학은 '지표상에 나타나는 인문 및 자연의 여러 현상과 인간과의 관계를 공간적인 입장에서 과학적으로 연구하는 학문'으로 개념이 정립될 수 있게 되었다.

지리학의 연구방법

지리학의 연구대상인 지역을 인식하는 연구방법에는 우리 조상들이 자생적(일부 학자들은 중국에서 받아들였다고도 함)으로 자연을 인식하는 체계로 구축해온 전통적인 연구방법인 풍수지리와 서구의 과학적 접근방법으로 크게 나눌 수 있다.

1) 전통적 연구방법

우리 조상들의 자연(지역)에 대한 인식은 지리과학적인 접근과 신앙적인 접근의 두 가지가 조화롭게 운용되었다. 지리과학적 방법은 우리 국토를 이용후생적, 실용적, 과학적 국토관으로 파악한 방법으로 주로 국세(國勢)를 파악하고 지역성을 구명하여 통치의 수단으로 활용되었고, 세종실록지리지나 이중환의 택리지가 대표적인 저작물이다.

풍수지리적 접근방법은 땅속의 기(氣)의 존재 여부를 어떻게 논리적이고 실증적으로 표현하느냐에 따라 '풍수지리학' '풍수지리설' '풍수지리사상'으로 나눌 수 있다. 어떤 용어를 사용하더라도 풍수지리는 우리 조상들이 우리 국토에 적응하면서 형성된 지모(地母)사상을 바탕으로 바람과 물의 흐름, 산의 형세에 의해 형성된 지기(地氣)가 인간의 길흉화복(吉凶禍福)에 영향을 미친다는 한국인의 자연관이며 땅에 대한 신앙이다.

서구적 연구방법에는 전통적인 지역적 방법과 계통적 방법으로 대별 할 수 있는데 계통적 연구방법(Systematic Approach)은 '지역의 인문 자연의 구성요소를 개별적으로 비교·분석하여 일반 원리를 구명(究明)하는 방법'으로 그 대상에 따라 자연지리학과 인문지리학으로 분류할 수 있다. 지역적 연구방법(Regional Approach)은 지역을 구성하는 자연 및 인문 현상을 종합적으로 분석하여 그 지역만이 가지고 있는 독특한 지역성을 밝히는 방법으로 지역학(地域學) 또는 지지학(地誌學)이라고 한다.

02 관광지리학의 개념과 연구방법[1]

관광의 개념

현대에서 관광이란 단순히 경제적 목적에 의한 산업적 차원에서 다루어지던 시기를 지나 인간의 일상생활에서 즐거움을 추구하는 중요한 영역으로 자리 잡게 되었으며, 인간 생활과 유기적 관계를 맺고 발전하고 있다. 이러한 시점에서 현대에 있어서 관광의 의미를 한마디로 설명하기에는 그 범위가 확대해가고 있고, 이미 우리 사회에서 일과 함께 여가활동으로서 관광은 삶의 중요한 부분을 차지하고 있다.

현대 관광의 역할은 복잡 다양해지는 현대사회의 구조 속에서 사람들의 자유시간 확대에 따른 자기실현 욕구의 충족을 위해 일상생활의 압박감에서 벗어나 다른 지역의 문화, 사회, 자연을 즐기기 위한 자유에로의 탈출을 통해 해방감을 경험하기 위한 것으로 풀이할 수 있다.

관광학의 연구대상인 관광현상은 단순하지 않은 복합현상으로 구성되어 있으므로 사회적 성격이나 관련 배경을 분석하지 않고는 내포된 의미와 구조를 설명하기가 어렵다. 현대의 관광현상을 이해하기 위해서는 정치경제적 배경, 문화, 사회 전체의 일반적 가치관, 노동환경, 여가환경, 기업 및 개인의 윤리, 가족 등 다양한 분야와의 연결고리를 깊이 탐구하지 않고서는 이해하기 어려운 현상이다. 그러므로 단일하고 편협된 시각에서 관광에 대한 연구를 시도하면 무리수가 따를 수밖에 없다.

'관광'이라는 학문적 용어가 개념 지어지기 전에 이미 전 지구상의 문명국가에서 관광현상은 존재하고 있었지만 그것이 학문으로 정리되어 세상 밖으로 나온 것은 20세기 초반이었다. 그 기록이 유럽에서 가장 많이 발견되기에 관광학의 시초를 유럽으로 인정하는 것이 학계의 일반적인 관행이지만, 동양과 이슬람 세계에 대한 보다 심도 높은 관광학 관련 연구를 통해 보완해야 할 부분이기도 하다.

정의란 간단하고 함축적인 내용을 담고 있으면서 누구든지 공감할 수 있는 의미의 전달이 있어야 한다. 따라서 지금까지 관광학자들의 관광에 대한 정의를 간략히 요약하면, "관광은 인간의 여러 가지 욕구 중 변화를 추구하려는 일탈의 욕구가 이동(移動)이라는 행위를 토대로 일상생활권을 벗어나 새로운 환경 속에 진입하여 심신의 변

---

1) 이 장은 저자의 다음 두 논문을 재정리한 것임. 윤병국, 2008.11, 관광지리학의 역할과 위상정립에 관한 연구, 지리학총 36집, 경희대학교 지리학과 / 윤병국, 2012.2, 2000년 이후 국내 관광지리의 연구동향과 향후 과제, 관광연구저널 26권 1호, pp. 131~148, 한국관광연구학회

화 추구와 여러 다양한 변화를 즐기는 인간 활동의 일체를 의미한다"고 할 수 있다. 또한 이 개념들이 가지고 있는 공통분모를 뽑아 보면 보편적 용어로서 'Traveling for Pleasure 즐거움을 위한 여행'으로 관광을 정리할 수 있다.

이상의 개념과 정의를 토대로 하고 관광과 유사한 인접개념을 포함시켜 관광의 정의는 '인간의 자유시간(Leisure) 가운데서 생활의 변화를 추구하려는 인간의 기본적 욕구를 충족하기 위한 여러 행위(Recreation) 중 일상 생활권을 떠나(Travel) 다른 자연 및 문화적 환경에서 즐거움을 추구하려는 일련의 행위(Activity)'라고 할 수 있다.

관광지리학의 개념과 역할

1) 관광 연구에서 지역의 개념과 지역성

지역이란, 지표 위에서 인간이 만들어 놓은 지리적 공간으로 자연, 문화, 경제적 환경과 공간요소를 기초로 하여 인간의 부단한 의사결정 과정을 통해 지표상에 누적된 지인화[2]된 공간[3]으로, 만지는 실체적 지표를 말하기 보다는 개념적으로 인식되고 구성되는 지표로서 일정한 질서와 공간 조직이 있으며 각종 사상(事象)이 내재되어 있는 공간이다.

그 지역에는 다른 지역과 공통점을 가지고 있으면서 타 지역과 구분되는 그 지역만이 가지고 있는 독특한 특성이 나타나는데 이것이 지리학의 연구대상인 '지역성'이 되며, 이 지역성에 의해 다른 지역과의 차별성을 갖게 되며 이것이 관광의 관점에서는 관광지가 되고 관광자원의 진정성(Authenticity)이 되는 것이다.

2) 관광지리학의 개념과 목적

관광현상을 연구하는 것이 관광학의 학문적 목적이라면 그러한 관광활동이 펼쳐지는 무대로서의 '지역'에 대한 연구는 필수적인 요소인 것이다. 이러한 지역에 대한 연구는 다양한 학문분야 즉, 지역학, 지리학, 도시계획 등에서 이루어지지만 그 지역이 가지고 있는 인문 및 자연의 복합적인 현상을 파악하는 데에 있어서 지리학적 접근방법이 그 실체에 접근하는데 가장 적합한 방법이다. 지리학의 여러 분야 중 인간의 즐

---

2) 지인화(地人化): 지표(땅) 위에서 인간의 의사결정 행위에 의해 창조된 공간화 과정 및 그 결과물로 이 과정을 통해 지역성을 형성

3) 공간: 지역은 点(주거지, 취락), 線(통신, 교통), 面(인간 활동의 영향권)의 3가지 요소의 공간형태로 구성되어 있다고 분석하는 지역의 3차원적 재구성 개념

거움을 느끼는 공간을 연구하는 관광지리학은 특별한 관심거리가 되는 '관광지역'과 '관광자원'을 연구대상으로 삼으며, 관광지의 특성과 관광지의 형성과 변화를 분석하고 연구하는 학문 분야이다. 특히 관광 개발에 있어서 그 지역성과 관광자원의 진정성(Authenticity)을 제대로 분석하고 그것의 가치를 최대한 살리는 방향으로 개발 계획을 수립해야 소중한 개발비를 낭비하지 않는다. 또한 관광가이드나 관광자원 해설가들이 그 지역을 설명하고 관광자원을 안내할 때 전설과 설화로만 관광객들에게 전달하여 흥미를 유발하고 있는데 이는 그 관광지역과 관광자원이 가지고 있는 진정성을 제대로 전달하지 못하는 허구의 관광활동만 양산하게 되는 것이다.

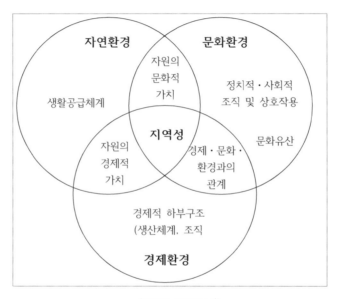

〈지역의 구성요소4)〉

그러므로 관광 개발, 환경보전은 그 대상 지역의 구성요소에 대한 냉철하고 합리적인 판단이 배제되고서는 제대로 된 결과를 도출할 수 없으므로 관광지리학적 접근이 필요한 것이다.

---

4) 자료: 윤병국·한지훈, 2013

관광지리학의 발전과정

1) 서구의 관광지리학의 발전과정

서구사회에서 학문적 연구분야로 선택하여 발전하여 그 연구결과가 상당 기간 누적되어온 관광학은 그 개념과 정의, 관광학 연구의 범주(Category) 확대, 그리고 인접학문과의 통섭적 연구 등이 활발하게 진행되고 있다. 그중에서도 지리학이 관광학의 연구 및 발전에 중요한 역할을 해오고 있어 학문의 한 분과(Disciplinary)로 정립되어 관광지리학(Tourism Geography)이라는 용어로 정립되어 세계적 저널들이 발표되고 있고 관광지리학의 위상과 사회적 역할에 대한 이의를 제기하는 것은 관광학연구의 심도가 떨어지는 것으로 여겨지고 있다.[5]

2) 한국의 관광지리학 발전과정

한국에서는 초기 지리학 연구자들이 관광학연구와 관광학과 개설을 주도하였음에도 불구하고 현재 관광지리학의 위상은 관광학 또는 관광경영학의 하부 분과학문으로 전락하고 있는 실정이다.

초창기 대학교육으로 관광학과 태동[6]에 절대적 역할을 한 지리학은 개별학문인 지리학의 응용지리학 측면의 관광지리학으로 시작하였지만, 학문의 기조가 종합사회과학적 접근방법으로 전환하는 흐름 속에서 두각을 나타내지 못하였다. 관광사업의 활성화로 전국의 관광관련학과가 급격히 개설되고 관광학연구가 활성화되면서 그 운영의 키(Key)를 경영학이나 경제학 등의 자본과 경영의 효율성과 경제적 역할에 중심을 두는 기조에 넘겨주게 되었다. 그것은 여러 가지 원인에 기인하지만 가장 큰 것은 현대과학의 실용성에 부응하지 못했다는 것이다. 다행히도 일부 지리학과에서 응용적 측면에서 관광지리학 또는 여가지리학에 대한 석사 및 박사학위 논문이 배출되고 있기에 다시금 개별과학의 응용적 측면으로서 관광지리학의 부흥과 관광학 내에서 학제적 접근(Interdisciplinary)으로 관광지역연구와 스마트관광의 기반을 제공하는 학문적 역할을 위해 노력해야 하는 숙제가 남아 있다.

---

5) Richard Butler, (2004), Geographical Research on Tourism, Recreation and Leisure: Origins, Eras and Directions, Tourism Geographies, 6(2), 143~162
6) 서울에만 초점을 맞춘다면 1세대 관광지리학자들은 각 대학의 관광학과 개설에 절대적 기여를 하였다. 경기대학교의 관광학과(1964년 학과설립)의 이장춘 교수, 한양대 관광학과의 김흥운 교수, 경희호텔전문대학(1974년 설립, 현 경희대학교 호텔관광대학)의 김상훈·김종운 교수, 한국관광지리학회를 창립한 성신여대 지리학과 임한수 교수, 한국관광 개발학회를 창립한 강원대 김병문 교수는 지리학자로 한국의 관광학 연구의 1세대이면서 한국의 관광지리학을 자리 잡게 한 시조라고 할 수 있다.

관광의 구조 속에서 관광지리학의 역할

현대 사회에서 관광이 주목받는 사회현상으로 자리매김하였고, 이 현상을 유지하고 존재시키는 구성요인은 크게 관광주체(관광객: Tourist), 관광객체(관광대상, 관광지 및 관광자원: Tourism Region · Resources), 관광매체(관광사업자: Tourism Media) 등 세 부문으로 구분된다. 그리고 공공부문의 역할과 기능에 대한 중요성이 더해가고 있으며 새로운 관광구조로 성장하고 있다. 이 세 부문의 역할은 다음과 같다.

관광객 | 관광객은 관광지를 변화시키는 동인(動因)으로서 분석하는데 이들의 이동 경로, 관광객유입에 의한 지역 변화, 그리고 그들의 지출에 의한 지역경제 파급효과 등을 분석하는 것이 관광의 구조 속에서 관광지리학의 역할이다.

관광지(관광자원) | 관광지는 관광객이 일상생활권을 벗어나 관광욕구를 충족시키면서 일정 기간동안 체재하는 지역으로서 관광자원과 관광시설을 갖추고 있으며, 정보제공 서비스가 이루어지는 일정한 공간을 의미한다. 지표상에 표출된 지리적 현상 중 관광객에게 즐거움과 신기성을 제공하는 특별한 관심거리가 '관광자원'이 되며, 그 관광자원을 담고 있는 실제의 지리적 공간은 '관광지'라 개념 지을 수 있으며 그것은 주어진 자연, 문화, 경제적 환경과 공간요소를 기초로 하여 인간의 부단한 의사결정 과정을 통해 지표상에 누적된 의사결정의 결과이다.

관광지와 관광자원의 개념적 차이는, 관광지는 지역 전체가 관광욕구를 충족시킬 수 있다는 점에서 관광자원과 같은 의미이지만 모든 유형의 관광자원이 특정한 '지역'이라는 공간적 개념을 갖고 있는 것은 아니라는 점에서, 관광지는 관광자원과 구분되는 개념이다. 관광자원은 공간상 점(點)의 개념이지만 관광지는 면(面)의 개념이라고 할 수 있다. 이 관광지와 관광자원이 관광지리학 연구의 최종 연구대상이자 실체이다.

관광시설(관광사업) | 관광시설과 관광사업은 관광객의 관광 활동의 만족도를 좌우하는 중요한 구성요소이다. 따라서 관광지의 특성에 맞는 관광시설의 입지, 형태, 규모, 기능이 설정될 수 있도록 기초적인 조사와 자료를 수집하여 종합적인 판단을 하게 할 수 있으며 관광시설의 입지 선정에 최적의 역할을 할 수 있다.

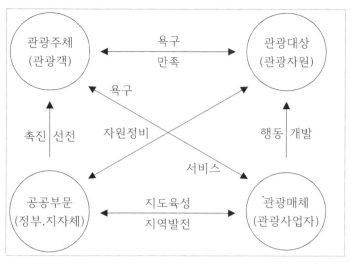

〈관광의 기본구조7)〉

관광발전에 있어서 관광지리학의 역할

1) 관광학 연구에 있어서 지리학의 역할

지리학과 관광학이 갖고 있는 공통적인 속성이 있다. 지리학은 지표면위에서 자연환경과 인문환경과의 상호작용으로 펼쳐지는 인간의 활동과 그에 따른 공간의 변화, 그 결과로 형성되는 지역적 특성(지역성) 파악에 그 연구의 목적을 두고 있다. 그 궁극적인 결과는 무엇이 그 공간과 장소를 구성하는지, 그 공간과 장소는 어떻게 변화하는지와 같은 Process(과정, 형성원인)의 규명을 추구한다. 그런데 관광이야말로 이러한 변화의 프로세스를 일으키며 사람들의 이동을 유발하는 가장 큰 동인(動因, Agent of change)의 하나이다. 따라서 지리학과 관광은 그 연구의 대상과 그 추구하는 목적이 같은 근본적으로 상호 밀접한 관련성을 가지고 있다.8)

이러한 공통점과 학문 간의 통섭에도 불구하고 관광학 연구에 있어서 간과하기 쉬운 영역은 지역을 기반으로 한 종합적인 접근방법을 소홀 할 수 있다는 것이다. 관광학이 인접분야와 학제간의 접근을 시도해서 다양한 접근방법을 모색하고 있지만 그것은 한두 개 학문 간의 통섭으로 연구의 한계점이 있다. 지리학은 지역에 대한 종합적

---

7) 자료: 윤병국·한지훈, 2013
8) 신용석, 2005, 영미지리학의 변천에 대한 통시적 고찰, 대한지리학회지, 40(4), 367~401

인 연구가 기본적인 접근방법이다. 그러므로 관광지에 대한 지역적 분석을 토대로 지역의 인문환경과 자연환경과의 상호연계성과 조화를 밝혀 지역특성에 맞는 관광지를 개발하고 관광자원을 부각시키는데 있다. 이것이 관광지리학이 지역에 기반한 관광산업을 발전시킬 수 있는 초석의 역할이다.

2) 관광 개발에서 관광지리학의 역할

관광지리적 입장에서 접근하는 관광 개발은 보전해야 할 경관을 훼손하면서 개발하는 파괴적 개발이 아니고 지속가능한 개발(Sustainable Development)을 전제로 하는 것이다. 개발자들(Developer)은 개발입지를 결정하는 데 있어서 멋진 경관지나 워터프론트(Waterfront)의 접근성을 증대시켜 건축물과의 조화를 이루어 그 대상 건축물과 토지의 부가가치를 높이려는 것이 일반적인 사고방식이다.

지리학적 마인드를 가지고 접근하는 개발방식은 그러한 훌륭한 경관은 그대로 보존하면서 그 경관을 멀리서 조망하는 뷰 포인트(View Point)에다 관광지개발을 추진하는 것이다. 즉, 버려지고 쓸모없는 땅에 그 적절한 용도를 부여하고 부가가치를 높여 자연과 인간과의 조화를 꿈꾸는 것이 지리학적 개발방식이다. 그 개발효과로서 지역주민의 소득증대와 지역을 관광지화 하여 결국은 지역의 번영을 가져 오는 것이다. 이렇게 관광지 조성이 조화롭게 진행되면 그 지역의 토지이용은 고도화되고 가치를 형성하여 관광흡인력을 높일 수 있다. 그러나 관광지 조성을 위한 자연개조가 무질서하게 이루어질 경우, 자연환경파괴는 물론 홍수, 산사태, 각종 공해를 유발시킬 가능성이 높기 때문에 관광 개발에 있어서 첫 작업은 그 지역에 대한 현황을 분석하고 지역성을 밝혀 관광 개발의 기초 자료를 제공하는 역할이다[9].

3) 관광시설 입지 결정에 있어서 관광지리학의 역할

관광시설의 개발은 거대한 자본이 투입되고 한번 건설되면 그 지역의 원형은 돌이킬 수 없는 상태가 되므로 심사숙고해야 하는 것은 기본 이치이다. 특히, 우리나라 같이 한정된 국토자원을 효율적으로 사용해야 하는 기본적 제약이 있기 때문에 대상 시설물에 적합한 최적 입지를 결정해야 하는 것이 현실적으로는 쉽지 않다.

관광시설의 입지 결정에 가장 큰 영향을 미치는 것은 관광시장과 관광자원과의 접근성, 지역의 역사성과 진정성, 지역성 등이다. 이러한 입지 조건은 그 지역과 국가에

---

9) 김종은 · 이승곤, 2000, 관광학에서의 지리학의 역할과 접근방법 모색, 대한지리학회지, 35(2호), 365~372

따라 다양하게 펼쳐져 있으며 그 최적 입지를 찾으려는 노력을 끊임없이 해야 한다. 우리나라의 경우 국토면적에 비해 경관 변화가 다양하고 각 지역이 지닌 지형, 기후, 식생, 생활양식과 함께 섬, 산악, 계곡 등의 개발로 이국적인 정취를 연출할 수 있으므로 개발 콘셉트에 따라 얼마든지 다양한 형태의 개발이 가능할 수 있다.

이상과 같이 관광지의 입지 조건으로 중요시되는 지형, 기후, 식생, 교통, 접근성에 대한 분석은 지리학의 방법론으로 얼마든지 구현할 수 있기 때문에 관광지리학이 관광입지와 관광산업발전에 가장 큰 역할을 할 수 있다.

참고문헌

김종은, 2000, 관광한국지리, 삼광출판사

윤병국·이혁진, 1996,12. 영어권과 일어권의 관광지리학 연구과제, 관광지리학 제6호, 한국관광지리학회

윤병국 외 6인, 2002, 한국의 지리적 환경과 관광자원, 여행과 문화

윤병국, 2008.11, 관광지리학의 역할과 위상정립에 관한 연구, 지리학총 36집, 경희대학교 지리학과

윤병국, 2012.2, 2000년 이후 국내 관광지리의 연구동향과 향후 과제, 관광연구저널 26권 1호, pp. 131~148, 한국관광연구학회

윤병국·한지훈, 2013, 관광학개론, 백암

우리 땅의 재해석

01 서구의 지리학과 한국의 전통지리

현재 한국의 지역연구 방법은 두 가지 체계로 혼재되어 있다. 우리 삶의 공간으로 자연을 인식하는 체계로 구축해온 전통적인 연구방법인 풍수지리와 서구의 과학적 합리주의에 기인한 접근방법으로 대별 할 수 있다. 하지만 이 두 가지 접근방법에는 엄청난 간극이 있다. 지역에 대한 인식이 서구의 과학적 사고관과 동양의 전통적 땅에 대한 인식 간에 괴리가 발생하고 있기 때문이다.

관광지리학의 연구방법은 지리학의 연구방법을 활용하여 현대사회의 관광 현상을 분석하기 위한 방법으로 그대로 적용할 수 있다. 물론 시대적 조류에 따라 다양한 접근방법이 나타났다 사라지는 패러다임의 혼재[1]가 나타나지만 기본적으로 다음과 같은 방법론이 기저를 형성하고 있다.

서구의 지리학연구 패러다임 변화

한국의 지리학은 고대부터 근대까지의 왕도정치의 구현수단과 민간신앙으로 내려온 풍수적 지역인식 방법이 주 흐름이었다. 이후 일제 강점기부터 서구의 지리학연구 패러다임이 들어오면서 지리적 현상을 답사한 후 글과 지도화에 의해 자료 정리하여 그 지역성과 이론을 구명하는 경험적 귀납적 연구 방법론이 정통적으로 인식하고 있다. 그러나 이러한 정통적 연구방법에 더하여 시대적, 사회적 환경변화로 다음과 같이 패러다임이 지속적으로 변화되고 있다.

1) 근대지리학의 패러다임(Paradigms)

근대의 지리학은 유럽에서 제국주의 팽창에 따른 미지의 신대륙 발견을 위해 필수적으로 동반해야 하는 지리학자의 역할로 새로 발견한 세계(지역)에 대한 다양한 자연 및 인문 환경을 소개하는 지지적 연구방법이 주를 이루게 된다.

특히, 프랑스의 블라쉬(Vidal de la Blache)는 각 지역의 경관(Landscape)이 다르게 펼쳐진 이유는 그 지역의 자연환경에 대한 인간 집단의 적응 형식이 다르기 때문이라

---

[1] 1960년 하버드 물리학과에서 과학사를 강의한 Thomas Kuhn에 의해 개념 지어진 용어로 "하나의 이론(생각)이 생성, 발표, 소멸될 때까지의 한 시대를 풍미하는 과학 정신"을 패러다임이라고 하는데 시대적 상황에 따라 끊임 없이 생성, 소멸을 반복하기도 하며 혼재되기도 한다.

는 '생활양식론'을 주장했다. 독일의 헤트너(Hettner)는 지지학이 지리학이 추구해야 할 방향이라고 주장하는 등 당시 유럽 지리학계는 지역학연구가 주요 패러다임이었다.

미국의 하트숀(Hartshorne)은 세계의 각 지역이 다른 것을 '지역 차이론'이라는 용어로 정의하고 지리학은 '타 지역과 구별되는 개별 지역의 예외성(지역성)을 연구하는 학문'으로 각 지표면의 다양한 특성을 기술하고 해석하는 것이 지리학의 역할이라 하여 지지학 연구의 정점을 대표하는 학자가 되었다.

2) 현대 지역연구의 패러다임 변화

1950년대 이후 근대지리학과 현대지리학을 구분 짓는 획기적 분기점은 미국의 신진 지리학자인 쉐퍼(Schaefer)가 원로학자인 하트숀(Hartshorne)를 비판하면서 시작된다. 쉐퍼는 하트숀의 지역차이론은 지역연구의 법칙 추구적 속성을 무시한 예외주의적(Exceptionalism) 속성만 연구하므로 지리학이 발전하기 위해서는 법칙화·과학화 해야 한다고 주장하였다.

그 후 다음과 같은 지역연구에 대한 다양한 패러다임이 진화 발전하면서 공존하고 있다.

(1) 실증주의 지리학(1960년대)

실증주의 지리학은 현실 세계를 표현함에 있어서 직접적으로 보여주고 과학적으로 분석하고 실증할 수 있는 것만을 인정하는 논리실증주의와 계량적 기법이 지배하던 1960년대 활발하게 연구된 패러다임이다.

모든 학문적 연구가 완벽할 수 없듯이 이 실증주의적 패러다임도 공간 법칙이 현실을 설명하는데 너무 객관적이어서 부적절하다는 반론과 함께 지리학연구 무대에서 서서히 내려왔다. 그러나 자연과학뿐만 아니라 사회과학에서도 숫자와 통계에 의한 연구방법이 사회적 현상을 제대로 분석한다고 맹신하는 학자들 사이에서는 여전히 채택되고 있는 연구방법이다.

(2) 인간주의 지리학(1970년대)

인간주의 지리학은 지역을 분석하면서 사회학, 심리학과 접목하여 '사유하는 인간의 주관성에 입각하여 지역 형성의 근본 원인인 인간에게 초점을 두고 연구를 진행'하는 패러다임이다. 그러나 이 방법도 인간의 가변적이고 변덕스러운 심리상태를 어떻게 표준화·규범화하느냐에 따라 다양한 연구방법으로 분화하고 있다.

(3) 정치·경제학적 지리학(구조주의 지리학, 1970~80년대)

정치·경제학적 지리학은 사회주의 철학을 선호한 학자들이 주로 채택하였는데 1970년대 현실참여론과 1980년대 사회주의 이론을 적극적으로 도입하면서 도시 빈민 형성, 도시와 농촌의 불균형, 자본주의 국가와 사회주의 국가 간의 지역 차이론 등을 분석하면서 지리적 분포와 불균등개발이 사상과 제도에 의해 결정될 수 있다는 구조주의적 관점을 견지하였다. 그러나 그 후 자본주의 발달과 더불어 불균형 개발의 시정과 사회주의 국가의 몰락으로 그 연구추세는 줄어들고 있다.

(4) 다양한 패러다임의 혼재(현재)

현대의 지리학의 패러다임은 지금까지 연구되어 온 패러다임과 더불어 새로운 연구방법으로 신지역 지리학, 정보의 지리학, 젠더(Gender) 지리학, 지리정보시스템(GIS)을 활용하는 등의 다양한 분야가 논의되고 있다.

이상의 지역연구가 어떠한 시대적 상황이나 패러다임(Paradigms)을 구사한다고 하더라도 '지역' 그 자체를 떠나서 진행한 연구는 의미가 없다. 특히, 지리학의 주요 연구대상 중 하나인 '지역성'과 관광지리학의 주요 연구대상인 관광객의 관광동기와 행동을 자극하는 '관광지'와 '관광자원'에 대한 연구는 절대적 진리로 어떤 시대적 상황이 바뀌더라도 지속하여야 한다.

한국의 전통지리

1) 지역연구에서 풍수지리의 이해

우리 땅을 인식하는 체계인 전통적 지리관에는 두 흐름이 있다. 전통적 지리과학과 풍수지리가 그것이다. 이 두 인식체계의 공통점은 기본적 개념과 목적은 같지만 풍수지리와 지리과학 모두 인간의 행복한 삶을 살기 위한 목적을 달성하기 위해 학리(學理)에 정통할 것을 요구하고 있다. 차이점은 응용단계로 풍수지리는 땅을 어머니로 보고 있으므로 땅을 대하는 태도도 자연히 자식으로서 일방적으로 요구할 뿐, 노동도 하지 않고 오로지 어머니의 사랑만을 믿는 유아적인 태도를 취하여 노력하지 않고 운(運)을 땅에 맡긴다는 것이다. 반면에 지리과학은 땅을 무생물로 간주하여 노동으로 땅의 생산물을 증대해야 한다고 생각하는 것으로 주로 고려와 조선시대에 왕도정치의 구현수단에 활용된 개념이다.

2) 풍수지리의 기원과 개념

(1) 풍수지리 기원과 성장

풍수(風水)라는 용어는 중국 동진(東晉)의 곽박(郭璞)이 쓴 『장경(葬經)』에서 처음 나타나지만[2], 그 이전부터 사용되어 온 것으로 보인다. 우리나라에서는 일찍부터 자생적인 지리 사상이 형성되어 왔다. 그러다 삼국시대에 중국으로부터 발달한 이론체계가 전래한 이래 고유의 풍속 등과 결합했고 이후 독자적으로 발전하였다. 통일신라시대 말 도선은 본격적으로 당(唐)나라의 이론을 수용하는 한편 한반도에 관계된 독자적인 이론을 개척하였다.

이처럼 땅에 대한 적극적인 태도는 한국 풍수사상의 고유한 특성으로 계승되어 고려 개국과 개경의 도읍지 선정에 활용되었다. 이후 조선이 유교를 국가 사상으로 선택했음에도 성리학의 이념과 결합되어, 전통적 풍수지리는 더욱더 왕실과 백성의 삶 속에 녹아들었다. 조선 초기에는 한양 천도 과정과 도성의 축조 그리고 도시계획 등 광범위하게 국가경영의 근간이 되는 학문으로 성장하다가 유교의 효(孝) 사상이 강조되어 기복신앙의 묘터를 잡는 음택풍수(陰宅風水)가 크게 성행하였다. 이런 현상은 특히 문물이 안정되기 시작한 조선중기 이후 극심해져 풍수지리는 개인과 가문의 부귀를 얻기 위한 '터 잡기' 잡술로 여겨지게 되었다. 이와 같은 풍수지리의 이기적인 적용 현상은 후기 실학자들로부터 망국의 표본이라는 격렬한 비판을 받았으나 홍경래(洪景來)의 난이나 민중의 개혁적 정서가 표출된 여러 민란, 동학농민운동 등에 정신적 바탕이 되기도 하였다.

일제 침략과 함께 서양 지리학이 도입된 뒤 풍수지리는 미신으로 여겨진 채 오늘날에 이르게 되었으며, 여전히 과학적 접근방법과 융합하지 못하고 이기적 풍수의 저속한 옛 관습이 그대로 남아 있는 실정이다. 그러나 근래 한국 학계의 전통사상 전반에 걸친 관심과 함께 풍수지리의 긍정적인 면이 새롭게 평가되고 있고, 면면히 내려오는 지리학계의 풍수지리 연구자들로 인해 연구의 서막이 다시 열리고 있다.

---

[2] '죽은 사람은 생기에 의지해야 하는데 … 그 기는 바람을 타면 흩어지고 물에 닿으면 머문다. 그래서 바람과 물을 이용하여 기를 얻는 법술(장풍득수, 藏風得水)을 풍수(風水)라 일컫게 되었다'

(2) 풍수지리 개념

최창조 교수에 의하면 "풍수지리 사상이란 음양론과 오행설을 기반으로 주역의 체계를 주요한 논리 구조로 삼는 한국과 중국의 전통적인 지리과학으로, 길함을 따르고 흉을 피하는 것을 목적으로 삼는 상지(相地: 땅의 길흉을 판단함) 기술 과학이다."라고 개념 지어 땅속에 묻혀있던 한국의 풍수지리를 세상으로 끌어냈고 대중적 관심을 키웠다.

풍수지리는 사람이 자연에 적응하면서 터득한 지혜가 체계화된 것으로서 기본적으로 사람이 땅과 어떻게 잘 조화해서 살 것인가 하는 문제의식에서 출발한다. 살아있는 사람과 땅의 관계뿐만 아니라 죽은 사람의 경우까지 매우 중요시한다는 점에 그 특징이 있다.

땅에서 발생하는 생기를 지기(地氣)라고 한다. 지기는 땅속에서 흐르는데, 이를 잘 간직하려면 바람을 모이게 하는 장풍(藏風)이 중요하다. 바람이 지기를 날려 보내면 기는 흩어지므로 바람을 잘 간직하고 지기가 모인 명당을 찾기 위해 산과 물이 잘 배합된 모델을 설정하고 있다. 그 모델이 바로 조산(祖山), 종산(宗山), 주산(主山), 안산(案山), 조산(朝山), 좌청룡(左靑龍), 우백호(右白虎), 남주작(南朱雀), 북현무(北玄武) 이론이다. 즉, 뒤로는 지기가 발현하는 큰 산들이 조상들처럼 겹겹으로 뻗어 내리고, 앞으로는 나지막한 안산이 봉황새처럼 날아오르고, 좌우에는 용과 호랑이가 누워있는 모양의 산이 둘러싸고 있으면, 지기가 모이고 바람이 간직되어 있는 혈(穴)이 생기고, 혈 처 앞이 명당이 된다는 논리체계이다.

(3) 풍수지리의 구성(構成)과 본질(本質)

풍수지리의 이론체계에 있어서 길지(吉地)를 고를 때에 그 기본적 관점이 되는 것은 '산(山)', '수(水)', '방위(方位)'의 세 가지가 된다. 풍수의 구성은 이 삼자의 길흉 및 조합에 의해 성립되고 인간적 요소가 첨가되어 변할 수도 있다.

풍수의 본질은 기의 존재 여부를 믿는 것부터 시작한다. 따라서 그 기본은 생기(生氣)와 감응(感應)의 두 가지를 이해하는 것이 중요하다.

생기(生氣) | 우주와 인간 생활의 모든 현상의 생성소멸은 음양이란 양기(兩氣)가 오기(五氣:木火土金水)로 파생되어 활동(五行)함으로써 비로소 생기는데 이러한 메커니즘을 운용하는 기(氣)를 생기(生氣)라 한다. 우주의 조화력을 가진 이 생기가 사람의 인생과 만물의 운명을 지배한다는 것이 풍수지리의 본질인 생기론(生氣論)이다.

즉, 인간도 생기에 의해 삶을 유지하고, 생기의 다소에 따라 그 운명도 달라지므로 기가 좋은 장소를 찾아야 한다는 것이다.

감응(感應) | 같은 종류의 기(氣)는 서로 통한다는 것으로, 산 사람은 땅의 생기 위에서 삶을 영위하면서 기운을 얻고, 죽은 사람은 땅속에서 직접 생기를 받아들이기 때문에 죽은 사람이 얻는 생기는 산 사람이 얻는 것보다 더 크고 확실하며 이것은 자신의 후손에게 그대로 이어진다는 것이다. 이것을 동기감응(同氣感應) 또는 친자감응(親子感應)이라 한다.

결론적으로 풍수지리의 본질은 천지의 생기설과 조상과 후손 간의 동기 감응론으로 이루어지며, 이러한 본질에서 출발하여 인간 세상의 행복을 증진하고자 하는 것이 풍수의 요체이다.

풍수지리의 목적(目的)과 논리체계(論理體系)

1) 풍수지리의 목적(目的)

풍수의 목적은 자연을 잘 살펴서 지기(地氣)에 의해서 국가의 경영과 인간 세상의 길흉화복(吉凶禍福)을 판단하여 길(吉)과 복(福)은 구하고 흉(凶)과 화(禍)를 피하여 행복을 구하는 데 있다. 양택풍수는 살아서 사는 집터와 도시설계에 적용하여 길지(吉地)를 찾는 것이다. 또한, 죽어서 사는 묘택을 찾는 음택풍수는 조상의 묘를 길지(吉地)에 구해서 자손의 번영을 꾀하려는 두 가지 목적으로 구분된다.

2) 풍수지리의 논리체계(論理體系)

풍수를 미신으로 치부하는 과학적 사고방식을 가진 이들이 풍수지리를 비판하는 핵심은 풍수지리가 제시한 논거들이 과학의 두 가지 요건인 논리와 실증에 충족되지 않는다는 것이다. 그것은 풍수지리에 대해 심도 있는 연구가 미진하다고 할 수 있다. 논리는 경험 과학적 논리체계와 기감응적 인식체계가 이미 구비되어 있기 때문이다. 실증의 문제는 삼국시대, 고려, 조선을 거친 역사 속에 수많은 근거와 사례들이 이미 기록되어 있다.

특히, 풍수지리의 기본 출발점이자 논리 배경의 핵심은 '기'(氣)라는 개념인데 기

(氣)의 존재 여부와 혈처를 찾기 위한 논리적이고 과학적인 두 가지 체계를 갖추고 있다. 즉, 땅에 대한 축적된 경험의 산물이라 할 수 있는 경험 과학적 논리체계와 구체적인 입지 장소가 갖는 지기(地氣)가 사람에게 어떻게 영향을 미치는가에 대한 기감응적 인식체계가 그것이다.

경험 과학적 논리체계 | 경험 과학적 논리체계는 양택 또는 음택의 구체적 입지 장소를 찾는데 살펴봐야 할 조건들과 관련된 이론들로 간룡법-장풍법-득수법-정혈법을 '입지 선정의 원리'가 있고, 그러한 장소 위에 들어서게 되는 시설물(도읍, 주택, 시신 등)을 배치하는 기준(좌향론)을 포함하고 있다. 이를 바탕으로 그 지역에 대한 종합적 이해 검토를 위한 형국론으로 구성되어 있으며 이는 기감응적 인식체계와 별개로 이루어지는 것은 아니고 상호연계되어 있다.

기감응적 인식체계 | 기감응적 인식체계는 경험과학적 논리체계 속에 스며들어서 풍수지리를 지탱하는 본질인 기(氣)를 인정하고 느끼는 것이다. 기(氣)라는 존재와 그것에 의한 인간사의 길흉화복 현상을 논리와 실증으로 보여 줄 수 없지만 하나의 신앙과 같이 믿고 의지하는 사람에게는 인식이 된다는 것이다.

(3) 풍수지리의 핵심적 용어

〈풍수의 개념도〉

풍수지리를 이해하기 위해서는 필수적인 몇 가지 용어를 이해해야 한다. 용(龍)은 땅이 들어가고 나온 모습을 말하는 것으로 기(氣) 발산의 원천이다. 혈(穴)은 용의 흐름인 용맥(龍脈)이 흐르다 뭉치는 곳으로 기가 집중적으로 모이는 곳이다. 사(砂)는 혈의 주변에 있는 모든 사물의 통칭하고 수(水)는 물을 의미하는데 기의 흐름을 유도하는 역할을 한다.

02 풍수지리의 재해석

풍수지리의 현대적 평가와 적용

1) 풍수지리의 현대적 평가

풍수지리는 그 설명방식이 은유적이고 비유적이기 때문에 현대과학의 엄밀한 서술양식과 비교하면 매우 소박해 보인다. 그러나 땅과 자연의 이치를 포괄하여 설명하는 이론으로서 인간과 자연과의 조화와 균형 측면에서 접근하는 현대과학과도 잘 부합된다고 할 수 있다. 다만, 풍수지리만이 전통지리학이라는 잘못된 판단과 객관적이기보다는 직관에 의존하는 신비적이기 때문에 비과학적이고 허황하다는 비판도 제기되어 왔다.

이처럼 상반된 평가가 제기되는 것은 풍수지리가 여러 사상과 풍습을 수용하면서 오랜 세월 동안 발전되어 왔음을 나타내는 것이며, 근본적으로는 땅속을 흐른다는 기(氣)에 대해 아직 명쾌하게 과학적으로 해명되지 않았다는 데에 원인이 있다. 한편으로 땅속의 에너지에 관한 연구를 수행하고 그 결과를 인정하는 서구의 과학계에 기대고 싶은 아이러니한 한국의 전통적 지리사상이다.

2) 풍수지리의 적용 사례

(1) 조선시대 한양 도읍지 선정에 적용된 풍수지리

왕씨 성을 가진 자만이 왕이 될 수 있었던 고려 왕실의 전통을 역성(易姓)혁명으로 새로운 이씨 왕조를 구축한 태조 이성계는 당연히 왕도인 고려가 도읍지가 되는 것을 인정할 수 없었다. 개국 공신들의 의견을 모아 천도(遷都)를 계획한 바 이 원대한 작업을 무학대사와 정도전에게 맡긴다. 무학대사는 새 왕도가 될 길지를 추천하고, 왕도의 건설은 정도전이 진행하라고 하명하였다. 무학대사는 전국을 답사하여 현재의 전남 무안 승달산, 공주 계룡산 신도안, 서울인 한양 등 세 곳을 후보지로 추천하면서 각각 새 도읍지로 장단점을 보고한다.

먼저, 무안 승달산 일대는 풍수적 형국이 좋고 너른 평야가 있어서 풍요로운 지역이지만 너무 남쪽에 치우쳐 있다고 하여 제일 먼저 배제된다(현재 전남 도청이 이 근처로 이전하였다). 그 다음 선정된 곳이 계룡산 근처인 신도안이다. 터가 좁다는 단점보다는 풍수지리적 입지가 월등하고 한반도의 중심 그리고 금강이 가까이 있어 일찌감치 최고의 도읍지로 선정되어 정도전이 1년여 가까이 왕궁 건설작업을 진행하였다. 그러던 중 고려 태조 왕건의 훈요십조 중 8조3) 『차현(車峴; 현재 차령산맥)과 공주강외(公州江外: 현재 금강 이남)는 산형과 지세가 모두 배역하니 인재 등용을 조심하라』는 유훈이 대두된다. 즉, 금강이 활궁 자로 곡류하여 개경을 향해 화살을 쏘고 있는 형국이기에 금강 이남의 지역의 인재는 등용하지 말라는 유훈을 근거로 천도 작업은 무산되고 만다. 최고의 풍수지리적 입지이며, 천혜의 군사적 요충지이기도 한 이 터의 행정상 지명은 충남 계룡시 신도안면 부남리 일대이고 현재는 대한민국 육·해·공군을 통제하는 통합본부가 이전해 있다.

차선책으로 선택된 곳이 지금의 서울인 한양(漢陽) 땅이다. 한강을 끼고 있어 수운교통의 요지이면서 한반도의 중심이고 조운(漕運)의 최적 입지가 인정받은 것이다. 그런데 한강 유역 중 지금의 북악산 아래 경복궁 터가 선정되기 전에 왕십리 일대(한양대 근처)와 연희동·동교동 일대(연세대 포함) 뒷산인 모악산(母岳山, 현재의 안산)이 후보지였다. 이 두 곳은 한강이 가까이 있어 수로 교통에 편리하지만 궁궐과 관아, 시전 등 도읍의 기반시설과 백성들이 모여 살기에는 터가 좁고 풍수지리상 길지가 아니어서 적당하지 않다고 하여 제외되었다.

풍수의 경험과학적 논리체계를 잘 분석하면 그 땅에서 발생할 미래에 대한 것도 예측할 수 있다. 지금의 경복궁이 정궁이 되기까지는 수많은 우여곡절이 있었지만 조선 왕조의 법궁인 경복궁의 중심인 근정전의 방향을 좌향(坐向)할 때도 주산으로 인왕산이 적지라는 주장과 북악산이 더 좋다는 것에 대한 무학대사와 정도전의 갈등이 있었다. 결국은 정도전의 주장으로 지금의 북악을 배산(背山)으로 하는 입지가 선정되었다. 당시 무학대사는 이 땅의 주인은 좌청룡인 낙산(대학로 일대의 뒷산)의 기운이 약하고 인왕산의 기운이 더 강하기에 적자(嫡子,장남)보다는 차남이나 서자가 더 흥할 것이라는 예언을 하였다.

---

3) 문헌의 기록에 의하면 차현은 지금의 공주 근처 지역만을 의미하였는데 후대에 와서 호남지역을 홀대하는 풍수지리적 해석의 근거로 활용되고 있는데, 이는 후대에 조작되었다는 역사학자들의 연구가 있다.

〈1896년 한양 전경, 경복궁과 북악산, 인왕산[4]〉

실제로 조선왕조 500년 동안 왕위계승을 보면 장남과 적손에 왕위를 계승한 것보다 차남이나 후궁에서 난 왕자에게 왕위를 계승한 사례가 더 많아 이 풍수적 예언에 경이로움을 느끼게 한다. 조선 최고의 성군(聖君)인 세종대왕은 태종의 셋째 아들이었고, 영조대왕은 숙종의 셋째 아들이면서 후궁 화경숙빈이 어머니이다.

(2) 비보풍수(裨補風水)

우리의 땅 중에서 풍수지리적으로 명당이라는 지역을 해석해 보면 완벽한 풍수적 형국과 입지이론에 맞는 장소는 그리 많지 않다. 그렇기에 어떤 지역의 풍수적 결함을 인위적으로 보완하는 것을 비보풍수(裨補風水)라고 한다. 그 대표적인 사례는 안동 하회마을의 만송정 숲 등 수도 없이 많으며, 남대문이 불탄 이유도 비보풍수로 해석할 수 있다.

경복궁을 축조하면서 풍수지리적으로 가장 많이 신경을 썼던 것은 안산인 남산을 흥하게 하도록 누에 형상의 남산이 바라보는 곳(현재의 잠실)에 뽕나무를 심는 것과 관악산의 화기를 막는 것이었다. 정도전은 무학대사의 화기론(火氣論)에 불안하여 비보풍수를 배치하였다. 즉, 관악산의 화기가 경복궁에 미치는 것을 막기 위해 네 가지 비보를 한 것이다. 먼저 화기의 근원인 관악산과 경복궁 선상의 도로를 비켜서게 배치하여 화기를 피했고, 두 번째로 경복궁의 정문인 광화문 앞에 불을 잡아먹는 신수(神獸)인 해태(獬豸) 석상을 세웠다. 그것도 부족하여 세 번째, 숭례문(남대문)의 현판

---

4) 출처: 경희대학교 혜정박물관

을 세로로 세워 화기를 누르고 네 번째, 그 앞에 남지(南池)라는 연못까지 팠다. 그런데 2008년 2월 10일 남대문이 불타는 그날, 광화문의 해태는 광화문 복원공사 때문에 다른 곳에 옮겨져 있었고, 남지(南池)는 일제강점기 때 전차 길을 만들면서 메워져 버렸기에, 외롭게 세로로 세운 숭례문 현판 하나로 화기의 기운을 누를 수 없어서 불이 났다고 풍수지리적으로 해석할 수 있다.

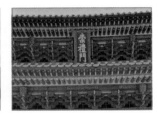

〈비보 풍수의 사례: 불에 탄 남대문과 복원된 남대문〉

(3) 청와대는 어떤 의미의 땅인가?

① 청와대 터의 시작과 흥망성쇠

청와대는 대한민국을 대표하고, 최고의 권력 기관을 상징하는 건물이자 그 공간을 의미한다. 그곳에 있는 대통령은 국민에게서 부여받은 정치 권력을 소중하게 다루어 국민을 편안하게 살게 하고 국가의 현재와 미래를 위해 항상 고민해야 하는 공간이며 대통령의 가족이 함께 사는 삶의 공간이기도 하다. 그 청와대 터에 대해 지리학자와 풍수가들 사이에 수많은 논쟁[5]이 있다. 그렇다면 풍수의 가장 맹점인 실증할 수 없다는 것을 풍수의 경험과학적 논리체계에 적용해보고 그 터에 살았던 사람이 어떠했는지를 살펴보면 그 땅이 길지(吉地)인지 흉지(凶地)인지 알 수 있을 것이다.

먼저 최창조 교수가 청와대를 옮겨야 한다는 논리는 다음과 같다. "청와대는 일제시대 식민조선을 통치했던 3대 조선 총독 사이토 마코토(齊藤實)가 1927년 지은 총독이 살던 거처였다." "풍수적으로 청와대 터는 백두산 정기를 서울에 불어넣는 용(龍)의 목과 머리에 해당되는데 일제가 입 부분에 총독 집무처(총독부)를 짓고 목줄에 총독관저(청와대)를 지어 눌러놓은 형국이다."

청와대 터는 태생부터가 우리 민족을 억누르는 자의 거처였다. 북악산의 기(氣)가 경복궁 근정전에 머물다가 광화문을 거쳐 전국으로 퍼져야 하는데, 총독관저(청와대)를 경복궁 바로 뒤에 입지 시켜 우리 민족정기를 누르고 있다.

5) 당시 서울대 지리학과의 김인 교수와 최창조 교수 간의 청와대 터에 대한 논쟁이 가장 치열했다.

일제가 조선의 정신을 말살하기 위한 엄청난 계획은 또 있는데 경복궁과 광화문 사이에 조선총독부(후에 대한민국 정부의 중앙청이 됨)를 일(日)자형으로 세워 그 거대한 말뚝이 우리의 기맥(氣脈)의 흐름을 끊었고, 그것도 부족하여 경성부청(구 서울시청)건물을 본(本)자형으로 건축하여 '대 일본 제국'을 경성(서울) 땅에 새긴 것이다. 거기에다 가장 신성하게 유지해야 할 안산(案山)인 목멱산(남산)에 그들의 정신적 지주인 신사를 지어 참배를 강요한 것이다.

해방 후에 청와대 터는 미군정청 하지 사령관(장군)의 관저였고 대한민국의 역대 대통령들이 비극을 맞은 곳이다. 국가와 인간의 생애를 표현하는 단어 중에서 가장 비극적인 하야, 시해, 구속, 투신, 국가부도, 탄핵 등의 용어로 표현하는 곳이다. 경무대로 명명한 이승만(李承晩) 대통령은 4.19혁명으로 하와이로 쫓겨나고, 잠시 기거한 윤보선 대통령[6]이 청와대로 개칭하였고, 그 후 박정희(朴正熙) 대통령은 암살당하고 전두환(全斗煥) · 노태우(盧泰愚) 대통령[7]은 감옥에 가고 노무현 대통령도 퇴임 직후 비극으로 생을 마감했다. 김영삼(金泳三) 대통령은 아들이 그 화(禍)를 입었고 국가부도 사태를 맞았다. 김대중 대통령은 노벨평화상까지 받았지만 결국 세 아들은 감옥에 갔다. 박근혜 대통령은 헌정사 최초의 탄핵 대통령이 되었다. 청와대를 거쳐 간 모든 대통령과 그 가족의 삶을 반추해보면 그 땅은 결코 행복한 곳이라고 할 수 없다.

최창조 교수의 풍수지리적 관점을 놔두고서라도 일제 잔재를 국가의 상징으로 활용하는 것은 미래지향적 국토관 측면에서도 맞지 않는다. 시급히 통일을 대비한 새로운 청와대 터를 고민해야 할 시점이다.

② 청와대 터에 대한 풍수의 논쟁

청와대를 두 번 둘러본 최창조 교수의 인터뷰 기사로 그 터의 특성을 설명하고자 한다. "청와대를 안고 있는 북악산은 이상한 게 가까이서 보면 웅장하고 아름다운데 멀리서 보면 인왕산에 눌려 있어요. 자기가 인왕산에 눌리는 걸 모르고 '나는 볼 것 다 본다'는 식의 독불장군(獨不將軍)이 바로 북악입니다. 그 터에 살다 보면 사람이 점점 더 고집불통이 되는 거지요." 또한 풍수지리학자인 조수범 박사는 "청와대 터는 조선 시대 한많은 후궁들의 한이 서려 있는 7궁이 있던 자리였고, 무수리의 임시무덤, 무예 훈련장 등으로 사용되어 풍수지리학적으로 좋지 않기에 특단의 대책이 있어야

---

6) 1960년 8월~1962년 3월 재임. 그는 풍수지리의 신봉자로 서거 후 국립묘지에 대신 충남 아산 파평 윤씨 선산에 안장해 달라는 유언에 따라 국립묘지 대신 선영에 묻힘.
7) 노태우 대통령 때인 1993년 청와대 본관을 이전하면서, 옛 본관은 철거하고 그 자리에 과거의 수궁터란 표석을 세웠다.

한다."고 했다.

반면에 서울대 국제대학원 정영록 교수는 1945년 해방된 대한민국은 세계 최빈국이었지만 이곳에 대통령궁을 두면서 국민소득 3만달러의 세계적 부국반열에 올랐다고 하면서 그 터의 우수성을 강조하였다. 풍수지리를 논리적으로 접근하고 있는 우석대 김두규 교수는 지금의 대한민국은 IT와 한류로 세계 중심국이 되었기에 그 터가 흉지라고 하는 것은 그 터를 점유하여 권력을 남용한 사람들의 잘못이라는 것이다. 이 청와대 터에서 수많은 대통령은 비극적인 삶을 살았지만, 그 터의 기운은 굳건하게 대한민국의 중심을 지키고 있고, 지속적으로 발전의 원동력이 되어 대한민국을 세계 10대 선진국의 반열에 올라서게 하였다.

땅은 그곳에 터를 잡고 살아가는 사람과 그 터의 기운이 맞아야 발복(發福)하여 행복한 삶을 영위할 수 있다. 그 터에 거처했던 사람들인 역대 대통령이 청와대 터의 엄청난 기운에 눌려서 제대로 된 주인이 아니기에 불행한 삶을 살았을 수도 있다.

청와대를 옮기기가 쉽지 않다면, 차선으로 그 터에 걸맞는 국운(國運)을 승천(昇天)시킬 진정한 청와대의 주인을 우리 국민은 기다리고 있다!

〈(좌)남산에서 본 북악산과 청와대 / (우)세종로에서 바라본 청와대〉

풍수지리의 폐해와 풍수지리학의 부활

1) 음택풍수지리의 폐해[8]

월간조선 2009년 10월호에 '국정(國政)에 파고드는 풍수도참(배영진 기자)' 제목으로 전직 대통령 국장(國葬)에 지관(地官)이 등장하는 나라라는 신문기사가 실렸다. 비서실 건물을 새로 짓는다면서 풍수를 청와대로 불러들인다. 이게 세계 최고 수준의 IT 강국임을 자랑하고, 우주로 인공위성을 쏘아 올리는 21세기 대한민국 지도자들의 모습이다. 풍수지리를 믿건 안 믿건 간에 청와대 사람들은 청와대 터에 대한 논쟁을 인지하고 있다.

대선(大選) 앞두고 조상 묘를 이장(移葬)한 정치인들도 있다. 김대중 전 대통령은 1995년 5월 아버지의 무덤을 고향인 전남 신안군 하의도에서 경기도 용인시 이동면 묘봉리로 옮겼다. 이어서 그의 어머니와 첫 부인, 누이동생의 무덤도 이곳으로 이장(移葬)했다. 이곳을 잡아 준 사람은 '육관도사'로 널리 알려진 손석우씨인 것으로 알려졌다. 이장한 조상 묘의 발복 때문인지 조상의 음덕(蔭德) 덕분인지 확인할 수는 없지만, 그때까지 대선(大選) 세 번 실패했던 김대중 전 대통령이 2년 후 대통령으로 당선되었다.

서울 동작동 국립현충원에 있는 박정희 전 대통령의 묏자리는 당대 최고의 지관 중한 분인 지창룡씨가 잡아준 것으로 알려져 있다. 그 덕분인지 가족 중에 딸인 박근혜씨는 대통령이 되었지만 탄핵되었고 남동생과 여동생은 마약과 소송 등으로 수차례에 구설수에 오르고 있다.

이처럼 조상의 음덕(蔭德) 때문에 흥한 집안도 있는 반면에 그 땅의 기운을 이기지 못하고 몰락한 집안도 발생하므로 더욱더 그 터와 자신과의 조화를 잘 분석해야 한다.

2) 풍수지리학의 부활

김성수 한국풍수지기학회장은 최장조 교수의 인터뷰 중 "어떤 땅도 명당이 될 수있다."는 것에 강력한 반론을 제기하였다. "명당은 풍수지리학의 핵심으로 명당이 없으면 풍수지리학도 없다." 노다지를 캐려는 사람들이 많은 인력과 재화를 들여 땅을 깊이 파는 것은 흙과 돌 속에 파묻혀 있는 금을 캐기 위함이다. 금을 캐기가 어렵다

---

8) 제3기 수원화성박물관대학, 2019.4, 전통문화와 풍수지리, 수원화성박물관: 언론에 비친 풍수문화, 김선회, 경인일보 문화체육부기자

고 해서 '금은 없다', '돌과 금은 마찬가지다'라고 우긴다면 사리에 맞는 말이겠는가? 최 교수의 말 중에서 더욱 걱정스러운 것은 '내가 좋으면 그곳이 명당'이라고 하는 발상이다. 이는 풍수지리학 그 자체를 파괴하는 허무주의적 태도이다. 그런 생각을 하는 사람이라면 굳이 풍수지리학을 손안에 쥐고 만지작거릴 것이 아니라 그냥 '지리학자'로 되돌아가는 것이 좋을 것 같다는 신랄한 비판과 함께, 여전히 풍수지리는 땅과 인간 삶의 조화로움을 구하는 자연관이라고 했다.

한국의 현대 풍수가 도선국사 이래 비보풍수를 심화 발전시키지 못하고 기복풍수(祈福風水)로 흘러온 것은 잘못된 일이다. 그보다 더 잘못된 것은 지기(地氣)를 체득하지 못하고 이론만으로 풍수지리학을 논하다가 결국 지쳐서 '명당은 없다' 또는 '풍수는 엉터리다'고 자포자기에 빠져 귀중한 한국인의 땅에 대한 정신문화유산을 통째로 내버리는 행위와 같다. 풍수지리학이 미신이냐 아니냐는 쉽게 결론이 날 문제가 아니다. 이는 앞으로 더 많은 검증과 과학적 체계를 갖추어야 할 미해결의 과제이다.

중요한 것은, 전통지리학과 현대지리학을 양자택일적 시각에서 받아들일 것이 아니라, 양자의 관점을 서로 인정하면서 우리의 국토를 효율적으로 이용하고 후손에게 물려줄 수 있는 생명체적 국토관으로 우리의 삶을 행복하게 가꾸는 데 있다.

지리학계에서 풍수지리학의 계보는 최창조 교수에서 끝나는 것이 아니고, 최창조 교수가 세상에 던진 풍수리지에 대한 이슈를 일반인도 쉽게 이해하고 접근할 수 있게 해야 한다. 또한 대학의 지리학 석·박사 과정에서 전통적 지리학 방법론으로 풍수지리학을 심화 발전시켜야 할 것이다. 강원대 옥한석 교수를 중심으로 한 연구자들의 '풍수, 시간리듬의 과학'과 같은 새로운 풍수연구가 더욱더 기대되고 있는 이유이다.

최고의 명당은 어디인가?

풍수지리가 한반도에서 시작된 신라의 도선국사 때부터 현 시대까지 수많은 왕과 고관대작의 권력가들이 이미 전국의 명당은 선점해서 이제 더 이상의 풍수지리적 입지론에 따른 명당은 남아 있지 않다고 판단된다.

최창조 교수는 2007년 발표한 저서 '도시 풍수'에서 이제까지 날카롭게 음택풍수의 폐단을 비판하는 것과 달리 "이제는 풍수를 떠나겠다."고 선언하고 도시 생활에서도 얼마든지 유용한 풍수를 구축할 수 있다고 하였다. 그러면서 충남 공주군 유구면의 명당 터에 살고 있는 어르신에게 이곳이 명당이라고 믿느냐고? 인터뷰한 내용을 그대로 소개하였다. "소생이 무엇을 알겠소만 자본이 명당이지요. 자식이 사는 대전 시내 나가서 아파트에 살면 얼마나 편하게 지낼 수 있겠소?" 이 노옹(老翁)의 발언은 그동안 최 교수가 전통적 지리관의 부활 노력과 좌절을 겪었던 삶의 여정이 편안해지고 땅에 대한 인식에 변화를 가져온 것을 상징하는 것이다.

명당은 따로 있는 것이 아니라 "사람이 만든 곳에 명당이 있고, 그곳이 바로 마음이라는 것이다."라는 평범한 진리를 일깨워주었다. 그러면서 마지막으로 돌아가신 부모님을 잘 모시고 싶다면 유명 풍수가에게 묏자리를 부탁하는 것이 아니고 몇몇 묘택 후보지 중 자손이 직접 가보고 그 터에 앉아보고 편안한 곳이면, 부모님도 그곳에서 편안하게 영면(永眠)할 수 있는 명당이라고 하였다.

땅과 관광지리

백두대간과 풍수 사상

백두대간은 백두산에서 남으로 맥을 뻗어 낭림산·금강산·설악산·오대산을 거쳐 태백산에 이른 뒤 다시 남서쪽으로 소백산·월악산·속리산·덕유산을 거쳐 지리산에 이르는 한국 산의 큰 줄기를 망라한 산맥이다. 즉, 한반도 산계의 중심이며, 국토를 상징하는 산줄기로서 함경도·평안도·강원도·경상도·충청도·전라도에 걸쳐 있다. 다분히 일제 지리교육의 잔재인 산맥의 개념으로 적용한 것이지만, 한국의 중심이 되는 산줄기라는 것에는 이의가 없다.

조선 영조 때의 실학자인 신경준(1712~1781)의 <산경표 山經表, 1769년 편찬>에 보면 한국의 산맥은 1개 대간(大幹), 1개 정간(正幹), 13개 정맥(正脈)의 체계로 되어 있고, 백두산부터 원산, 함경도 단천의 황토령, 함흥의 황초령, 설한령, 평안도 연원의 낭림산, 함경도 안변의 분수령, 강원도 회양의 철령과 금강산, 강릉의 오대산, 삼척의 태백산, 충청도 보은의 속리산을 거쳐 지리산으로 이어지는 것으로 설명하고 있다[9]. 이러한 '산자분수령'(山自分水嶺)으로 요약되는 산경(산줄기) 개념은 우리 민족 고유의 지리인식 체계로 김정호의 <대동여지도>에 잘 표현되어 있다. 김정호는 그의 지도에 선의 굵기 차이로 산맥의 규모를 표시했는데 제일 굵은 것은 대간, 2번째는 정맥, 3번째는 지맥, 기타는 골짜기를 이루는 작은 산줄기 등으로 나타냈다.

정맥과 정간의 차이는 산줄기를 따라 큰 강이 동반되어 있느냐에 따라 분수산맥(分水山脈)을 정맥이라 하고, 하천과 상관없이 우뚝 솟은 산줄기는 정간이 되는데, 유일한 정간은 바로 오늘날의 함경산맥에 해당하는 장백정간(長白正幹)이다. 산맥을 대간·정간·정맥의 체계로 이해하는 전통적 산줄기 분류법은 오늘날의 그것과는 상당한 차이가 있다.

근대적 산맥명칭은 일제강점기 때 일본 지질학자 고토 분지로(小藤文次郎)가 14개월 동안 한반도를 둘러보고 난 후 'An Orographic Sketch of Korea'란 글에 한반도의 산맥을 발표한 데서 기원한 것이다. 그러나 이것은 인간의 삶과는 무관한 지질구조선을 근거로 지질학적 관점에서 도출된 산맥이며, 해발고도라든가 교통·물자교류 등 사람의 생활에 영향을 미치는 산줄기의 존재에 대한 관점은 결여되어 있는 획일적 구분이다. 산이 높고 봉우리가 조밀한 줄기가 산맥으로 인정되지 않고 오히려 산맥으로서 잘 드러나지 않는 낮은 구릉이 지질구조 때문에 산맥으로 인정되는 경우가 허다하다.

태백산맥이 없다는 것을 맨 먼저 인지한 것은 산악인들이었다. 백두대간을 따라 등반하는데 산줄기가 연결되지 않았다는 사실에 의아해하다가, 산경표의 백두대간이 드러나면서 그 전모를 파악하게 된 것이다. 1980년대 초 인사동 고서점에서 우연하게 1913년 조선광문회가 활자본으로 간행한 『산경표』를 얻게 되었다. <대동여지도> 연구 중 풀리지 않는 의문에 휩싸여 있던 그에게 『산경표』에서 그 해결의 실마리를 찾은 것이다. 백두대간이 연결되지 않았던 것을 의아해 온 산악인들의 의혹을 풀어주었고 잊힐 뻔한 우리 민족 고유의 지리 인식 체계를 복원해 낸 것이다. 그리고 이를 세상에 널리 알린 이는 의사이자 산악인인 조석필이다. 그는 1993년 <산경표를 위하여>, 1997년 <태백산맥은 없다>를 자비로 출간함으로써 백두대간이 비로소 세상에서 빛을 보게 만들었다. 그리고 한국의 지리교과서에 백두대간과 정맥 개념의 산줄기를 수록하게 된 계기가 된 것이다. 한민족에 있어서 백두대간은 한반도를 종단하는 산줄기의 의미보다 더 큰 상징성[10]을 지니고 있다.

백두대간은 한반도의 자연적 상징이 되는 동시에 우리 고유의 산에 대한 관념과 신앙의 중심에 자리하며, 두만강·압록강·한강·낙동강 등을 포함한 한반도의 수많은 수계의 발원처이며, 그 골짜기에 어우러져 살아가면서 만들어 놓은 문화는 한민족의 인문적 기반의 원천이기도 하다. 백두대간은 산을 생명이 있는 나무에 비유하여 큰 줄기와 작은 가지를 나누어 국토 전체를 유기적으로 조망하는 관점이다. 풍수지리적 관점에서 한국 지기(地氣)의 발원처는 백두산이며, 백두대간을 타고 내린 기(氣)가 정맥을 타고 다시 나누어지고 각 정맥들에 맥을 댄 지맥들에 의해 바로 우리들의 삶이 어우러지는 마을과 도시로 지기(地氣)가 전달된다. 그래서 전 국토는 백두산의 정기를 받아 숨 쉬고 있다는 것이 풍수의 기본이기도 하다. 통일신라 때 선승(禪僧)이며, 한반도 풍수지리의 이론적 토대를 마련한 도선국사(道詵國師)[11]도 "우리나라는 백두산에서 일어나 지리산에서 마치니 그 세는 수(水)를 근본으로 하고 목(木)을 줄기로 하는 땅이다."라고 하여 일찍이 백두대간을 국토의 뼈대로 파악하고 그 중요성을 인식하고 있었음을 말하고 있다.

백두대간 1천625㎞ 산줄기의 상태는 일제가 1925년 한반도에 신작로(新作路)를 만든다는 명분으로 산허리를 잘랐고, 1960년대 이후 산업화로 끊긴 구간도 적지 않고 도로에 의해 단절되어 '대간'이라는 말이 무색할 정도다. 지질학적이고 한국의 정서와 전혀 어울리지 않으면서, 일제에 의해 붙여진 산맥 이름보다 백두대간적 산줄기(산경)의 개념으로 전체 지리교과서는 수정되어 재정립되어야 한다. 그러한 작업이 진정한 우리 국토의 실체를 고스란히 인식하는 것이며 그곳에 기대여 살아온 한민족의 뿌리를 되살리는 것이다.

〈해남 땅끝점〉

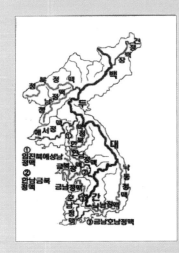

〈(좌)백두대간 개념도 / (우)김정호와 대도여지전도12)〉

9) 백두대간(白頭大幹), 한국민족문화대백과, 한국학중앙연구원
10) 한겨례21, 백두대간 기행
11) 신라시대의 도선국사는 '우리나라의 지맥은 백두산에서 일어나 지리산에서 그치는데, 그 산세는 뿌리에 물을 품은 나무줄기의 지형을 갖추고 있다.(我國始干白頭終于智異 其勢水根木幹之地)'면서 백두대간을 인식하고 우리 국토를 한 그루의 나무에 비유하였다.
12) 경희대학교 혜정박물관

땅과 관광지리

산경표와 산경원리

『산경표』(山經表)는 그 글자의 뜻을 풀어 보면 '산줄기의 흐름을 나타낸 표'라는 뜻이다. 이 책에는 옛 문헌에 언급되고 지도상에 이미 표시되어 왔지만, 체계적으로 정리되어 있지는 않았던 산의 계보를 도표로 정리하고 산줄기 이름을 붙였다. 산줄기와 갈래에 관한 내용 정리는 여암 신경준에 의해 1770년경에 이루어졌다고 전해진다. 산줄기의 기재 양식은 상단에 대간·정맥을 표기하고 아래에 산(山)·봉(峰)·영(嶺)·치(峙) 등의 위치와 분기 관계를 기록해 놓았고, 난외 상단에는 주기(註記)로 소속 군현이 적혀 있다.

『산경표』의 구성은 집안 대대로 내려오는 족보의 구성체계와 같은데 '우리나라 산에 관한 족보'라고 보면 된다. 족보에 '시조 할아버지'가 있듯이 '백두산'이 시조산(始祖山)의 출발점이 되고 장자로 이어지는 종손의 계보가 있듯이 이 땅 산줄기의 종손은 '백두대간'이 된다. 그리고 종손의 계보에서 갈라져 나간 차남격의 계열이 열넷이 있는데, 그것이 갈라져 나가 1정간 13정맥이 되는 체계이다.

산경표 상에서 산을 분류하는 가장 큰 틀은 산경원리(山經原理)나 산수분합원리(山水分合原理)라고 불리는, 산과 물(강)의 나뉨(분기)에 바탕을 두고 있다[4]. 따라서 기본적으로 산줄기(정맥)가 이 원리에 따라 이름이 지어졌다. 예를 들면 한강의 북쪽을 달리는 산줄기는 한북정맥, 남쪽을 달리는 산줄기는 한남정맥이라고 불리게 되어 한북

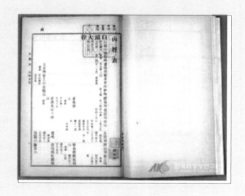

〈산경표[13]〉

정맥과 한남정맥은 한강을 감싸는 울타리가 되는 셈이다. 바로 우리 조상들의 삶의 터전인 강 중심의 골짜기 문화, 강 유역 문화의 근간이 되는 것이다. 나머지 정맥들도 모두 이런 원칙으로 이름이 지어졌으나 장백정간은 정맥이 아닌 한 단계 위의 이름이 붙었는데, 이는 '나라의 산줄기를 온전히 동서로 가르는 최장의 산줄기'에 대한 예우로 보인다. 그리고 해서정맥과 호남정맥은 이 원리에서

벗어나지만, 강이 아닌 본디 가지고 있던 지역의 이름에 따라서 지어진 특징이 있다. 이 또한 "완벽한 원리라는 것은 없다."라는 우리의 자연관을 표현한 것이기도 하다.

---

13) 자료: 『한국민족문화대백과사전』, ⓒ한국학중앙연구원(ENCYKOREA.AKS.ac.kr)
14) 강이 흐르듯 산이 흐르며, 산은 강을 가르고 강은 산을 넘지 못한다.

땅과 관광지리

정감록과 십승지

1) 정감록

정감록(鄭鑑錄)이란 성이 정씨(鄭氏)이고 이름이 감(鑑)이라는 사람의 예언을 기록한 책이란 의미인데, 이담(李湛) 또는 이심(李沁)이란 사람이 이씨의 대흥자(代興者: 대를 이어 흥하게 될 자)가 될 정씨(鄭氏)의 조상인 정감(鄭鑑)이란 사람으로부터 들은 이야기를 기록한 책이고 저자와 저술연대는 알 수 없고 이본(異本)이 많아 확실한 것은 알 수 없다. 조선 중기 이후 백성들 속에 유포된, 나라의 운명과 백성의 앞날에 대해 풍수지리적 관점에서 얘기한 우리나라 대표적인 예언서이다.

이 책이 아직도 호사가들의 입에서 떠나지 않은 것은, 고려와 조선조의 흥망을 예언하고, 정씨 왕조가 계룡산에 출현하여 800년 동안 도읍을 하면서 도탄에 빠진 민중들을 구한다는 내용 등이 포함되어 있기 때문이다. 갖가지 전쟁과 폭정, 억압과 착취, 가난과 질병에 처한 조선 민중의 마음속에서는 해방과 새로운 삶에 대한 희망과 위안을 심어주는 것이었으며 동학 혁명을 비롯해서 민중봉기의 이념적 사상을 심어주는 책이기도 했다.

그 내용을 간추리면, 조선의 흥망대세(興亡大勢)를 추수(推數: 닥쳐올 운수(運數)를 미리 헤아리어 앎)하여, 이씨의 한양(漢陽) 몇백 년 다음에는 정씨의 계룡산 몇 백 년이 있고, 그 다음에는 조씨(趙氏)의 가야산 몇 백 년, 또 그 다음에는 범씨(范氏)의 완산(完山) 몇 백 년과 왕씨의 어디 몇 백 년 등등으로 계승될 것을 논하고, 그 중간에 언제 무슨 재난과 어떠한 화변이 있어 세태민심이 어떠하리라는 것을 차례로 예언하고 있다. 오늘날 세간에 통용되고 있는 ≪정감록≫은 이 두 사람의 문답 외에 도선(道銑)·무학(無學)·토정(土亭)·격암(格庵) 등의 예언서에서 발췌한 것을 포함하고 있다.

과학적이지 못하고 비현실적으로 인지하는 도참설이나 풍수설에서 비롯된 예언이라고 하지만 조정에 대해 실망을 느끼고 있던 민중들에게 끼친 영향은 지대하였다. 1589년(선조 22)의 정여립의 역모도 이러한 것이 배경이 되어 작용한 것이었다. 그 뒤 광해군·인조 이후의 모든 반정 혁명운동에는 거의 빠짐없이 정씨와 계룡산을 부각시켜 다음 세상에 대한 희망을 형성한 것이다. 연산군 이래의 국정의 문란과 임진·병자의 양란(兩亂), 그리고 이에 따르는 당쟁의 틈바구니에서 조선에 대한 민중의 신뢰심이 극도로 악화되었고, 미래에 대한 암담한 심정을 이기지 못할 즈음에 이씨 조선이 망해도 다음에 정씨도 있고, 조씨·범씨·왕씨도 있어서 우리 민족과 자신의 무사 안녕을 기원하는 신념을 가지게 한 것이다. 그 배경에는 왕권의 향방에 따라 몰락한 양반들이 풍수지리설이나 음양오행설을 원용하여 왕조교체와 사회변혁의 원인을 운세론에 결부시킨 민심을 자극하기도 하였기에, 조정에서는 금서(禁書)로 지정하였고 민간에서 숨겨져 내려 온 것이다. 하지만 은어(隱語)가 많아 해석이 안 되는 대목이 적지 않은데 이것이 오히려 그 신비성이 더 해진 것이다.

2) 십승지

정감록에서 언급한 십승지란 천지 대개벽이 일어날 때 재앙을 피하기에 좋은 10군데의 풍수지리적으로 완벽한 지역을 의미한다. 십승지의 정확한 위치는 책에 따라 조금씩 다르나 공통적인 특성이 있다. 십승지를 삼재불입지지(三災不入之地)라 하여 흉년, 전염병, 전쟁이 들어 올 수 없는 곳이라고 한다. 십승지가 위치하고 있는 지역은 태백산, 소백산, 덕유산, 가야산, 지리산 등 명산에 자리 잡고 있으며, 산이 높고 험하여 외부와의 교류가 차단되어 있는 곳이다. 이곳은 외부 세계와 연결하는 통로가 대개 한 곳 밖에 없는 물이 빠져나가는 곳으로 험한 계곡과 협곡으로 되어 있다. 또한 산이 사방으로 병풍처럼 둘러싸고 있는 가운데 분지지형으로 수량이 풍부한 평야가 있어서 식량의 자급자족이 가능하여 1년 농사를 지어 3년 먹고산다는 말이 있을 정도로 인간 삶을 영위하기에 최적의 공간이다.

지금의 관점에서 십승지를 해석하면 농업경제기반 시기에는 가장 적합한 피난처로서 식량을 생산을 할 수 있는 지역이었지만, 현대사회는 교통과 물류가 중요한 경제논리에서는 투자가치와 발전가능성이 낮은 곳이다. 하지만 정감론이 예언하던 당시에 전쟁이 일어나도 적들의 접근이 전혀 없는 곳인 십승지는 발전보다는 미래에 다가올 재앙을 피할 수 있는 최적의 장소로 피난과 자손의 보존에 적합한 지역임에는 틀림이 없다.

그 십승지는 다음과 같다.

첫째, 경북 영주시 풍기읍 금대리 일대: 풍기 차암 금계촌으로 소백산 두 물골 사이에 있다.

둘째, 경북 봉화군 춘양면 석현리 일대: 청양현에 있으며, 동촌으로 넘어 들어간다.

셋째, 충북 보은군 내속리면과 경북 상주군 화북면 화남리 일대: 보은 속리산 내 증항 근처로 난리를 당해 몸을 숨기면 만 명중에 한 사람도 다치는 사람이 없을 것이다.

넷째, 전북 남원시 운봉읍 일대: 운봉 행촌(杏村)이다.

다섯째, 경북 예천군 용궁면 일대: 예천 금당실로 이 땅에는 난리가 들어오지 않는다. 그러나 임금의 수레가 이 땅에 다다르면 달라질 것이다.

여섯째, 충남 공주시 유구읍 사곡면 일대: 공주 계룡산 유구와 마곡 사이로 물골 사이의 둘레가 2백 리나 되어 난을 피할 만 하다.

일곱째, 강원도 영월군 상동읍 연하리 일대: 영월 정동쪽 상류로 어지러운 세상에 종적을 검출만 하나 수염이 없는 자가 먼저 들어가면 달라질 것이다.

여덟째, 전북 무주군 무풍면 일대: 무주 무봉산(덕유산) 북쪽동방 상동(相洞)으로 난을 피하지 못할 곳이 없다.

아홉째, 전북 부안군 변산면 일대: 부안 호암(壺岩) 아래쪽이 가장 기이하다.

열째, 경북 합천군 가야면 일대: 합천 가야산 만수봉으로 둘레가 2백 리나 되어서 영구히 몸을 보전할 수가 있다. 동북쪽 상원산(上元山) 계류봉 또한 가능하다.

(1) 풍기 금계동

정감록에서 풍기 차암 (車岩) 금계촌 (金鷄村)이 십승지의 첫번째라고 꼽았다. 남사고의 십승지론에도 피란지로서는 소백산이 으뜸이라고 했다. 이후 여러 비결서들은 이 두 이론을 확대, 재생산해 내는데 불과할 만큼 만인이 인정하는 곳이다. 풍기에 모여든 비결파들은 금계동의 위치에 대해 서로 다른 의견을 가지고 있지만 대체로 다음의 원칙에는 동의한다.

십승지의 조건으로 첫째는 돌이 없어야 한다. 둘째는 바람이 없어야 한다. 셋째는 죽령이 보이지 않아야 한다. 이 세 가지는 모두 죽령과 관계있는 조건들이다. 서울과 통하는 영남대로의 높은 죽령을 옆에 끼고 있는 풍기는 자연히 바람이 세고 개천(남원천)에는 돌이 많게 마련이다. 그리고 죽령이 보인다면 곧 큰길과 인접해 있으므로 풍기는 십승지의 조건과 일치하지 않는다. 풍기읍 중에서 세 가지 조건을 피할 수 있는 곳이 바로 현재 풍기읍 금계동으로 불리는 지역이며, 금계라는 지명은 풍수에서 '닭이 알을 품고 있다'는 풍수의 형국론에서 '금계포란형(金鷄抱卵形)'을 의미한다. 금계동은 임실이라고도 하며, 임실은 임신(妊娠)과 통한다. 그런 점에서 더욱 임실이 유력한 십승지가 된다. 그런데 묘하게도 이 지역에는 닭의 벼슬처럼 생긴 산봉우리가 2개 있다. 암수가 서로 마주보고 있는 형세다. 이 봉우리는 욱금동과 금계동의 경계가 되고 있다. 그래서 서로 자신의 동네가 금계촌이라고 한다.

일반적으로 십승지란 전란과 질병, 가뭄이나 홍수, 굶주림의 피해가 없는 곳이다. 그런데 이곳 비로사의 성공스님은 "의상대사가 창건한 비로사가 임진왜란과 동학농민전쟁, 한국전쟁을 통해 완전히 불타버렸다."라고 한다. 비로사는 임실이나 욱금동보다 산속에 위치하고 있는데도 전란의 참화를 겪어서 십승지를 무색하게 한다.

정감록의 영향으로 풍기에 정착한 이주민들은 대부분 휴전선 이북 쪽 사람들이 많았으며 1970년대까지 약 30~40%에 달했다. 그들의 정착 분포지역을 보면 제조업 기술자들은 풍기읍내에 정착하기도 했지만 상당수는 금계리와 신가동 일대 '금계포란형' 주변 산간지역에 은둔자처럼 산촌을 형성하여 거주하였다. 1960~70년대 풍기는 영풍군(현재 영주시)에서 가장 부유한 읍면이었는데 인삼과 인견 직조업의 번성이 기반한 것이다. 풍기의 토산품인 인삼은 1500년대 주세붕 군수에 의해 인공재배가 시작되었지만 이주한 정감록 신봉자들에 의해 번성하였고 인조견 직조공장 또한 이렇게 모여든 외지인들에 의해 지금까지 명성을 얻고 있다. 이처럼 그 지역에서 자생적으로 시작되지 않고 외부 이주민에 의한 도입된 인조견 공장, 사과재배 등이 특산물이 된 것을 이식산업이라 한다[5]. 그러나 현재의 풍기는 영주시가 더 커져 버려 영주시의 배후에 있는 소도시로 변했고 중앙고속국도가 개통되어 은둔의 도시가 아닌 세상에 자신을 고스란히 드러내 놓고 있다. 십승지 제1의 영예가 어떻게 부활하게 될것인지? 궁금한 편안한 도시이다.

(2) 안동 하회마을

하회(河回)마을은 경북 안동시 풍천면 하회리의 낙동강의 상류에 위치하고 있고, 2010년 세계문화유산으로 등록된 한국의 대표적 전통마을이다. 풍산 유씨의 씨족마을로 유운룡·유성룡 형제 대(代)부터 번창하게 된 마을이다. 낙동강 줄기가 S자 모양으로 동·남·서를 감싸 돌고 있고 독특한 지리적 형상과 어우러진 한국의 전통가옥의 형태와 입지적 특성을 잘 볼 수 있는 곳이기도 하다.

고유의 하회별신굿탈놀이로 유명한 이 마을은 크게 남촌과 북촌으로 나눌 수 있으며 유서 깊은 수많은 문화재를 잘 보존하고 있다. 특히, 별신굿에 쓰이던 탈들은 국보로 지정되어 있는데, 그 제작 연대를 고려 시대로 추정하고 있어 마을의 역사를 추정할 수 있다.

이곳에 마을이 형성된 것은 다분히 풍수적인 형국 때문인데 하회(河回)라는 마을 이름은 물이 돈다는 뜻으로 남서쪽으로 낙동강이 휘감아 돌면서 주변 지형을 침식하여 산태극(山太極) 수태극형(水太極形)이라 불리기도 하고, 물 위에 떠 있는 연꽃과 흡사하다 해서 '연화부수형(蓮花浮水形)'이라 불리기도 한다. 강 건너 남쪽에는 영양군 일월산의 지맥인 남산이 있고, 마을 뒤편에는 태백산의 지맥인 화산이 마을 중심부까지 완만하게 뻗어 충효당의 뒤뜰에서 멈춘다. 강 북쪽으로는 부용대가 병풍과 같이 둘러앉아 풍수지리적 조건을 잘 갖춘 마을이다.

그러나 서쪽의 원지산과 북쪽의 부용대 사이가 산이 낮아 몰려오는 북풍으로 마을의 지기를 흩어 버릴 가능성이 있는 이른바 '허'하다고 하는 곳이다. 따라서 이 허한 곳을 보완하기 위한 비보 숲으로 만송정을 조성하였다. 만송정은 풍수지리학으로는 비보 숲으로 동시에 차가운 북서풍을 막아주는 것은 물론 하천의 범람을 막아주는 방풍림과 방수림 역할까지 하고 있어 풍수지리적 조건을 완벽하게 갖추었다고 하겠다.

하회의 전통가옥들의 입지를 보면 다른 마을과 큰 차이점을 볼 수 있다. 그것은 가옥의 방향이 각기 다르다는 점이다. 즉, 마을의 중심격인 양진당 지형이 가장 높고, 가장자리로 갈수록 나지막하여 마치 삿갓을 엎어놓은 것과 같은 형상이기에 집을 지으려면 자연히 마을 터의 중심을 등지고 가장자리를 향하여 빙 둘러가며 집을 지을 수밖에 없다. 그러니 집의 방향이 삼신당을 중심으로 낙동강 쪽으로 방사선형으로 뻗어 있는 것이 특징이다. 결국 어느 집이든 집의 뒤쪽은 산의 지맥에 닿아 있고, 앞쪽은 멀리 강과 산을 바라보게 된다.

이러한 풍수적 명당의 조건을 갖추고 있는 하회마을은 유성룡 등 많은 선현들을 배출하였고 임진왜란의 피해도 없어 우리나라 유교 정신문화의 연구·보존·발전에 중요한 위치를 차지하고 있는 전통마을이다. 특히, 1999년 4월 21일 영국 여왕인 엘리자베스 2세가 우리나라를 방문하여 가장 한국적인 곳을 가보고 싶다고 하여 이곳을 들렀던 곳으로 세계적으로 더욱더 유명해졌다.

〈풍기 금계동과 십승지 분포도〉

〈(좌)풍기 금계리 / (우)부용대에서 조망한 안동 하회마을〉

3) 십승지의 재조명: 역병(疫病)을 극복하는 신묘한 공간

십승지가 조선시대 백성들의 열렬한 지지를 받았던 결정적인 배경은 그곳이 '삼재불입지지(三災不入之地)'였다는 것이다. 즉, 흉년, 전염병, 전쟁이 들어 올 수 없는 곳으로 농업기반·시대에 국가에 변란이 발생할 때 그곳에 식솔들을 데리고 피난 가면 바깥세상과 단절되어 편안하게 살 수 있는 산속 분지지역이었다. 그래서 세상과 교류가 없어서 서서히 잊혀진 곳이 되었다. 이제 그곳에서 편안하게 터전을 일구고 살았던 후손들이 그 땅의 가치를 인정하고 지역활성화와 역사관광자원화 작업의 필요성을 인식하기 시작했다. 2013년부터는 전국 10

곳의 십승지들이 상호연계하는'한국천하명당 십승지 친환경농산물 공동마케팅 및 History Tour 사업'[16]이란 긴 용어로 세상에 나오고 있다. 행정구역으로는 11군데인 영주시 풍기읍, 봉화군 춘양면, 보은군 속리산면, 상주시 화북면, 남원시 운봉읍, 예천군 용문면, 공주시 유구읍, 영월군 영월읍, 무주군 무풍면, 부안군 변산면, 합천군 가야면 등이다. 이 사업은 천혜의 자연환경을 지닌 십승지 마을에서 생산되는 농특산물을 활용한 공동브랜드 및 상품 개발을 통해 지역주민소득을 높이는 방안을 모색하는 것이다. 그리고 십승지에 대한 풍수, 스토리텔링, 마을 특성, 경관, 자료 분석 등 관광프로그램 개발과 십승지 마을을 서로 연계투어하는 역사관광사업을 위해 공동 협력해 나가고 있지만 안타깝게도 그 노력에 비해 효과성이 적다.

그런데 인류역사는 우연한 사건에 의해 그 커다란 흐름이 변화된 사례[17]가 종종 있는데 코로나 19 Pandemic이 바로 그것이다. 전세계적으로 퍼져나간 전염병은 그 누구도 예견하지 못했던 사건이고 세상의 모든 질서를 바꾸고 있다. 십승지는 변란뿐만 아니라 '역병(疫病)이 창궐할 때도 피병처(避病處)였다. 조선말인 1920년대 서양의 선교사들이 한국의 여름 더위와 풍토병을 피해 지리산 해발 1,000미터 노고단 인근과 왕시루봉 산속에 소박한 별장(1962년 수양관으로 건립, 현재는 국립공원구역내에 위치함)을 짓고 피병한 것과 베트남을 지배한 프랑스 귀족들이 연중 상춘(常春)의 날씨인 중산간지역의 달랏에 별장을 지어 거주하면서 무더위와 질병을 피한 사례 등이 전 세계적으로 무수히 많다. 이제 십승지는 새롭게 펼쳐지는 세상에서 역병(疫病)을 이겨내는 신비로운 공간으로 재조명되기를 기원한다.

---

15) 오세창, 1979.12.30., 풍기읍의 정감록촌 형성과 이식산업에 관한 연구, 지리학과지리교육 9, pp.166-185, 서울대 지리교육과

16) 2011년 6월부터 영주시 풍기읍장의 제안에 따라 전국 11곳의 십승지 행정구역 담당자들이 경북 영주에 모여 '조선 십승지 읍·면장협의회(협의회장 풍기읍장)'를 개최하고 공동마케팅과 협의회 활성화 방안에 대해 의견을 교환하고 있다. 2017-08-30 영주시 인터넷뉴스.

17) 싱귤래리티(Singularity)sms 특이성으로 번역할 수 있는데, 인류 역사의 흐름을 분석해 보면 완만한 S자의 형태로 세상이 변화하는 것이 아니고 급격한 변곡점이 발생하여 계단상으로 도약하며 발전한다. 생물의 진화는 돌연변이에 의해 좀 더 지능적이며 고차원 세계로 진입하였고, 현대사회의 과학적 발전은 싱귤래리티(Singularity·특이점)의 급격한 변곡점으로 점프하여 새로운 문명을 낳는 Gate에 진입한다. 지금 포스트 코로나에 펼쳐질 세상이 딱 이러한 시대적 격변의 전조라는 느낌이 강하게 든다.

참고문헌

권용우, 1987, 현대인문지리학의 사조, 지리학논총 제14호, 서울대학교 지리학과

김인, 1983, 지리학에서의 패러다임 이해와 쟁점, 지리학논총제10호, 서울대 지리학과

김형국, 1999, 땅과 한국인의 삶: 한국인의 전통적 지리관(한영우), 나남출판사

산경표, 『한국민족문화대백과사전』, ⓒ한국학중앙연구원(ENCYKOREA.AKS.ac.kr)

안강일 인터넷 홈페이지(www.angangi.com)

오세창, 1979, 풍기읍의 정감록촌 형성과 이식산업에 관한 연구, 지리학과지리교육 9,
　　　pp.166-185, 서울대 지리교육과

옥한석, 2003, 안동의 풍수경관 연구-음택명당을 중심으로-, 대한지리학회지 제38권 제1호

옥한석, 2003, 강원의 풍수와 인물, 집문당

옥한석, 2017, 풍수, 시간리듬의 과학, 이지출판

윤병국, 2008년, 관광지리학의 역할과 위상정립에 관한 연구, 지리학총 36호(지리학과 설립 50
　　　주년 기념 특집호) pp.43-53, 경희대학교 지리학과

윤병국, 2012., 2000년 이후 국내 관광지리의 연구동향과 향후 과제, 관광연구저널 26권 1호, pp.
　　　131-148, 한국관광연구학회

윤병국, 2013년, 관광학개론, 도서출판 백암

최창조, 1984, 한국의 풍수사상, 민음사

최창조, 1997, 한국의 자생풍수 1. 2, 민음사

최창조, 1999, 한국의 풍수지리, 민음사

최창조, 2009, 최창조의 새로운 풍수이론, 민음사

최원석, 2000, 도선국사 따라 걷는 우리 땅 풍수기행, 시공사

최창조, 2007, 도시풍수, 판미동

최창조, 2011, 사람의 지리학, 서해문집

최창조, 2012, 청오경 금낭경(풍수지리학의 최고 경전), 민음사

최창조, 2013, 한국풍수인물사(도선과 무학의 계보), 민음사

한국문화 역사지리학회 저, 2003, 우리 국토에 새겨진 문화와 역사, 논형

헤럴드 대구경북, 2017, 08.29, 한국천하명당 십승지 친환경농산물 공동마케팅 및 History Tour
　　　사업, 김성권 기자

한겨레21, 2009, 3.26. 백두대간 기행
(h21.hani.co.kr/arti/culture/culture_general/24620.html)

우리 땅의 자연지리적 관광 환경

01 우리나라의 위치와 영역

한국의 위치

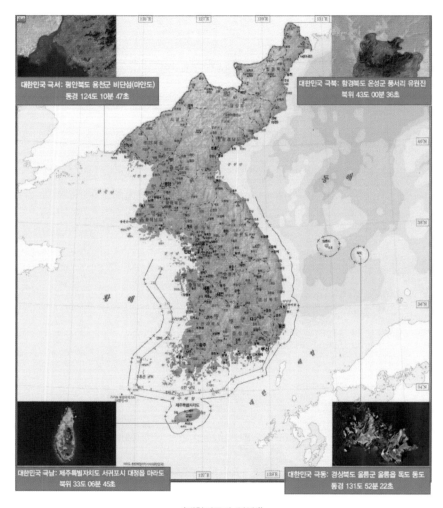

〈대한민국의 영역1)〉

---

1) 출처: 국토지리정보원, 국가지도집

1) 수리적 위치

수리적 위치란 대한민국의 위치를 숫자로 표현하고 있는 것으로 위도 33°~43° 경도 124°~132°를 의미한다. 위도는 중위도에 속해있어서 우리나라의 대륙성 기후와 식생에 영향을 미쳐 한민족의 삶에 지대한 영향을 준다. 경도는 시간대를 결정하여 우리나라는 135°를 표준경선으로 사용하기에 GMT(그리니치 표준시간)보다 9시간 빠르다. 일본과는 시간대가 같다.

극동은 한반도의 동쪽 끝으로 경상북도 울릉군 독도 동단으로 동경 131°51'20"이다. 극서는 평안북도 용천군 용천면 마안도 서단으로 동경 124°11'45"이다. 극남은 제주도 서귀포시 마라도

〈국토 최남단: 마라도〉

남단으로 북위 33°06'40"이다. 극북은 함경북도 온성군 유포면 북단으로 북위 43°00'35"이다.

2) 지리적 위치

대한민국의 지리적 위치는 유라시아 대륙 동단으로 유라시아 대륙과 태평양을 연결하는 반도적 위치 또는 육교적 위치이며, 그 명칭을 한반도라 한다. 이제까지 중국과 러시아의 대륙세력과 일본이라는 해양세력 사이에 '낀' 국가로 고립된 섬으로 치부되었으나 이제는 지도를 거꾸로 보면 대륙으로 진출하고 태평양으로 뻗어나가는 중심축(Hub)이 될 것이다. 부산에서 출발하는 초고속열차를 타고 러시아의 모스크바 또는 중국 북경을 거쳐 유럽의 영국, 프랑스, 유라시아 서쪽 끝인 로까 곶까지 여행하게 될 날이 머지않았다.

우리 영토는 전 지구적 관점에서 대륙의 끝 지점에 위치하여 대륙의 문명과 기운을 바다로 뻗을 수 있으며, 해양문화를 대륙으로 전파할 수 있어서 접근성의 측면에서 엄청난 잠재력을 가지고 있다.

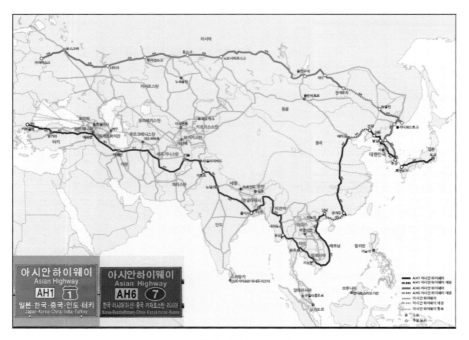

〈아시안 하이웨이 계획도2)〉

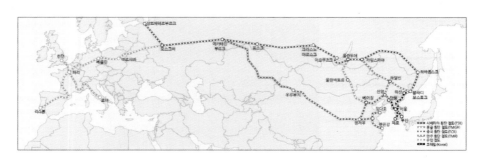

〈유라시아 대륙횡단 철도 계획도3)〉

현재 우리 정부와 주변 국가와 협의 중인 아시아 대륙 횡단 철도(TAR, Trans-Asian Railway)가 시베리아 횡단 철도(TSR, Trans-Siberian Railway), 중국 횡단 철도(TCR, Trans-China Railway), 만주 횡단 철도(TMR, Trans-Manchurian Railway), 몽골 횡단 철도(TMGR, Trans-Mongolian Railway), 한반도 종단 철도(TKR, Trans-Korean Railway) 등의 노선들로 연결되면, 한반도는 유라시아 물류·교통망의 전진

2) 출처: 국토지리정보원, 국가지도집
3) 출처: 국토지리정보원, 국가지도집

기지이자 관문의 임무를 수행하게 될 것이다. 2014년 한국철도공사는 러시아, 중국, 북한 등 27개 국가의 철도 협력 기구인 국제 철도 협력 기구(Organization for Co-operation between Railways)에 제휴 회원으로 가입함으로써 대륙 횡단 철도 구상에 중요한 진전을 이루었다.[4]

〈유라시아 대륙 횡단 철도 노선과 현황[5]〉

노선과 명칭	전체 구 간	총거리 (km)
시베리아횡단철도(TSR)	블라디보스톡~하바로브스크~치타~울란우데~이르크츠크~ 노보시비르스크~옴스크~예카데린브르크~모스크바	9,288
중국횡단철도(TCR)	연운항~정주~란조우~우루무치~*아라산쿠(중국)~*드루즈 바(카자흐스탄)~*프레스고노르코프카(카자흐스탄)~*자우랄 리에역(러시아)에서 TSR과 연결	8,613
만주횡단철도(TMR)	도문~*만주리(중국)~*자바이칼스크(러시아)~카림스카야역 (러시아)에서 TSR과 연결	7,721
몽고횡단철도(TMGR)	중국 천진~베이징~*에렌호트(중국)-*자민우드(몽골)-울란바 토루~*수흐바토르(몽골)-*나우스키(러시아)~울란우데역(러시 아)에서 TSR과 연결	7,753

3) 관계적 위치

관계적 위치는 한반도를 둘러싸고 있는 주변 국가에 의해 맺어진 상대적 위치로 지리 정치학적(지정학적) 위치를 의미한다. 대륙의 힘이 강할 때는 상대적으로 힘이 약해질 수밖에 없어 병자호란으로 인조가 남한산성에서 청 황제한테 머리를 조아려야 했고, 해양세력으로 강해진 왜국(倭國)에 의해 임진왜란과 정유재란 등 끊임없는 침략을 당할 수밖에 없었다. 현대사로 넘어와서는 중국과 소련 그리고 미국과 일본 사이의 국제정세에 휩쓸려 6. 25 전쟁이 발발하였다. 그 엄청난 후유증은 지금의 휴전선으로 남아 남한은 자유주의·자본주의 체제로 북한은 사회주의·공산주의 체제로 한민족은 분리되고 말았다. 분단된 지 70여 년이 지났지만, 다시 통합되지 못하고 남한은 자유주의 세력을 대변하고 있고 북한은 사회주의 세력이 버티고 있어 한반도 휴전선은 전 세계에서 가장 긴장감이 높고 힘의 균형을 지키는 최정점 위치에 있다.

지정학자들이 말하는 한반도의 통일 공식은 2 + 2 = 1이다. 즉, 남북한이 통일(1)하려면 중국과 러시아 그리고 미국과 일본이 동의해야 한다는 것이다. 우리 땅인데

---

4) 국토지리정보원, 국가지도집
5) 출처: 한국철도시설공단(www.kr.or.kr), 2020.6.30.

우리 마음대로 할 수 없는 것이 한반도가 가진 관계적 위치 때문이다. 이제는 우리의 통일 공식은 바뀌어야 한다. 독일은 주변 열강들의 우려를 불식하고 서독의 헬무트 콜 총리와 동독의 모드로 총리가 화폐, 경제, 사회통합을 내용으로 하는 국가통일조약에 서명함으로써, 서독이 막대한 통일비용을 부담하는 통일방안에 합의한 것이다. 1989년 11월 9일 베를린 장벽이 무너진 이래 1990년 10월 3일 분단 41년 만에 서독과 동독은 통일하였다. 한반도의 통일 방식에 대한 연구에서 독일이 최고의 선험적 사례가 될 것이고, 한반도의 통일공식도 1+1로 바뀌어야 할 시점이다.

한국의 영역

영역이란 한 국가의 대통령의 통치권이 미치는 범위 또는 국민의 주권이 미치는 범위를 의미하며 영토, 영해, 영공을 말한다.

영토 | 대한민국의 헌법에 영토는 "한반도와 그 부속 도서로 한다."라고 되어 있다. 하지만 과거 또는 얼마 전까지 대한민국의 영토였지만 잃어버린 영토가 있다. 그곳이 간도, 백두산 반쪽, 녹둔도, 독도(?)이다. 물론 독도는 그 범주에 들어가지 않지만, 호시탐탐 노리는 일본에 틈을 내보이면 넘어갈 수도 있다.

영해 | 영해는 한 국가의 배타적 권리를 인정받는 바다로서 동해안은 해안에서 12 해리, 서남해안은 직선기선에서 12해리이고, 대한 해협 3해리이다.

영공 | 영공은 영공과 영해의 하늘 위를 의미한다. 그럼 한반도 상공 어디까지가 영공이란 말인가?. 정답은 그 국가의 군사력이 미치는 곳까지이다.

〈대한민국의 영해〉

잃어버린 영토

한 국가 또는 민족이 주권을 상실하면 얼마나 많은 것을 빼앗기는지를 우리는 대한민국의 역사 속에서 절실하게 느끼고 있다. 그 대표적인 사례가 되는 지역이 간도, 백두산 반쪽, 녹둔도 그리고 위기 속의 독도이다.

1) 간도(연변)

간도는 중국 지린성(吉林省, 省都는 장춘) 동쪽에 있는 연변 조선족자치주(延邊朝鮮族自治州)를 포함하고 있는 지역으로 통상 연변(延邊)이라고 부른다. 면적은 4만 3547 km², 인구는 2017년 말 기준 약 210만 2천(연변 TV)이다. 이 중 조선족 인구는 36.04%(조선족 약 75만명)이고 주도(州都)는 옌지시(延吉市)이다.

옛날에는 부여, 고구려, 발해의 영토였는데 이곳의 동모산(지금의 돈화)이 발해 건국의 시원지로 현재도 이곳에는 발해 관련 유물들이 엄청나게 발견되고 있다. 송화강과 흑룡강에 둘러싸여 마치 섬처럼 보인다 하여 간도라(間島) 불리고 조선 말기부터 조선인이 이주하여 개척한 곳(1930년 당시 39만여명의 조선족 거주)으로 이전에는 북간도라고 불렀으며 동간도와 서간도로 나눌 수 있다. 현재의 행정구역으로 요녕성, 길림성, 흑룡강성으로 조선족이 가장 많이 거주하는 동북 3성이라고 불린다.

《(좌)간도의 지리적 위치 / (우)연변 조선족 자치주 현황》

1952년 9월 3일에 조선족자치구가 설립되고, 1955년 12월에 조선족자치주로 승격되어 옌지(延吉), 투먼(圖們), 둔화(敦化), 허룽(和龍), 룽징(龍井), 훈춘(琿春)의 6개 시와 왕칭(汪淸), 안투(安圖) 2개 현으로 구성되어 있다. 이곳에는 11개 민족이 거주하고 있는데 그 중 조선족이 36.7%(조선족 84만) 차지하며, 나머지는 한족(漢族), 만주족(滿州族), 후이족(回族)의 순이다. 하지만 한국의 기업들과 관광객들이 중국의 주요 도시로 집중되면서 중국어와 한국어를 동시에 구사할 수 있는 조선족들의 수요가 급증하여 조선족자치주의 조선족 인구가 급감하면서 그 위상이 흔들리고 있다.

2) 백두산 반쪽(중국 쪽 40%)과 간도 땅

(1) 국경 문제의 시초

백두산은 고조선을 비롯해 고구려, 발해 시대에는 분명 우리의 땅이었음에도 고려와 조선초기에는 그 국경이 불분명해진 상태로 지속되어 있었다. 그러던 차에 중국 본토를 점령한 청나라가 백두산 일대를 그들의 조상이 일어난 곳 용흥지지(龍興之地)로 여기고 봉금(禁)정책을 펴면서 그동안 이 일대에서 수렵과 약초 채취 등을 하던 조선인들로 인해 양국 간에 국경분쟁 야기되었다.

(2) 백두산 정계비의 설정의 문제

숙종 38년(1712) 국경문제를 해결하기 위해 조선에서는 함경감사 이선부와 박권을 접반사로 하고 군관 이의복, 통역관 김경문 등을 수행원으로 나서게 했고, 청국에서는 오라(길림) 총관 목극등(穆克登)을 특사로 뽑아 협상한 후 백두산에 경계석을 세우기로 했다. 그러나 백두산으로 향하던 중 목극등은 이선부, 박권이 나이가 연로하여 정상까지 오르기 힘들고 청 황제에 대해 예의를 갖추지 않았다는 이유로 중간에 떼어내고, 군관과 통역관만을 대동한 채 백두산에 올라 마음대로 경계를 짓고 백두산 남동쪽 해발 2200m에 '백두산정계비(白頭山定界碑)'를 세웠다. 또한 "서쪽은 압록강, 동쪽은 토문강이 되기 때문에 물이 갈라지는 마루 위에 돌비석을 세워 기록한다(西爲鴨綠 東爲土門 故於分水嶺上 勒石爲記)."라는 문장과 함께 참관한 조선의 군관과 역관의 이름을 새겼다.

백두산 정상도 아니고 백두산의 정상에서 4Km 떨어진 곳에 실측도 하지 않고, 수계도 살펴보지 않고 목극등이 자신의 군속과 조선 측 통역관만 데리고 독단적으로 세운 백두산 정계비의 비문 첫머리에는 대청(大淸)이라고 새겨져 있어 청나라가 정계비를 세우고 그 땅은 청나라 것이라는 것을 인정하는 증거가 되었다.

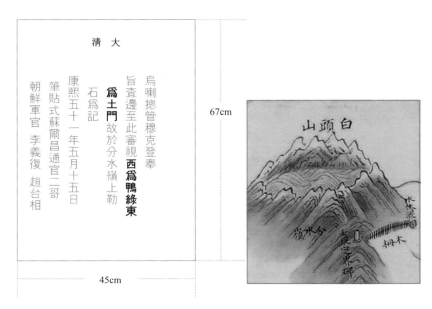

〈(좌)1712년에 세워진 백두산 정계비문 내용 / (우)백두산 정계비 수록 지도6)〉

(3) 백두산 확보를 위한 노력

우리 조정에서 백여 년 동안 우리 땅을 찾을 생각도 못 하고 있는 사이 청국에서는 1884년 토문강 이북과 이서 지방의 조선인 철수를 정계비문(토문강을 두만강으로 해석)을 들어 요청하자 양국의 외교분쟁이 첨예하게 대립하였다. 조선은 백두산 정계비에 의거하여 '토문강'이 송화강 상류에 있는 지류인 토문강(해란강)을 가리키므로 西爲鴨綠 東爲土門(서위압록 동위토문)에 의거하여 간도(특히 동쪽의 동간도 지역, 북간도라고도 함)는 조선영토라고 주장하였다. 그러나 청나라는 두만강이 '토문강'이라고 주장하여 청나라와 조선 간 교섭이 진행되었으나 결렬되었다. 현지 조선인들은 백두산정계비와 그 부근의 강줄기를 상세히 조사하여 "토문강과 두만강은 전혀 별개의 강으로, 토문강은 정계비 부근에서 발원하여 송화강으로 흘러 들어가지만, 두만강은 조선 경내에서 발원하는데 청국이 이 양자를 혼동하여 토문강 이북을 두만강 이북으로 해석한다."고 하면서 종성부사에게 국경을 재조정해달라고 청원하였다. 서북 경략사 어윤중(魚允中)은 이 소식을 듣고 사실을 확인, 고종에게 진언 1885년과 1887년에 2차에 걸쳐 양국 대표가 만나 담판을 했으나 회담 결렬되었다. 이때 조선의 대표로 참가한 이중하(李重夏)는 "내 머리는 자를 수 있으나 나라 땅은 줄일 수 없다."고 하여

---

6) '18세기 후반 함북지도'경희대학교 혜정도서관, 보물 1598호

청나라의 주장을 꺾기도 했다는 기록이 있다.

(4) 간도 협약에 의한 국경 확정

일제가 우리의 국권을 강탈해 가고 있던 1909년 9월, 일제는 만주 침략의 사전 작업으로 청나라로부터 남만주 철도부설권(안봉선)과 푸순 탄광권을 얻는 대가로 그 당시 획정(劃定)되지도 않았던 간도와 백두산 일부를 포기하고 두만강으로 국경을 확정짓는다는 내용의 간도협약 체결을 중국과 일본이 일방적으로 체결한다. 이후 백두산 정계비 내용대로 토문강은 두만강으로 규정되고 간도 지방인 연변은 우리 영토로 되돌아오지 못하게 되었다. 더불어 당시 식민 조선에서 토지를 빼앗기고, 국권 찬탈의 울분을 안고 독립운동을 위해 동북 3성에 흩어져 정착한 조선인들은 돌아갈 곳도 정착할 곳도 없는 무국적자의 신세가 되어 버렸다.

(5) 백두산 정계비의 실종과 조중변계(朝中邊界) 조약

1931년 9월, 일제가 만주사변을 일으키고 중국을 침략한 뒤, 백두산 정계비는 백두산 등반에 참가했던 혜산, 무산의 일본군 수비대에 의해 제거되어 행방불명되었고 그 후 백두산의 경계는 모호해지게 되었다.

1950년대에 북한과 중국이 처음으로 천지의 국경선을 결정하고, 1962년 조중변계(朝中邊界) 조약을 체결하여 백두산 최고봉과 천지의 60%는 북한 영토에, 나머지 40%는 중국 영토에 속하게 되었다.

수백 년 전 힘이 약해 강대국에 의해 일방적으로 그어졌던 국경선이 오늘날까지도 민족의 영산(靈山)에 통한의 경계선으로 남아 있고 대한민국 국민은 우리 땅임에도 중국을 거쳐서 백두산을 오를 수밖에 없는 상황이다. 빠른 시일 내에 북한을 통해서 그리고 통일을 이루어 당당하게 민족의 성산(聖山)인 백두산에 올라 '어느 곳이 하늘빛이고 물빛인지' 구분이 안 되는 신령스러운 감동을 받는 날이 오길 손 모아 기다린다.

(6) 백두산 관광코스

우리가 현재 오를 수 있는 백두산 등반 코스는 첫째, 도보로 접근 할 수 있는 장백폭포 코스와 둘째, 승합차를 타고 천문봉까지 올라가서 천지를 조망할 수 있는 북파코스 그리고 셋째, 서쪽으로 올라가는 서파코스 넷째, 최근에 개방된 남파코스가 있다. 특히, 북한 영토를 제외한 천지 주변을 일주할 수 있는 코스도 개발되어 있으니 전문 산악가이드를 반드시 동반하고 답사해보는 것도 우리 국토를 온전히 느낄 수 있는 최고의 추억이 될 것이다.

〈(좌)백두산 천지 / (우)백두산 장백폭포〉

3) 녹둔도[7]

(1) 위치와 개황

녹둔도는 함경북도 선봉군(先鋒郡) 조산리(造山里)에서 약 4㎞ 거리에 위치해 있는 하천에 의해 퇴적된 하중도(河中島)였다. 남북으로 28km, 동서로 12km 정도의 큰 섬으로 다산 정약용의 「대동수경」에 사차마도(沙次麻島)라고 기록되어 있다(사차마(沙次麻)는 사슴이라는 뜻의 그 지방 방언). 「세종실록지리지」에도 사차마도로 표기되어 있고 1861년 대동여지도에 녹둔도로 표기되어 있으므로 조선의 영토임이 명백한 곳이다. 그런데 1800년대 이후부터 두만강 상류의 모래가 유속(流速)에 의해 양안(兩岸) 사이에서 퇴적, 침식을 반복하다가 현재는 러시아와 연륙(連陸)되어 버렸다.

---

7) 녹둔도에 대한 연구는 일찌기 양태진부터 시작하여 최근에 조금씩 늘어나고 있다.
   양태진, 1993, "韓國國境線上의 鹿屯島," 한국학보, 19, 157-174
   안재섭, 2004, "두만강 하류지역의 토지이용에 관한 연구-러시아 핫산지역과 녹둔도를 중심으로,"지리학연구, 38(2), 155-165
   이옥희, 2004, "두만강 하구 녹둔도의 위치 비정에 관한 연구," 대한지리학회지, 39(3), 344-359
   이기석 외 4인, 2012, 두만강하구 녹둔도 연구, 서울대학교출판문화원
   손승호, 2016, 두만강 하구에 자리한 녹둔도의 위치와 범위, 대한지리학회지 제51권 제5호
   남북역사학자협의회

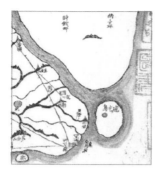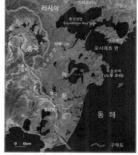

<녹둔도 수록 지도: (좌)18세기 후반 함북지도, (우)현재의 위치8)>

(2) 녹둔도 사건(鹿屯島 事件)

녹둔도는 함경도 경흥부(慶興府)에 속한 섬으로 1583년(선조 16) 이후 당시의 감사 정언신(鄭彦信)이 군량(軍糧)을 비축할 목적으로 둔전(屯田)을 설치하였다. 1586년에는 선전관(宣傳官) 김경눌(金景訥)을 둔전관으로 임명하고, 조산만호(造山萬戶) 이순신(李舜臣)으로 하여금 둔전을 아울러 관리하게 하였다. 우리가 알고 있는 이순신 장군은 무과에 합격하여 육군 초급장교의 보직을 받아 함경도, 충남 등 지방을 전전하다가 이곳 녹둔도에도 주둔하였고, 전라좌수영의 해군으로 보직 이동되어 왜구로부터 조선을 지킬 수 있었다. 하지만 그 과정은 순탄하지 않았는데 1587년 가을 경흥부사(慶興府使) 이경록(李慶祿)이 군대를 인솔하고 녹둔도로 가서 추수를 하는데, 추도(楸島)에 있던 여진족이 갑자기 침입하여 수장(戍將) 오향(吳享), 임경번(林景藩)은 전사하고, 이경록과 이순신이 겨우 적군을 격퇴하였다. 북병사(北兵使) 이일(李鎰)은 이 사건에 대한 책임을 이경록, 이순신에게 지우고 사형에 처하려 하였으나, 해임에 그치고 이순신 장군의 첫 번째 백의종군은 이때 겪은 것이다. 이듬해 조정은 두만강 건너 여진족을 토벌하면서 이순신이 여진족 족장 '우을기내'를 잡은 공으로 다시 복직된 배경이 있는 곳이다.

(3) 녹둔도의 현재 상황

우리 땅이었던 녹둔도는 1860년 철종 11년경'엉겁결'에 러시아 땅으로 편입되었다. 영국, 프랑스와 청나라 간 벌어진 아편전쟁을 러시아가 중재하면서 그 대가로 청나라는 러시아에게 연해주 700리라는 광활한 영토를 내주었는데, 그때 연해주 끄트머리에

---

8) 출처: 경희대학교 혜정도서관, 보물 1598호, 18세기 후반 함북지도 / 손승호, 2016

있던 우리 땅 녹둔도도 딸려 들어가게 된 것이다. 섬이었던 녹둔도는 이때 이미 홍수로 인해 토사가 쌓여 연해주로 육지화되어 있었다.

녹둔도를 찾기 위한 노력이 없었던 것은 아니다. 고종 때인 1882년 서북경략사 어윤중에게 녹둔도 실사를 명하였고, 1889년에는 청국의 심계(審界)위원회 오대징에게 국경계(國境界)를 재심하여 녹둔도를 돌려달라고 요구했지만 오대징은 묵살하였다.

녹둔도에 대한 기록은 일본의 문서에도 나타나 있다. 1890년 일본 영사 타쯔타가와(立田革)가 일본 외무성에 보고한 비밀문서에 "녹둔도는 한국령으로 한국 정부가 러시아 공사에게 섬의 반환을 요구했고, 러시아 공사도 이 문제를 본국 정부에 보고하여 알려주겠다고 한 바 있으나 아직 통보는 없는 것 같다."고 기록되어 있다.

현재 러시아로 연륙되어 버린 녹둔도를 돌려받는 것은 1차적으로 북한이 시도해야 할 것이고, 대한민국의 지리학자와 남북역사학자협의회들을 중심으로 그 위치 파악과 지표조사 등을 러시아와 공동으로 추진하고 있다.

4) 독도(獨島)의 현실

(1) 독도의 위치와 면적[9]

독도의 행정상 위치는 경북 울릉군 울릉읍 독도리 1~96번지이고, 면적은 187,453㎡(동도 73,297㎡, 서도 88,639㎡, 부속도 25,517㎡)이다.

독도까지의 거리는 한반도 본토에서 최단거리인 경북 울진군 죽변면에서 직선거리 216.8km이지만, 울릉도에서는 동남쪽 87.4km이다. 하지만 일본에서 제일 가까운 시마네현 오끼 섬에서 독도까지의 거리는 약 157.5km이다. 독도가 대한민국의 영토라는 것은 이처럼 일본과의 거리로 단순하게 확인할 수 있다. 그 옛날 선박도 열악한 상황에서 어로 활동과 교역을 위해 험난한 동해 바다를 건너야 할 상황이면 가장 먼저 가까운 섬을 선택하는 것이 상식적인 기준이다.

---

9) 국토지리정보원 자료 참조

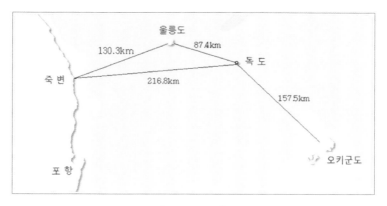

〈독도의 위치10)〉

(2) 독도의 지리적 현황

〈(좌)서도와 동도11) / (우)동도〉

독도는 동도(東島)와 서도(西島) 및 그 주변에 산재하는 36개의 바위섬으로 이루어진 화산섬이다. 동도는 해발고도 98m에 화산암질 안산암으로 이루어졌고 분화구의 흔적이 남아 있고 서도는 해발고도 168m에 안산암과 현무암으로 이루어진 응회암(凝灰岩)으로 구성되어 있다. 동도를 암섬, 서도를 수섬이라하고 두 섬을 합해서 형제섬이라고도 한다. 강한 해풍과 부족한 토양 탓에 바위틈에 약간의 식물들이 자랄 뿐 한 그루의 나무도 없었으나 소나무와 동백나무를 옮겨 심어 지금은 꽃을 볼 수 있는 섬으로 변신하였다. 독도 경비대가 상주하게 된 이후 바위 위에 터를 닦아 시설을 짓고 간이선착장을 만들고 여러 곳에서 수질이 좋은 용천(湧泉)이 발견되어 식수 문제는

---

10) 출처: 국토지리정보원
11) 출처: 한국해양과학기술원

해결되었다.

독도의 경제적 가치는 엄청나지만, 수산자원만 언급하면, 섬 주변은 한류와 난류가 교차함에 따라 수많은 어족이 모여들어 어장으로서의 가치가 높고, 지하자원의 부존 가치는 천문학적 수치일 것으로 추측된다. 동도에는 1954년 8월에 건설한 등대가 있으며 독도 탐방객들의 상륙을 위해 500톤급 이하 선박 접안이 가능한 선착장이 확장되었다.

(3) 독도 문제의 쟁점

독도는 신라시대부터 문헌상에 삼봉도(三峰島), 가지도(可支島), 우산도(于山島) 등으로도 불리었다. 울릉도가 개척될 때 입도한 주민들이 멀리보이는 독도를 처음에는 돌섬이라고 불렀는데, 돍섬으로 변하였다가 다시 독섬으로 변하였고, 독섬을 한자로 표기하면서 1881년 독도(獨島)로 불리게 된 것이다.

1905년 동해상에서 벌어진 러일 전쟁을 통해 전략적인 요충지인 독도의 가치를 재인식한 일본은 같은 해 2월 22일 일방적으로 독도를 다케시마(竹島)로 개칭하고 일본 시마네현(島根縣)에 편입시켰고 이후 계속해서 독도 영유권을 주장하여 현재까지 한국과 일본 간의 가장 첨예한 외교 현안이 되어 있다.

일본은 중국과 러시아가 제기한 센카쿠 열도(조어도)와 남쿠릴 열도(북방영토) 문제에 대해서는 국제사법재판소 회부를 거부하면서 유독 독도에 대해서만 국제사법재판소 회부를 주장하고 있다. 일본의 이중적인 태도를 보여주는 사례이고, 독도가 일본 영토라는 주장에 대해 자신이 없다는 반증이라고도 해석할 수 있다.

(4) 독도 수호의 노력

독도가 우리 영토로 기록된 것은 된 512년(신라 지증왕 13년) 이사부가 지금의 울릉도인 우산국을 정벌하여 신라영토에 복속시킴(삼국사기)으로써 인근 섬인 독도도 자연스럽게 편입하게 되었다. 고려 때는 계속되는 동북 여진 해적의 침입으로 동해안 지역에 관심을 가질 여력이 없어서 빈 섬(空島)이 되다시피 한 우산국이었다.

조선시대인 1454년(단종2년)에 완성된 '세종장헌대왕실록' 중 제148권에서 제155권까지의 8권에 실려 있는 부분이 전국지리지인데 그 명칭을 '세종실록지리지'라고 한다. 제153권 강원도 울진현조에 그 부속도서로서 우산도(독도)와 무릉도(울릉도)를 열거하고 이들의 개략적인 위치를 "于山·武陵二島 在縣正東海中 二島相距不遠 風日淸明 則可望見 新羅時 稱于山國(우산·무릉이도 재현정동해중 이도상거불원 풍월청명

즉가망견 신라시 칭우산국)” 즉, “于山(우산)과 武陵(무릉·우릉)의 두 섬이 현(울진현)의 정동쪽 바다 가운데 있다. 두 섬이 서로 거리가 멀지 않아 날씨가 청명하면 가히 바라볼 수 있는데 신라시대에는 于山國이라 칭하였다.”라고 기록되어 있다.

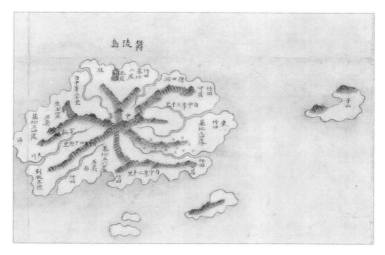

〈울릉도, 독도 수록 지도: 18세기 후반 강원도지도12)〉

1417년(조선 태종)부터 1693년(조선 숙종)에 조선은 한때 백성들을 보호하기 위하여 행정력이 미치지 않는 모든 섬에 공도(空島) 정책을 폈었다. 이러한 과정에서 울릉도와 독도 근해에 일본 어민들의 출어가 잦아지자, 안용복은 일본으로 건너가 일본 막부로부터 울릉도와 독도가 우리 땅임을 확인받고 일본 어부의 어로 활동을 금지토록 하였다.

1881년(고종 18년)에는 울릉도 개척령 발포(척민정책)하여 일본 어민의 울릉도 근해 출어에 대한 일본 정부에게 엄중 항의하였고, 1900년 10월 27일(대한제국 광무4년) 관보 제716호의 칙령 제41호에 울릉도, 죽도, 석도(독도)를 울릉군수가 관할하도록 한 공문서가 존재하고 있다.

해방 후 1953년에는 일본이 독도에서 조난어민 위령비 철거, 일본영유 표지 설치하고 한국 어민 독도근해조업에 대한 항의를 하자, 이에 대해 한국 정부는 일본에 항의 각서를 발송하고 그해 8월 5일 독도에 영토비를 건립하고 해양경비대를 파견하였다. 특히, 1953년 4월 27일에는 울릉도 주민으로 구성된 독도 의용수비대를 창설(대

---

12) 경희대학교 혜정도서관, 보물 1598호, 18세기 후반 강원도 지도

장: 홍순칠)하였고 1956년 4월 8일 국립경찰의 경비 임무 인수를 결정하였다.

최초로 독도에 주민이 전입한 것은 1965년 3월 최종덕(작고)이며 그 후 1991년 11월 17일 김성도(당시 56세, 2018년 별세) 김신열 부부가 전입(서도)하여 어로 활동에 종사하며, 이후 다수의 우리 국민이 독도로 주소지를 이전하여 19명(2018년 기준)이 주민등록상 독도 등록인구이다. 독도에 근무하는 인원은 독도경비대원 약 40명, 포항 지방해양항만청 소속의 독도 등대관리원 3명, 울릉군청 소속의 독도관리사무소 직원 2명이 있다.

현재 독도에 주민등록을 이전한 국민들과 단체 등이 독도 수호를 위해 노력하고 있으며, 1999년 일본인 호적 등재 보도 이후 '범국민 독도 호적 옮기기 운동'이 전개되어 우리 국민 3천명 이상이 독도에 본적을 두고 있다. 그럼에도 일본은 1994년 이후 배타적 경제수역(EEZ)을 200해리로 정하고 독도 영유권을 계속 주장하고 있으며 1998년 9월 한국과 일본 양국 외무부 장관이 독도를 한일어업공동위원회 관리를 받는 수역에 포함하는 '신 한일어업협정'에 서명하여 한·일 간의 중간 수역으로 어업 활동수역을 확정하였다.

이제까지 정부는 조용한 외교적 수단으로 독도 문제를 국제 이슈화하지 않았으나 일본의 노골적 독도 영해의 침범과 일본 일반인의 독도 방문을 허가함으로써 시끄러운 독도가 되고 있는 현실이다.

김영구(金榮球) 려해연구소 소장은 '독도 영유권 문제에 관련된 국제법상의 묵인과 실효적 점유의 요건[13]'에서 독도 문제에 관한 우리 정부의 '무대응 정책'이 국제법상으로 잘못된 인식을 기초로 한 '오류의 정책'이라 말한다. 국제법상 영유권은 다른 나라가 이의를 제기할 때 적절하고 명백하게 반박하지 않고 계속 이것을 받아들이면 묵인(默認·acquiescence)이라는 요건이 성립돼 근본적으로 영유권의 존재 자체가 부인될 수 있다는 것이다. 그러므로 우리 국민의 꾸준한 관심과 절대적인 실효적 지배 그리고 일본의 공격에 정치적·감정적 대응이 아니고 독도를 제대로 알고 전달하여 전 세계의 인정을 받아내는 적절하게 대응해야 하는 것이다.

---

13) (사)한국영토학회 제2회 학술 대토론회(제13회), 2006년 9월 7일, '독도 영유권과 배타적 경제수역 경계획정 문제'

5) 잃어버린 영토에 대한 에필로그

먼저 간도, 백두산 문제는 국제법상 영토 분쟁의 시효 기간이 50~100년대이므로 간도협약으로 간도를 빼앗긴 지 2009년(1909년 체결)에 이미 백년 지나 중국이 시효 주장을 하면 우리는 영유권을 주장할 수 없어졌다. 이미 중국은 동북공정으로 고구려를 자국의 역사로 편입하는 역사 왜곡을 완료하였으므로 그들 역사의 허구를 알리고, 되찾기 위한 노력을 시작해야 하고 무엇보다도 선결 조건이 북한과의 통일이다.

둘째, 녹둔도 문제는 러시아와 붙어 버린 땅을 무슨 수로 되돌아오게 할 수 있을까? 우리를 빠져나간 사슴처럼…….

셋째, 독도 문제만은 절대 양보할 수 없는 것이다. 일본이 뭐라고 해도 독도에 대한민국 사람이 거주하고 있는 한 영원히 우리 땅이다.

영토는 그 민족의 자존심이자 생존의 현장이다. 더 이상의 오욕(汚辱)의 역사를 반복하지 말아야 할 것이다.

땅과 관광지리

독도가 중요한 이유

① 독도의 경제적 가치

독도 주변 해역이 풍성한 황금어장이라는 것은 이미 널리 알려진 사실이다. 북쪽에서 내려오는 북한한류와 남쪽에서 북상하는 동한난류가 교차하여 플랑크톤이 풍부하여 회유성 어족이 사시사철 다양하다. 해저 암초에는 다시마, 미역, 소라, 전복, 독도새우, 대게 등의 해양생물과 해조류들이 풍성히 자라고 있어 어민들의 주요한 수입원이 되고 있다.

② 독도의 군사적 가치 및 해양 과학적 가치

일본은 1905년 8월 19일에는 독도에 망루를 준공하여, 러시아 함대를 맞아 노일전쟁의 최후를 장식한 이른바 '동해의 대해전'에서 대승을 거두게 됨으로써 독도의 군사적 가치가 유감없이 발휘되었다고 한다.

현재 우리나라 정부에서는 독도에 고성능 방공레이더 기지를 구축하여 전략적 기지로 관리하고 있으며, 이곳 관측소에서 러시아의 태평양함대와 일본 및 북한의 해·공군의 이동상황을 손쉽게 파악하여 동북아 및 국가안보에 필요한 군사정보를 제공하고 있다. 해양과학기지를 설치하면 독도 주변 해역의 해양상태를 보다 명확하게 파악하여 기상예보모델의 초기값 중 해양상태를 나타내는 값을 보다 정확하게 입력시킴으로써 더욱 적중률 높은 기상예보가 가능함은 물론 지구환경 연구, 해양산업활동 지원과 해양오염방지에 효율적으로 대처할 수 있을 것으로 기대하고 있다.

③ 독도의 지질학적 가치

독도의 생성 연도는 지금으로부터 약 450만 년 전부터 250만 년 전 사이인 신생대 3기의 플라이오세(Pliocene epoch)기간의 해저 화산 활동에 의해 형성되었다. 울릉도(약 250만 전~1만 년 전) 및 제주도(약 120만 년 전~1만 년 전)의 생성시기 보다 앞선다. 지질학적으로 보면 독도는 동해의 해저로부터 해저의 지각활동에 의해 불쑥 솟구친 용암이 오랜 세월 동안 굳어지면서 생긴, 해저부터 높이 2천여m의 거대한 화산성 해산(海山)이다.

독도 주변 해역에는 천연 가스층이 존재하고 있다. 1997년 12월 러시아과학원 소속 무기화학 연구소에서 연구 중인 경상대 화학과의 백우현 교수는 연구소장 쿠즈네초프(Kuznetsov)로부터 '한국의 동해 바다 한 지점에 붉은색으로 메탄 하이드레이트 분포 추정지역임을 분명히 표기하고 있는 지도'를 선물로 받았다 (신동아, 98년 9월호).' 메탄 하이드레이트(Methane + Hydrate)'란 메탄이 주성분인 천연가스가 얼음처럼 고체화된 상태로서, 기존 천연가스의 매장량보다 수십 배 많은데다가 그 자체가 훌륭한 에너지 자원이면서도 석유 자원이 묻혀있는지를 알려주는 '지시자원'이라고 한다. 동해의 '메탄 하이트레이트층'은 약 8억톤 가량으로 추정되나 심해의 고체상태이기 때문에 회수율(EUR)이 얼마나 될지 예측하기 어려운 측면이 있어 실제 생산가능한 기술력이 개발되기까지는 상당한 시간이 필요하다. 하지만 동해안에 든든한 보물덩어리 하나 간직하고 있는 포만감으로도 행복한 일이다.

참고문헌

고대민족문제연구소, 1985, 對淸 관계에서 본 鹿屯島의 귀속문제, 영토문제연구 2집
김종은, 2000, 관광한국지리, 삼광출판사
김주환·이형석, 1991, 압록강과 두만강, 홍익재
김춘일, 1996, 71일간의 백두대간, 수문출판사
국토지리정보원, 국가지도집
남북역사학자협의회
동북아역사재단, 독도문제연구소 자료
박용옥, 1986, 간도문제, 국사편찬위원회, 한국사론 5
박종진, 1996, 발해를 꿈꾸며, 높은 오름
서울시, 2019, 12,9, 이순신 장군 북방유적' 발굴 나선다, KoreaTourPress
손승호, 2016, 두만강 하구에 자리한 녹둔도의 위치와 범위, 대한지리 학회지 제51권 제5호
손영종, 2001, 광개토왕비문 연구, 도서출판 중심
신용하, 1997, 독도영유의 역사와 독도보전 정책, 서울대
안재섭, 2004, "두만강 하류지역의 토지이용에 관한 연구-러시아 핫산지역과 녹둔도를 중심으로,"지리학연구, 38(2), 155-165
양재룡, 2011, 우리땅 독도, 동해바다 한국해, 호야지리박물관
양태진, 1987, 한국의 국경연구, 동화출판공사
양태진, 1993, "韓國國境線上의 鹿屯島," 한국학보, 19,157-174
양태진, 1995, 우리나라 영토이야기-분쟁지역을 중심으로, 대륙연구소출판부
양태진, 1996, 한국의 영토관리정책에 관한 연구, 한국행정연구원
윤병국 외 6인, 2002, 한국의 지리적 환경과 관광자원, 2002, 여행과 문화

윤병국 이승곤, 2007, 관광학개론, 새로미
윤병국 한지훈, 2013, 관광학개론, 백암
이기석 외 4인, 2012, 두만강하구 녹둔도 연구, 서울대학교출판문화원
이옥희, 2004, "두만강 하구 녹둔도의 위치 비정에 관한 연구," 대한지리학회지, 39(3), 344-359
한국과학문화재단 編, 1989, 택리지, 서해문집
한국철도시설공단(www.kr.or.kr/sub/info.do?m=050106)
네이버 지식백과(terms.naver.com)
위키 백과(ko.wikipedia.org)
독도 바다 지킴이(dokdo.kcg.go.kr)
독도 수호대(www.tokdo.co.kr)
사이버독도(www.cybertokdo.com)
독도종합정보시스템(www.dokdo.re.kr)
경희대학교, 혜정박물관 지도 및 고문서

02 기후와 관광

기후의 개관과 기후 요소, 기후 인자

1) 기후의 개념과 지역성과의 관계

기후(Climate)는 어떤 지역에 나타나는 기상(Weather) 현상의 장기적이고 종합적인 평균상태로 인간뿐만 아니라 식생, 토양, 지형에 영향을 주는 동시에 이 요소들이 서로 결합하여 지역적으로 특이한 자연환경을 만든다. 이는 인간의 생활과 상호작용 하면서 지역성을 구성하는 주요 요소로 작용한다.

2) 기후 요소와 기후 인자

기후 요소는 기후를 구성하고 있는 대기의 여러 가지 상태를 의미한다. 구성 요소는 기온, 강수, 바람, 습도, 증발량, 일조량 등인데 가장 중요한 세 가지인 기온, 강수량, 바람을 기후의 3요소라 한다.

기후 인자는 기후 요소에 작용하여 기후의 지역적 차이를 일으키는 요인으로 지리적 기후 인자와 동적 기후 인자로 구분한다. 지리적 기후 인자는 위도, 지형, 해류, 해발고도, 수륙 분포 등이고 동적 기후 인자는 대기 대순환, 기단, 전선 등이다.

한국의 기후 현상

1) 기온

기온은 대기의 온도이고 남쪽은 높고 북으로 갈수록 점차 낮아지는데 이것을 가장 잘 표현하는 것이 기온의 연교차이다. 하지만 기후 인자로 인해 전국적으로 동일 위도상에 같은 기온이 나타나지 않고 등온선이 구부러지게 표현된다. 동해안 지방이 서해안 지방보다 연교차가 낮게 나타난 것은 함경산맥과 태백산맥이 차가운 북서 계절풍을 막아주는 동시에 동해의 수심이 깊어 바다의 영향이 적기 때문이다. 연교차가 가장 큰 곳은 대륙의 영향을 가장 많이 받는 중강진으로 42.5도이다.

2) 강수

강수는 비, 눈, 우박 등 대기 중에서 내린 수분을 통틀어 의미하는데, 그 총량을 강수량이라고 한다. 강수는 마시는 식수뿐만 아니라 농업용수, 공업용수나 수력 발전용 등으로 쓰이므로 우리의 생활과 밀접한 관계를 갖고 있다.

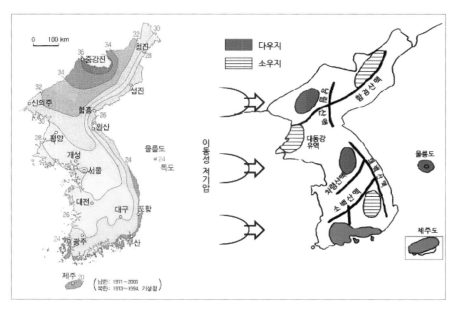

《(좌)기온의 연교차14) / (우)한국의 다우, 소우 지역》

(1) 우리나라 강수의 특색

한국은 강수량이 많은 우기와 겨울의 건기가 뚜렷이 구분된다. 강수량의 계절적인 차이가 심하며, 짧은 시간에 많은 비가 쏟아지는 집중호우의 형태를 보인다. 장마철에는 하루에 수백 mm의 큰비가 내리기도 한다.

강수량은 여러 가지 기후 요소 중에서도 변화가 많은 편에 들어가지만, 우리나라의 강수량은 특히 변화가 심하여 해에 따라서도 강수량의 변화가 심하다. 연평균 강수량은 960mm(남한은 1,150mm)로 세계 평균인 743mm에 비하면 다우지역에 속한다. 그러나 국토가 좁지만 지형이 복잡해서 지역에 따라 강수량의 분포 차이가 크다.

우리나라는 겨울철에 차갑고 건조한 시베리아 기단의 영향을 받아 춥고 맑은 날이

---

14) 출처: 기상청 국가 기후 데이터 센터, 한국의 기후표

많지만, 이 기단의 세력이 약해진 사이에 이동성 저기압이 우리나라를 지나가며 비나 눈이 오게 된다. 울릉도의 경우에는 시베리아 기단이 발달하여 북서 계절풍이 강하게 불 때 많은 눈이 온다. 이것은 차가운 북서 계절풍이 동해를 건너는 동안에 많은 수증기를 담고 울릉도에 부딪쳐서 나타난 현상으로 1962년 1월31일에 293.6cm까지 쌓였다는 기록이 있다. 눈은 지형적인 영향으로 산간 지방으로 갈수록 많이 내린다. 태백산맥과 차령산맥, 소백산맥의 여러 산들은 이러한 이유로 120cm 정도의 눈이 쌓이고 서해안 지방에서도 수분을 머금은 이동성 저기압의 영향으로 종종 폭설이 내린다.

(2) 강수의 지역적 불균형: 다우, 소우 지역

지형성 강우의 영향으로 대부분 하천의 중상류 지역이 다우지가 된다. 한강 중상류(1,200~1,300mm), 영산강 중하류와 지리산과 섬진강 유역(1,400~1,500mm)이 여기에 속하고, 황하강에서 불어온 습기 때문에 청천강 중상류와 원산 부근(1,200~1,300mm)도 많은 비가 내린다.

개마고원(600~700mm)과 대동강 하류 지역(700~800mm), 대구를 중심으로 한 낙동강 상류 지역(900mm)은 소우 지역인데 지형적인 이유로 습기를 가진 구름이 강우를 형성할만한 지형이 없어 지나가거나 풍하측 사면이기 때문에 형성된다.

3) 우리나라의 바람

(1) 열대성 저기압

열대성 저기압은 적도 부근의 강렬한 태양에너지와 해양의 증발에너지 사이의 열역학에 의해 형성되어 고위도쪽으로 이동하는데 북반구는 시계 방향으로 남반구는 시계 반대 방향으로 이동한다. 태풍의 위력을 일본 나가사키에 떨어졌던 원자 폭탄의 약 10,000배라고 하는데 다행히 그 에너지는 주로 태풍 자신의 몸체를 유지하고 이동하는 데 사용되며, 인간 세상에 미치는 엄청난 피해는 태풍 바닥이 지표와 마찰하면서 강력한 폭풍우를 동반하기 때문에 발생한다.

태풍의 발생원인을 정확히 규명하면 발생을 원천적으로 봉쇄할 수 있지만 그 형태와 위력만 분석할 뿐 아직도 정확한 발생원인을 찾지 못하고 있다. 그 강력한 바람의 이름을 발생되는 장소에 따라서 북태평양 남서부에서는 태풍(Typhoon), 멕시코만이나 서인도제도에서는 허리케인(Hurricane), 인도양이나 뱅골만은 싸이클론(Cyclone), 오스트레일리아에서는 윌리윌리(Willy-Willy) 등으로 불린다.

당연히 한국에서는 강력한 바람이라는 한자어인 태풍(颱風)으로 불린다. 태풍의 개별적 이름은 1999년까지 괌에 위치한 미국 태풍 합동 경보센터에서 정한 이름을 사용하였지만, 2000년부터는 태풍의 영향을 받은 아시아 14개 국가들에서 제출한 10개의 이름인 140개를 28개씩 5개조로 조합하여 1조부터 4조까지 이름을 태풍 발생 순서에 따라 순차적으로 명명한다. 그 조합이 다 사용되면 다시 1번부터 시작하며, 피해가 강력한 태풍의 이름은 제외하고 다른 이름으로 교체하여 사용한다.

(2) 한국의 태풍

태풍(Typhoon)은 연중 북태평양의 서부에서 발생하여 베트남을 포함한 인도차이나반도 국가나, 대만, 홍콩, 중국, 한국, 일본 등으로 우회전 이동하면서 최대 풍속이 17.2m/sec에 달하는 열대성 저기압으로 강풍과 호우로서 통과 주변 지역에 엄청난 피해를 주고 있다. 한국에는 7월~8월 사이에 발생한 태풍이 제주도까지 북상하고 동아시아 대륙과 부딪치면서 다시 북동쪽으로 그 진로를 바꾸어 우리나라를 통과하고 있다.

(3) 태풍의 영향

강풍 폭우 등을 동반한 태풍은 그 자전력에 의해 통과하는 오른쪽 지역에 강력한 풍수해가 발생하며, 주기적으로 남부 지방에 2년에 1회, 중부 지방에 4년에 1회 정도 내습한다. 태풍은 한반도에 엄청난 피해를 끼쳐 농작물의 풍수해, 하천 범람, 산사태 등이 발생하기도 하지만, 가끔 한반도에 정체해 있는 열대성 고기압의 고온 현상을 물리치기도 하고 남해안의 적조 현상 등을 해결하는 약간의 효과도 있다.

<태풍의 경로와 피해 반경>

4) 안 개

안개는 대기 중의 수증기가 한데 뭉쳐 작은 물방울을 만들어 바람이 적은 날 지면에 떠 있는 것을 말하는데, 시야가 1km 미만인 상태인 기상 현상이다.

대체로 수분 공급이 원활한 지역에서 일교차가 심하고 바람이 약한 3-8월에 많이 발생한다.

안개는 고속도로의 시야 확보를 어렵게 하여 정체 현상과 교통사고를 유발하고 항공기의 이착륙에 악영향을 미치고 농작물의 성장에 중요한 일조량에 지장을 준다.

5) 기온역전 현상

(1) 발생원인

기온역전 현상은 주간에 영상의 기온이다가 야간의 지표 기온이 급격히 떨어지면서 지표 부근의 온도가 상공에 비해 낮아지는 것을 말한다.

산간지역의 경우, 산정 부분의 온도가 낮아지면서 주변의 공기보다 무거워진 공기 덩어리가 사면을 따라 내려와 저지대에 모이게 되는 냉기 호(Pool)를 형성하게 되어 기온역전 현상이 나타나기도 한다.

(2) 기온역전의 영향

기온역전 현상이 나타날 경우 가벼워진 더운 공기는 위로 올라가고, 차고 무거운 공기는 아래 지표면에 위치해서 대기의 순환이 없는 안정상태가 되며 지표 근처의 공기 덩어리가 냉각되어 복사안개가 형성된다. 그 결과 도로의 교통장애와 일조 시수 감소로 인한 냉해 피해가 나타난다. 그리고 분지 지역에서 이런 현상이 나타날 경우 도시 및 공업지역으로부터 발생하는 오염물질이 분산되지 못하고 계속 집적되어 스모그(Smog)와 같은 대기오염 피해가 크게 나타난다. 그래서 도시지역에서 아침에 조깅을 할 경우 차가운 공기 때문에 상쾌하게 느껴지지만, 오염물질이 포함된 공기를 마시게 되니 유의해야 한다.

6) 항공 기상

항공노선에 대한 기상정보가 정확하지 못하거나 잘못 적용되었을 경우 항공기의 안전운항이 불가능하며, 운송영업 측면에서도 막대한 손실을 끼칠 수 있으므로 항공운항에 영향을 미치는 기상 조건을 잘 살펴야 한다.

(1) 안개

안개는 항공기의 이착륙에 결정적인 장애요인이다. 특히, 출발지 공항의 안개 밀도도 중요하지만 비행 목적지 공항의 안개도 중요하다. 정해진 시간 내에 안개 상황이 개선되지 않으면 회항하거나 근처의 다른 공항에 착륙하였다가 안개가 걷히길 기다렸다가 재착륙해야 한다.

(2) 바람

바람도 항공기 이착륙 성능에 막대한 영향을 준다. 상식적으로 항공기가 이륙할 때는 항공기와 같은 방향으로 부는 뒷바람인 배풍(背風, Tail Wind)이 도움이 되지만, 착륙할 때는 정풍(맞바람)을 받아야 안전하게 착륙할 수 있다. 하지만 배풍이 10Knots 이상이면 이착륙이 금지되고, 옆에서 부는 바람인 횡풍(橫風, Cross Wind)과 갑자기 바람의 세기나 방향이 바뀌는 윈드시어(Wind Sher) 또한 착륙시 중요하므로 조종사의 숙련도가 중요한 바람이다.

(3) 폭설

폭설은 시정 장애 또는 활주로 상태를 악화시키고 항공기 기체 위에 쌓이면 제거하는 데 막대한 비용이 발생한다. 그러므로 폭설시 신속하게 공항의 이착륙 기능을 정상화하기 위해 제설차, 액상 살포기(폭 24m) 등을 동원하여 눈을 제거하여 노면마찰계수(미끄러지기 쉬운 정도를 나타내는 수치로 1이 가장 크다)가 높게 나타나게 해야 한다.

(4) 난기류(亂氣流, Air Turbulence)[15]

대기중의 기류가 복잡하게 얽혀 있는 상태를 난기류라고 한다. 역학적 원인으로서 고산지대의 지표면에 대한 '가열의 불균형'에 의해 나타나는 것이 있고, 강한 일사(日射)에 의한 국지적인 상층기류의 발생과 같은 '열적 원인' 등이 있다.

항공교통의 경우 난기류는 쾌적 운항과 기내 사고의 가장 큰 장애 요소가 된다. 비행 중에 항공기의 양력이 감소되는 하강기류(下降氣流)의 구역으로 항공기가 들어가면 순간적으로 낙하하거나 심한 요동을 받게 되어 안전벨트를 하지 않은 손님은 순간적으로 공중에 떠있다 떨어지게 되어 부상을 입게 된다('에어 포켓'의 일종인 청천난류(晴天亂流 · Clear Air Turbulence)). 일반적인 발생 요인으로는, ① 열대지방의 대류성(對流性) 하강기류 ② 산악 · 건물 등의 장애물의 내리바람 쪽에 나타나는 바람의 소용돌이 등이다.

(5) 상층 편서풍(제트기류, Jet Stream)

북태평양 상공의 풍속 50Knots 이상의 강한 편서풍으로 맞바람이 불어 항공기의

---

15) 자연지리학사전, 2006. 5. 25., 한국지리정보연구회

동서 방향 운항에 1시간 이상의 차이를 발생시키기도 한다. 즉, 한국에서 미국으로 비행할 때는 편서풍를 타고 가기에 정해진 시간보다 빠르지만, 미국에서 태평양을 건너올 때는 맞바람의 편서풍을 맞고 오기에 통상 1시간 이상 더 소요된다.

한국의 기후적 특색

1) 대륙성 기후

한국의 기후는 대륙의 영향으로 여름은 무덥지만 겨울이 매우 추워 한서의 차이가 심한 기후로 일교차와 연교차가 해양의 영향을 많이 받는 해양성 기후에 비해 매우 큰 것이 특징이다.

대륙의 영향을 얼마만큼 받느냐는 대륙도로 측정하는데 대륙이 가까우면 100이고 그 영향이 멀어지면 숫자는 적어진다. 대륙 서쪽인 영국, 샌프란시스코의 경우 연교차 적은 서안해양성 기후로 연중 온난습윤 하여 동일 위도의 대륙성 기후와는 정반대로 특성이 나타난다.

2) 계절풍 기후

한국은 아시아 계절풍(몬순, Monsoon) 기후에 속하는데, 계절풍은 6개월을 주기로 바람의 방향이 바뀌면서 바람이 가져오는 성향에 따라 기후가 변한다. 겨울에는 시베리아 대륙에서 형성된 한랭 건조한 북서풍의 영향을 받아 춥고, 눈이 내린다. 이에 우리 조상들은 겨울의 북서풍을 극복하기 위해 남향집을 짓고 집안 내부에 따뜻한 온돌을 들이고 겨울철에도 채소를 먹을 수 있게 김장을 담그는 지혜를 터득했다. 여름에는 태평양 쪽에서 불어오는 고온다습한 남동풍의 영향으로 고온다습한 상태가 된다. 이를 현명하게 적응하기 위해 집안을 관통하는 바람의 통로가 되는 대청마루를 만들고, 음식물의 부패를 방지하기 위해 다양한 염장식품을 개발하였다.

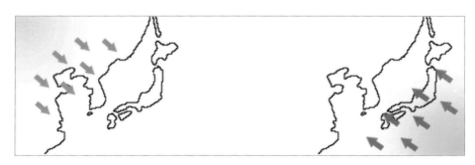

〈(좌)겨울에 불어오는 한랭 건조한 북서풍 / (우)여름에 불어오는 고온다습한 남동풍〉

3) 사계절의 변화

한반도는 중위도에 위치해 있고 대륙의 영향과 바람의 계절적 변화에 따라 사계절의 변화가 뚜렷한 온대와 냉대 기후대에 속한다. 이러한 계절 변화에 따라 기단, 전선, 기압 배치 등의 기후 인자가 달라지며 그 영향으로 기온, 강수, 바람 등의 기후 요소들도 달라지는 것이다.

(1) 기단과 전선

기단은 수평적으로 거대한 규모를 가지면서 온도와 수증기량이 거의 일정한 '공기의 덩어리'를 말한다. 대륙 기단은 한냉 건조하고 고위도에서 형성하며 해양기단은 습윤하며 저위도에서 형성한다. 전선은 성질이 다른 두 기단이 서로 만나는 경계선을 말하며 그 세력의 강도에 따라 밀리기도 하면서 이동한다. 우리나라 주변에서 계절 변화에 영향을 주는 기단의 종류는 시베리아 기단, 양쯔강 기단, 오호츠크해 기단, 북태평양 기단, 적도 기단이 있다.

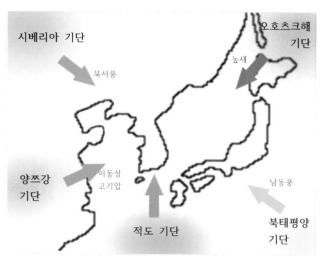

〈우리나라 주변의 기단〉

우리나라에서 전선이 형성되는 시기는 여름철로 한랭전선인 오호츠크해 기단과 온난 전선인 북태평양 기단이 만나서 형성하는 장마전선이 있다. 장마전선은 정체하는 것이 아니라 그 세력에 따라 북과 남으로 이동하면서 전국에 비를 뿌리게 된다. 그러므로 여름철 장마철이라고 해도 기단의 이동에 따라 비가 오지 않는 지역이 발행하므로 지역선정을 잘하면 쾌적한 여행을 즐길 수 있다.

(2) 사계절의 변화

봄 | 봄날이 되면 해가 길어지고 일조량이 늘어나며, 시베리아 고기압이 세력을 잃고 양쯔강 기단이 발달하게 된다. 봄에는 사계절 중 꽃이 만개하여 벚꽃놀이, 철쭉제 등 가장 아름다운 계절이지만, 봄 가뭄시 농촌 지역에서 관광 활동을 할 경우 농심을 자극하는 행동은 삼가야 한다.

주요 기상 현상으로 황사 현상은 이동성 고기압의 이동으로 중국의 황하 유역의 황토 먼지가 상승기류를 타고 올라가다가 편서풍을 타고 우리나라에 날아와 대기가 오염되고 시정이 나빠지는 현상을 말한다. 최근에는 중국 동부해안의 대규모 공업지역에서 방출되는 공해 물질이 황사에 포함되어 한반도로 유입되기 때문에 미세먼지와 함께 심각한 대기오염 문제로 대두되고 있다.

꽃샘추위는 초봄에 나타나는 현상으로 약화 되었던 시베리아 기단이 일시적으로 그 세력이 팽창하여 기온이 하강하여 겨울과 같은 추위가 약 3~4일간 계속되는 현상을 말한다. 3~4월 초봄 산행과 야외 활동(MT, 신입생 환영회 등)시 봄날이라고 가벼운 복장으로 나섰다가는 큰 낭패를 보는 경우가 종종 발생한다. 특히, 산악지대에는 4월 초순까지 눈이 내리는 경우가 많아 산악사고로 목숨을 잃는 사례가 있으니 각별히 더 조심해야 한다.

높새바람이란 원래 북동풍을 일컫는 순수한 우리말이었지만, 오늘날에는 태백산맥을 넘어 영서지방으로 내리 부는 북동풍만을 가리키는 말이 되었다. 이 바람은 늦은 봄에서 초여름에 걸쳐 영동에서 영서지방 등지로 불며, 때로는 평안남도까지도 영향을 미칠 때가 있다. 이것은 푄(독일어: Föhn) 현상에 의한 것으로, 기온이 높고 매우 건조한 바람이어서 농토와 농작물을 마르게 하는 피해(봄 가뭄)를 준다.

여름 | 한국의 여름철은 무덥고 습기가 많은 남동풍과 남서풍의 영향으로 전국적으로 기온이 높고 남북의 기온 차가 그다지 크지 않다. 여름철은 다음과 같이 분류할 수 있다. 초여름(6월 초~6월 중)은 오호츠크해 기단의 영향으로 날씨가 비교적 맑고 기온이 그리 높지 않다. 장마철(6월 하순~7월 하순)은 6월 하순에 남해안 지방으로부터 장마전선이 형성되어 점차 중부 지방에 이르게 되며, 장마기간은 대략 30여일 정도가 된다. 이 시기가 지나면 한여름인데 7월 하순경에 장마전선이 만주 쪽으로 북상한 후에는 북태평양 고기압의 영향권에 완전히 진입하여 무덥고 맑은 날씨가 나타나며, 1일 최고 기온 35℃ 이상의 날이 많아진다. 필연적으로 열대야 현상이 발생하는데 한밤중의 기온이 25℃를 넘는 고온 현상이 지속된다. 7월 말~8월 초까지는 불쾌지수가 최고도로 나타나기 때문에 대부분의 직장에서 여름휴가가 집중되는 시기이다. 또한 7~9월 사이에는 태풍이 집중되는 시기로 그 중 2~3개 정도가 한반도를 관통하여 태풍의 오른쪽 지역에 한반도가 위치하게 되면 하천범람, 가옥침수, 농작물 등에 엄청난 피해가 발생한다.

여름철의 관광 현상은 휴가가 집중되는 시기로 해수욕장, 계곡 등에 집중적으로 피서객이 몰리면서 국토의 혼잡현상이 극심해지는 시기이다. 특히, 계곡 주변 야영 시 집중호우 발생으로 순식간에 하천과 계곡이 범람하여 인명사고와 재산상의 피해가 발생한다.

가을 | 가을이 되면 태양 고도가 낮아지게 되고 이에 따라 기온이 하강하여 날씨가 서늘해진다. 9월이 되면 시베리아 기단이 서서히 발달하지만, 아직 그 세력은 약하고 이동성 고기압이 떨어져 나와 우리나라를 자주 통과하게 되어 맑고 청명한 전형적인

가을 날씨를 보이게 된다. 이 시기의 관광 현상은 단풍놀이가 절정이며, 겨울을 준비하는 우리 국토의 마지막 비장미(悲壯美)를 볼 수 있는 시기이다.

〈(좌)강천산의 가을단풍 / (우)신불산 억새평원〉

※ 참고: 무상일수

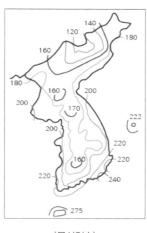

'서리가 내리지 않는 날짜'로 서리가 내리는 땅 위의 농작물은 냉해를 입게 되므로 농작물의 성장과 깊은 관련이 있다. 무상일수는 북쪽에서 남쪽으로 갈수록 많아지고 단풍의 이동 경로와 비슷하게 나타난다.

등고선이 내륙쪽으로 구부러지고 무상일수가 적게 나타나는 것은 해안지방보다 상대적으로 일교차가 큰 내륙지방에 서리가 자주 내린다는 것을 의미한다.

〈무상일수〉

겨울 | 겨울철에는 차갑고 건조한 북서 계절풍의 영향으로 매서운 날씨가 전국을 휩쓴다. 가장 따뜻한 제주도가 5℃~6℃, 남해안 지방은 0℃에서 2℃, 중부지방은 -6℃, 북부지방은 -6℃~-18℃, 개마고원은 -18℃~-25℃에 이른다. 그러므로 남북의 기온 차는 25℃에 이른다.

한반도의 겨울에는 삼한 사온 현상이 발생하는데 이것은 시베리아 고기압이 7일을 주기로 세력이 변하기 때문이다. 즉, 고기압이 발달하는 3일간은 춥고, 고기압이 약해지는 4일간은 비교적 따뜻한 날씨로 보이게 되는 것이다. 그러나 춥고 따뜻한 날의 비율이 절대적으로 3:4 비율로 되는 것이 아니고 기상이변으로 이 리듬은 점차 깨지고 있다. 최근에는 북서풍을 타고 온 중국발 미세먼지가 한국 대도시의 매연과 혼합되어 겨울철 공기질이 더욱더 혼탁해지고 있다.

시베리아 고기압의 세력이 약화 되어 이동성 저기압이 황해 위를 지나면서 습기를 흡수해 전국적으로 눈이 내리는데, 강설의 지역적 편차가 크게 나타나 다설 지역이 발생한다. 그 대표적 지역이 백두대간 주변과 소백산맥 지역인데, 고위평탄면과 다설 지역에는 스키장을 개발의 적합지(대관령의 용평 스키리조트, 덕유산의 무주 스키리조트)가 되어 겨울 스포츠가 활발하게 이루어지고 있다.

한국의 기후지역 구분

기후는 식생이나 토양에 영향을 주므로 그 지역의 특색이나 주민 생활을 이해하기 위해서는 기후 지역을 구분할 필요가 있다. 그러나 기후는 지표상에서 연속적으로 나타나기 때문에 그 경계선이 뚜렷하지 않아 기후를 구분하는 데는 여러 방법들이 이용된다.

1) 쾨펜(Köppen)의 기후 구분법

(1) 구분 기준

독일의 지리학자인 쾨펜은 전 세계를 여행하던 중에 각 나라의 기후가 다르다는 것을 인식하였고 그것을 구분하는 방법을 고안하였다. 기후 현상을 구분하기 위한 지표로 동물은 이동을 하기에 기준이 될 수가 없지만, 지표상에 뿌리를 내리고 있는 식생은 가장 민감하게 기후적 영향을 받아 지역적 분포가 다르게 나타나고 동시에 기후 요소를 종합적으로 반영하는 지표가 된다는 것을 이용하였다. 그리하여 식생을 지표로 삼아, 이의 분포를 조절하는 기온강수량 및 강수량의 계절적 분포 등 기후 요소와 식생을 결합하여 전 세계 기후를 구분하였다.

(2) 대구분

쾨펜은 알파벳 대분자와 소문자를 사용하여 그 기호를 다음과 같이 정의를 하였다. 한국은 전 세계의 기후구분 속에서 냉대와 온대에 속한다.

〈쾨펜의 기후구분 방법〉

식생 유무	기후구분
수목(樹木) 기후	열대(A), 온대(C), 냉대(D) 기후
무수목(無樹木) 기후	건조(B), 한대(E) 기후

2) 온량지수에 의한 기후구분

식물의 성장에는 월 평균 기온 5℃ 이상에서만 가능하다는 점을 고려하여 온량지수에 의한 기후를 구분할 수 있다. 온량지수는 월 평균기온 5℃ 이상의 달에서 5℃씩을 뺀 나머지의 총합으로 계산하는데 우리나라의 식생의 분포를 이해하는데 적합한 기후 구분이다.

〈온량지수에 의한 한국의 기후구분〉

기후구	온량지수	식생	토양
개마고원 기후	55이하	냉대림	포드졸성토
북부기후	55~85	온대 북부림	회갈색토
중부기후	85~100	온대 중부림	갈색토
남부기후	100 이상	온대 남부림	황갈색토
남해안 기후	1월 0℃ 이상	난대림	적색토 (라테라이트성토)

3) 우리나라에 적용

습윤 지역에서는 식물 분포를 결정하는 조건으로 강수량보다 기온의 영향이 더 크다. 따라서 우리나라는 습윤 기후이므로 식물의 성장에 영향을 주는 온량지수에 의해 구분된 기후 지역은 식생 및 토양분포와 대체로 일치한다. 그러나 기후는 기온과 강수량 등 여러 요소가 복합된 것인데 비해 이 구분 방법에서는 기온만이 고려되었다는 단점을 지니고 있다.

4) 한국의 기후 구분

우리나라는 쾨펜의 기후구분에 따라 1월 평균 기온 -3℃의 등온선을 기준으로 남부의 온대(C)와 중부 및 북부의 냉대(D) 기후구로 구분할 수 있다. 이때 -3℃의 기준이 되는 산맥은 '차령산맥'이며, 대체로 대나무의 북한계선과 일치한다. 더 자세하게는 아래 그림과 같이 12개 기후구와 1개 특수 지역으로 나뉜다.

〈쾨펜에 의한 한국의 기후 구분〉

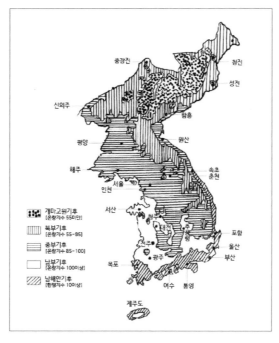

〈온량지수에 의한 한국의 기후 구분〉

기후에 적응한 전통문화

1) 의생활과 기후

우리나라는 겨울철의 한냉한 기후와 여름철의 고온다습한 기후적 특성에 슬기롭게 적응한 전통의복이 발달해 왔다.

(1) 겨울철 의복

겨울철 의복으로는 북부 지방의 갓옷(가죽옷)과 무명과 솜을 이용한 저고리, 두루마기, 버선 등이 발달하였다. 또마래기, 조바위, 굴레, 풍차, 휘항, 남바위 등과 같은 방한용 모자들을 이용하여 추위를 막았고, 장옷이나, 덮개 치마 등의 여성 외출복도 겨울철에는 방한복의 기능을 하였다.

(2) 여름철 의복

여름철 의복은 재질의 원료가 중요한데 삼베와 모시가 통풍이 상당히 잘되어 여름철의 의복으로 제격이었다. 또한 여름철에는 등나무 줄기 등을 이용하여 옷 속에 넣어 통풍성을 극대화하거나, 한여름에는 침구로 바람이 잘 통하는 대나무로 만든 죽부인을 이용하여 더위를 식혔다.

2) 식생활과 기후

한 지역의 음식문화에 영향을 미치는 자연적 요인으로는 수질, 토양, 기후, 지형 등이다.

열대지방은 음식이 쉽게 상할 수 있기 때문에 기름을 이용한 조리법이 발달하고, 과일을 이용한 음식이 많다. 또한 높은 기온으로 인해 체력소모가 많으므로 입맛을 돋우기 위해 음식에 자극적인 향신료를 많이 사용한다.

온대지방은 식생 성장에 적합한 지역으로 풍부한 식재료를 바탕으로 음식의 종류와 조리법이 다양하고 가공식품이 발달하였다. 곡류와 채소를 이용한 음식이 많고 향신료는 적당하게 사용한다.

한대지방은 음식이 담백하고 싱거우며, 종류가 매우 적다. 저장 식품이 발달하고 염장과 훈제한 생선과 가축을 이용한 유제품 음식이 많다.

(1) 기후와 음식 문화의 형성

한반도의 고온의 여름과 한랭한 겨울 그리고 각 지역의 기후적 차이를 극복하기 위해 5천년 역사 속에서 최적화된 농법과 다양한 농작물의 재배가 이루어지고 있다. 우리의 주곡 작물로 재배되고 있는 벼는 한반도의 고온다습한 여름 기후와 생육 기간 확보 그리고 좁은 국토면적을 극복하기 위해 종자 개량과 재배법 개발로 단위면적당 수확량을 가장 극대화할 수 있는 작물로 특화되어 재배해 왔다. 보리나 밀 그리고 다양한 잡곡도 재배되지만 한반도의 기후와 지형 조건에 가장 적합한 작물은 벼이고 이를 바탕으로 벼농사 문화와 가옥의 재료 그리고 세시풍속 등이 형성되어 왔다.

각 계절의 세시 풍속은 그 계절의 풍요로움을 즐기고 부족함을 보완하는 제철 음식의 개발로 이어졌고, 양반가와 지주계급의 잉여 노동력이 한국의 다양한 전통 식문화를 형성하는 바탕이 되었다. 여름철의 삼복더위에 체력회복을 위해 소화흡수가 빠른 개장국(보신탕)을 만들어 먹는 풍습이 있으며, 겨울철에는 뜨거운 국을 이용하여 몸을 녹였다. 한편, 가을의 풍부한 야채를 겨울에도 먹을 수 있게 염장 또는 김장 김치를 담그는데, 각 지역의 김장은 그 지역의 기후 조건에 따라 첨가하는 양념이나 맛이 현격하게 차이가 난다. 여름철에는 음식의 부패를 방지하기 위하여 소금에 절이는 염장 식품과 젓갈들을 많이 이용하는데 남부지방은 풍부하게 첨가하고 북부로 갈수록 기후가 한랭하여 소금을 많이 넣을 필요가 없어 심심한 음식의 맛을 보이고 있다.

(2) 지역별 장독의 차이

한국 양반가의 전통가옥에는 안채와 사랑채 사당이 반드시 존재하고, 여인들의 공간으로 부엌과 장독대 또한 필수적인 공간이다. 한국 장독은 한국의 기후에 탁월하게 적응해온 우리 조상들의 지혜가 농축된 과학적인 원리가 숨어 있다. 장독의 파편을 현미경으로 관찰해보면 수많은 기공이 뚫려있는 것을 볼 수 있다. 그것은 옹기의 기본 재료가 되는 태토(胎土)에는 작은 모래 알갱이가 수없이 함유되어 있고, 그 입자의 크기가 저마다 불규칙하여 굽는 과정에서 입자들이 녹아 미세한 기포를 형성한다. 장독은 발효식품을 저장하는 '숨 쉬는 그릇'으로 유약을 바르지 않고 구운 질그릇의 비밀을 옹기장이들은 알고 있던 것이다.

보통 장독에는 김치, 된장, 젓갈 등의 발효식품을 담아두곤 하는데 이런 음식을 담은 장독은 시간이 지나면서 끈적끈적한 액을 밖으로 뿜어내게 된다. 이를 자세히 관찰하면 장독의 안쪽에서 불순물이 밖으로 삐져나오는 것을 알 수 있다. 예전에 할머니들이 아침, 저녁으로 장독을 닦아주던 것이 대대로 내려오는 전통을 존중하는 의식

임과 동시에 그 불순물을 깨끗이 닦아주어 장독이 계속 숨을 쉴 수 있도록 도와주는 자연스럽고 현명한 삶의 지혜였다.

지방마다 사람의 말투가 다르듯 항아리도 그 형태와 크기가 다른 특징들이 있다. 중부 이북 지방의 장독은 대체로 키와 입이 크고 배가 홀쭉한 편이고, 남부지방의 장독은 입이 작고 배가 나온 형태이다. 이는 지방마다 다른 기후적 조건 즉, 일조량의 차이를 고려해 만든 구조이다. 남부지방 특히 전라도 지방은 산물이 풍부하고 지주계급이 발달하여 대식구를 유지하기 위한 식량의 저장량이 많아 장독대의 크기나 장독의 수가 엄청나게 많았다. 장독대의 규모가 그 집안의 부의 척도가 될 정도였다. 그리고 중부지방보다 일조량이 많아서 수분 증발을 적게 하기위해 입구를 좁게 만들고 몸체는 볼록하게 만들어 온도의 변화를 최대한 줄이기 위한 형태로 장독을 제작하였다. 이처럼 장독 하나만 보아도 한반도의 기후에 적응하여 살아온 우리 조상들의 삶의 지혜는 탁월한 것이다.

〈(좌)전통가옥의 장독대: 경북영주시 선비촌 / (우) 남부지방 장독대: 전남 담양 전통 식당〉

〈대관령의 덕장〉

땅과 관광지리

기온의 차이가 만들어준 대관령 황태

겨울철 강원도 용평군 횡계리 용평 스키장 입구 송천 근처에 나무막대기에 주렁주렁 매달려 있는 명태의 모습을 볼 수 있다. 겨울철 명태 말리는 곳을 '덕장'이라고 하는데 근래에 대관령 덕장은 원주민이 소규모로 운영하고 있어서 보기 힘들고 인제군 용대리 입구에서 조금씩 그 명맥을 유지하고 있는 귀한 현상이 되었다. 대관령 덕장 황태의 현실이 우리나라 연교차의 변화를 실감하게 하는 것이다. 동해안에서 겨울철에 잡히는 명태는 그대로 생태로도 먹지만, 그 양이 워낙 많아서 동결 건조하기 위해 대관령까지 가지고 와서 송천에 하루 담갔다가 겨울철 한시적으로 운영하는 덕장의 건조대에서 누렇게 변해가기에 황태라고 한다.

굳이 이 먼 대관령까지 동해안의 명태가 올라와 건조한 이유는 해발 800m 고지의 낮과 밤의 기온 차가 얼었다 녹았다를 반복하면서 동태를 황태로 변신시키는 기막힌 작용을 하는 것이다. 대관령 황태는 고도에 따른 온도와 바람과 적설량에 의해 그 질의 차이가 큰데, 맛 또한 대관령 덕장 생산 황태와 인제군 용대리 해발 500고지에서 생산하는 황태와는 차이가 있어서 가격 또한 차별화된다. 1월부터 4월까지 덕장에서 말리는 기간 중 강릉 쪽에서 불어오는 샛바람(동풍)이 가장 좋으며, 북서풍의 매서운 칼바람도 좋다고 한다. 2월까지는 눈이 와도 좋으며 늦게 말라야 좋은 제품이 된다고 한다. 현재는 동해안의 명태자원이 거의 고갈하여 일본 근해산, 러시아산으로 황태를 건조하고 있다.

명태만큼 우리 민족과 친한 생선은 없으며 그 이름도 다채롭다. 황태는 겨울철 제대로 건조시킨 것이고, 말리는 날씨가 영하 20도보다 낮으면 흰색을 띄어 백태라 한다. 날씨가 높으면 얼지 않고 말라 흑태 또는 먹태가 되고, 불량품은 파태, 바닷가 생산지에서 말린 것을 바닥태라 하고, 무두태는 바다에서 많이 잡히거나 무게를 줄이기 위해 머리를 잘라 바다에 버리고 운반해 온다 해서 무두태라 한다. 길이가 20cm 미만을 앵태, 25~30cm를 소태, 45cm 정도는 중태, 50cm 이상을 왕태라 부른다.

3) 주 생활과 기후

(1) 온돌

온돌은 난방장치의 하나로 겨울을 나기 위한 우리나라의 전통적인 가옥구조이다. 대청마루가 남방에서 시작되어 북쪽으로 전파된 반면에 온돌은 북방에서 남쪽으로 퍼져 나갔다. 지금의 한옥에는 온돌과 마루가 함께 있지만 초기 형성기에는 온돌과 마루는 각각 다른 건축물에만 있었고 수세기를 걸쳐 한옥에서 두 개의 다른 문화가 합쳐졌다.

좌식 문화가 발달한 우리나라는 따뜻한 방바닥에 앉고 자는 것이 중요했는데, 온돌은 부엌에서 취사의 열을 공급해주기도 하면서, 몸은 따뜻하게 하고 머리를 윗목으로 하게 하여 건강에도 좋다고 한다. 그리고 자연과 친화적인 온돌은 화재의 염려가 없고, 고장이 없으며, 유지보수가 간편한 반영구적이라 할 수 있다.

(2) 전통가옥 구조와 재료

전통가옥의 구조는 홑집과 겹집으로 구분할 수 있다. 홑집은 대들보 아래에 방을 한 줄로 배치한 외통 집을 말한다. 한반도의 중서부와 남부에 주로 분포하며, 채광과 통풍이 좋기 때문에 한서의 차가 큰 한반도 기후에 적당했다. 겹집은 추운 지역에서 나타나며 집 한복판에 큰 정주간과 마당 및 부엌이 가깝게 배치되어 하나의 공간을 이루고, 좌우에 여러 개의 방이 田자와 _자형으로 배치된다. 정주간은 난방이 되기 때문에 식사나 가족들의 모임 장소로 이용된다.

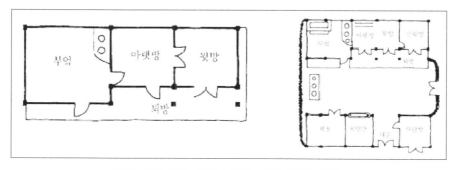

〈(좌)_자형 홑집: 평안도 / (우)二자형 홑집(부유층)〉

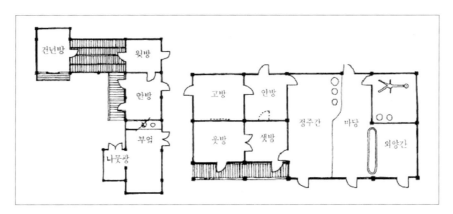

〈(좌)ㄱ자형 홑집: 중부지방과 관서지방 / (우)田자형 겹집: 관북, 평안남북도, 태백산맥〉

가옥의 구조가 지리학에서 중요한 이유는 지금은 아파트와 양옥으로 지역별 가옥의 구조가 똑같아져 버렸지만, 전국의 차별적 가옥의 구조는 그 지역의 기후에 적응해서 살아온 삶의 양식의 대표적 지표이고 또한 가옥의 재료도 그 가옥이 입지하고 있는 지역의 자연환경, 즉 지형과 토양을 그대로 반영하여 살아온 삶의 모습이기 때문에 중요한 지리학적 연구의 대상인 것이다.

가옥의 집단화는 씨족 사회를 구성하는 대표적인 형태로 촌락으로 발전하게 된다. 가장 한국적인 모습을 간직하고 있는 안동 하회마을, 순천 낙안읍성의 가옥의 구조와 형태 그리고 촌락의 구성원이 이를 반증한다. 주변에서 가장 흔하게 구할 수 있는 볏짚을 엮어 초가지붕을 얹었고, 몸체는 나무로 골조를 삼고 벽체는 황토로 마감한 것이다. 겨울을 대비해 온돌을 깔았고 여름에 적응하기 위해 집 한가운데를 통풍로로 삼는 대청마루를 고안하였다. 부농과 양반가는 좀 더 고차원적으로 흙을 구운 기와로 지붕을 얹었고 안채와 사랑채, 사당을 배치하여 '접빈객(接賓客) 봉제사(奉祭祀)'라는 유교의 교리를 실천하고 집안 공간에 자연을 그대로 받아들이는 원림(園林)을 조성하여 안분지족(安分知足) 한국의 전통 선비 사상을 실천하였다.

03 식생과 관광

한국의 관광자원의 구성요소로 그 중요성이 더해가고 있는 식생에 대해 알아보자. 봄이 되면 벚꽃놀이, 가을이 되면 단풍놀이 그리고 웰니스 관광에서 산림욕과 산림치유는 중요한 구성요소가 되고 있다.

식생의 개념과 한국 식생의 특징

1) 식생의 개념

식생이란 지역에서 기온, 강수량 등의 기후 조건에 적응되어 나타난 생태계상의 식물 분포 형태로 삼림과 초원의 형태로 나타난다.

2) 식생과 기후와의 관계

자연 식생은 기후를 반영하는 가장 정확한 지표이며, 지형과 토양의 조건을 민감하게 반영한다.

우리나라는 남북의 기후 차, 평지와 산지의 기후 차가 있어 국토의 넓이에 비해 다양한 식생이 자란다. 또한 습윤 기후 지역이므로 강수량 보다는 기온이 식생 분포를 결정하는데 중요한 요소로 작용한다.

3) 한국의 식생의 분포

(1) 식생의 수평적 분포(위도에 따른 분포)

우리나라의 삼림은 남에서 북으로 가면서 난대림, 온대림, 냉대림으로 구분되어 나타난다.

냉대림 | 개마고원과 고산 지대 일부. 가문비나무, 전나무, 잣나무 등의 상록 침엽수가 대표적인 수종이다.

온대림 | 남해안과 개마고원 및 고산지대를 제외한 전 지역에 분포하고 있다. 자연림 상태에서는 참나무류의 낙엽 활엽수가 주종이지만, 자연림이 파괴되어 소나무가 주 식생을 이루거나 각종 활엽수와 혼합림을 이루는 지역이 대부분이다.

난대림 | 1월 평균 기온 0℃ 이상인 남해안과 제주도, 울릉도에 분포하고 있다. 동백나무, 사철나무, 후박나무, 녹나무 등 상록 활엽수가 대부분을 차지하고 있다.

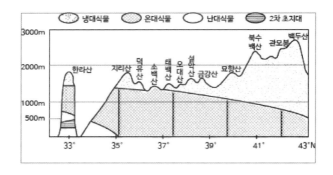

(2) 식생의 수직적 분포(고도에 따른 분포)

해발고도가 높아질수록 기온이 낮아지기 때문에 고도에 따라 식생의 수직적 분포가 다르게 나타난다. 식생의 수직적 분포를 모식적으로 가장 잘 볼 수 있는 곳은 한라산 일대이다. 해안 저지대에서 한라산 정상부로 가면서 난대림대, 2차 초지대, 낙엽 활엽 수림대(온대림), 상록 침엽수림대(냉대림), 관목대가 차례로 나타난다. 그러나 제주도의 산록에 발달한 초원 지대는 기후 때문에 형성된 자연적 초지가 아니라, 고려 시대에 말의 방목지로 조성된 이후 인간에 의한 방화, 벌목 등으로 기존의 낙엽 활엽수림이 훼손된 후 형성된 것으로 오늘날 대규모의 현대적 목장이 개발, 운영되고 있다.

〈제주도 식생의 수직적 분포: 한라산 관목대에서
내려다본 경관〉

식생과 관광활동

1) 봄 벚꽃의 관광자원화

(1) 벚꽃의 개화 시기

지상에서 봄이 왔다는 것을 제일 먼저 알리는 식생 중 하나인 벚꽃은 남쪽에서 북쪽을 향해 1일 약 20km씩 봄을 전달하며, 산정을 향해서는 1일 약 50m씩 올라가며 개화하게 된다. 벚꽃의 개화 시기16)는 매년 다른데 개화 시기가 평균보다 빨라진다는 것은 겨울이 이상 난동으로 짧아지며 봄이 길어진다는 것을 의미한다.

전국의 유명 벚꽃 관광지에 가면 '4월의 크리스마스'를 즐길 수 있다. 만개한 벚꽃 터널도 아름답지만 낙화할 때 마지막 날리는 눈과 같은 벚꽃은 비장미(悲壯美)의 진수이다.

진해(현: 창원으로 통합) 군항제ㅣ일본인들이 진해를 해군기지로 개발하면서 방사상의 계획도시 도로에 일본 국화(國花)인 벚꽃을 심어 내선일체(內鮮一體)를 강조했지만, 후일 이것이 한국인들의 위안이 될지는 몰랐을 것이다. 해마다 3월 말부터 시작되는 진해 군항제를 필두로 한반도는 벚꽃 등의 봄꽃 관광시즌이 시작된다.

진해에서 벚꽃을 즐길만한 곳은 안민 도로, 장복산 공원, 해군사관학교 외에 군항제 기간에만 개방되는 내수면 연구소이다. 군항제 기간에 진해(현: 창원시 진해구) 시내는 극심한 교통난을 초래하기에 철도청에서 운행하는 벚꽃 열차로 쾌적한 철도 여행을 즐기는 것이 좋다.

〈진해 벚꽃: 여좌천 로망스 다리17)〉

---

16) 벚꽃 등 다화성(多花性) 식물의 개화일은 한 개체 중 몇 송이가 완전히 피었을 때를 말하며, 벚꽃의 개화 시기는 2월 이후의 기온변화에 따라 크게 영향을 받는다. 일반적으로 기온이 높을수록 개화 시기는 빨라지지만, 이 기간 중의 일조시간, 강수량 등 기상요소의 변화에 따라 달라지기도 한다.

섬진강 벚꽃십리와 매화 향기 | 남쪽지방에서 제일 먼저 봄을 알리는 것은 섬진강 변의 매화 향기이지만 매화는 전국적인 분포를 보이지 않아 기후를 표현하는 지표가 되지 못한다. 그래도 전남 광양의 '청매실 농원'에서 매화 향기를 흠뻑 취해보는 것도 겨우내 움츠렸던 몸과 마음을 깨우는 여행이 될 것이다.

하동군 화개장터에서 쌍계사에 이르는 구간은 벚꽃 터널이라고 할 정도로 길 양쪽에 늘어선 수십 년생 벚꽃 나뭇가지들이 하늘을 덮고 있다. 이곳에서 펼쳐지는 '십리 벚꽃세계'를 거닐면서 평생의 인연이 맺어지는 '전설의 혼례길'의 추억도 만들어 보길 권한다.

〈지리산 쌍계사 입구 십리 벚꽃길〉

전남 영암~독천 819번 국도 | 전남 영암읍에서 도갑사 앞길을 지나 영암 독천에 이르는 약 6㎞의 벚꽃 길은 수십년생 벚나무 2만여 그루가 연출한 것이다. 이곳은 월출산 남단과 왕인박사유적지를 포함하면서 인근의 남도 유적지와 어울리면서 남도의 독특한 분위기를 느끼게 해주며 월출산과 영암 들녘의 파란 보리밭을 배경으로 흩날리는 벚꽃 이파리의 군무가 볼 만하다

경포대 벚꽃축제 | 4월 초 강릉에서 경포대로 이어지는 7번 국도와 경포대 해수욕장에 이르는 길의 벚꽃터널이 아름답다. 드라마 가을동화의 촬영지이던 삼척시 맹방 해수욕장 부근도 벚꽃을 감상하기에 좋으며 자전거를 타고 벚꽃 길을 달리는 것도 운치 있다.

여의도 윤중로 벚꽃 길 | 멀리 갈 수 없는 서울시민이 가장 쉽게 벚꽃을 즐길 수

---

17) 출처: 창원관광, 창원시

있는 곳인데 꽃구경보다 사람 구경을 하기 더 좋으며 밤 벚꽃 또한 운치가 있다.

경희대 서울 캠퍼스 | 서울의 숨어 있는 비경이지만 알 만한 사람은 다 알고 있는 봄의 파라다이스를 연출하고 있는 경희대 서울 캠퍼스의 벚꽃길이다. 특히, 미술대 가는 길의 벚꽃 길은 최고의 절경이며, 도서관 앞의 벚꽃은 마침 중간고사 기간과 맞물려 추억 만들기와 실력향상 간의 갈등 유발 원인이 되기도 한다.

〈경희대 서울 캠퍼스 벚꽃: 교시탑과 구)문리과대학〉

2) 가을 단풍의 관광자원화

(1) 단풍의 원리

낙엽송의 잎은 떨어지기 전에, 잎을 지탱하는 꼭지와 가지 경계인 곳에 분리 층이 생겨 이 부분에서 잎이 떨어져 낙엽이 되는데 분리 층은 추위와 함께 코르크 형태로 변해서 잎으로부터 줄기로 당이나 전분의 이동을 막아버리는 역할을 하게 된다. 잎 속에 저장되어 있던 당류가 효소의 작용으로 안토시안의 붉은 색소가 생겨 단풍이 물들게 되며, 색소의 형성은 최저 기온이 $10℃$ 이하로 내려갈 때 시작되어 $8℃$(일 평균 기온은 약 $13℃$) 이하가 될 때 활발해지며, $6℃$ 정도가 될 때 단풍놀이의 최성기에 이르게 된다.

(2) 단풍 전선

벚꽃 전선은 남쪽에서부터 북상해 오지만 단풍 전선은 북쪽에서 남으로, 산정으로부터 평지로 내려오며 가을의 냉기를 운반한다. 단풍 전선은 10월 상순경이면 강원도 산간 지방을 곱게 물들이며, 점차 남하하여 10월 하순에는 남해안에 이르게 된다. 단풍 시기는 해발고도 100m마다 2일 정도의 차이를 보이는데, 단풍은 수종과 수령에 따라 다르나 대개 일 평균 기온으로 보면 중부지방(서울)에서는 13℃일 때 남부지방(부산)에서는 14℃가 될 때부터 시작된다.

단풍은 붉은색 계통, 노란색 계통, 갈색 계통 등 여러 가지로 나타나며, 갑자기 추워지는 해에는 빛깔이 아름답고, 낮 기온이 높고 야간이 냉해지는 일교차가 심할 때에는 산뜻한 단풍색이 돌지만 일조가 부족하게 되면 빛깔이 곱지 못하다. 또한 단풍은 평지보다는 산, 강수량이 적은 곳, 양지바른 곳, 일사가 강한 곳 등에서 아름답고, 나무의 종류와 수령, 토질, 환경에 따라서도 색이 다르다. 낙엽활엽수가 많은 중부 산간의 금강산, 설악산, 내장산 등이 유명하며 남쪽으로 갈수록 상록활엽수가 많이 분포하므로 내장산과 지리산 계곡 등 일부 계곡을 끼고 있는 산지를 제외하고는 그렇게 아름다운 단풍의 절경은 나타나지 않는다.

가을의 첫 단풍은 산 전체로 보아 정상에서부터 2할 정도 단풍이 들었을 때를 말하며, 단풍 절정은 산 전체로 보아 약 8할이 물들었을 때를 말한다.

〈가을 단풍이 절정인 경희 서울캠퍼스 본관〉

식생의 관광자원화 사례지역

1) 화개장터와 녹차

지리산 깊은 산속에서 나오는 산나물과 섬진강과 남해바다에서 나오는 재첩(민물조개)과 싱싱한 해산물을 만날 수 있는 화개장터의 존재는 전라도와 경상도의 지역감정은 정치적 놀음 때문에 희생된 산물이란 것을 웅변하고 있다. 이곳에 가거든 이런저런 상념은 접어두고 지리산의 맑은 공기와 우리나라 최초의 차 시배지(始培地)였던 쌍계사 입구 찻집에서 지리산 다향(茶香)을 느껴보길 바란다.

〈(좌)지리산 명차 생산. 연우제다 / (우)하동 매암차 박물관. 다원〉

특히, 쌍계사 차 시배지는 우리나라 차의 역사를 알게 해주는 곳으로 지금도 야생의 차밭이 남아 있어 기념물로 지정되어 보호하고 있다. 신라 흥덕왕 3년에 대렴이 당나라에서 녹차 종자를 가져와 왕명으로 지리산 일대에 처음 심었으며 그 후 동왕 5년에 진감선사가 차를 번식시켰다. 이곳의 차는 대나무의 이슬을 먹고 자란 잎을 따서 만들었다고 하여 죽로차 또는 작설차라고 한다.[18]

2) 제주도

(1) 봄의 해안가 유채꽃과 수국

제주도의 봄은 유채꽃으로부터 시작한다. 제주가 원산지인 왕벚꽃도 유명하지만 그보다도 봄의 제주를 알리는 것은 검은 현무암과 어울려 제주 섬을 노랗게 물들이는 유채꽃이다. 이것 또한 매화와 더불어 전국적인 분포를 띄지 못하므로 지리적 고찰에서는 제외하기로 하지만 이 노란 꽃밭에 들어가서 인생 사진 한 장을 찍기 위해 매년 초봄 전국에서 제주도로 관광객들이 몰린다.

봄의 제주는 유채꽃뿐만 아니라 제주도가 자생인 왕 벚꽃과 오래된 마을의 골목 돌담길에 피어 있는 수국도 관광객의 봄바람을 한껏 북돋아 주는 기능을 한다.

---

18) 윤병국 · 김홍길, 2018. 9, 한국 전통산사(山寺)의 야생차산지 관광테마 개발을 위한 스토리텔링, 관광객의 지각된 가치, 만족, 행동의도 간의 구조적 영향 관계와 매개효과, 유라시아연구 15권 3호, 아시아 · 유럽미래학회

〈(좌)제주의 봄: 유채 꽃 / (우)제주도의 수국〉

(2) 봄의 한라산 철쭉

한라산의 봄은 해안가와 다르게 시작되는데 4월에 진달래 꽃이 먼저 피고 그 다음에 4월 말부터 6월 초까지 한라산 1,400m 고지에서 1700m 고지인 윗세오름까지의 초원지대가 온통 철쭉의 붉은 빛으로 치장한다.

(3) 가을 중산간의 억새

가을의 제주에는 또 한차례의 장관이 펼쳐진다. 제주도 해안가에서부터 중산간 지대에 한껏 가을 분위기를 내고 있는 억새는 10월 중순경 제주도에서는 빼놓을 수 멋진 경관을 연출한다. 특히 억새 군락속에 들어가서 역광으로 찍은 사진은 몽환적인 분위기를 연출해 준다.

일반적으로 해안가에 있는 갈대와 많이 헷갈려 하는데 노랫말 속의 '으악새'는 억새의 또 다른 별칭이며 제주에서는 볏짚 대신에 이엉을 얹는 재료로 사용한 중요한 건축재이다.

이 시기 제주도 전역에서 억새의 향연이 펼쳐지지만, 남조로, 1112번 도로, 동부목장지대, 따라비 오름과 이시돌 목장 주변 서부목장지대의 중산간 지역의 억새는 특히 절경이다.

〈제주의 가을: 도두봉과 가파도의 억새〉

3) 여름의 보성 녹차 밭

전남 보성은 바다와 육지가 접해 있어 일교차가 심하면서 안개가 자주 발생해 좋은 차의 재배지로서 최적의 장소이다. 이러한 차 재배지는 과거 그저 차 생산의 기능만 담당하다가 한국의 사계절을 아름답게 표현한 '여름향기' 드라마의 배경지로 선택되면서 그 진가가 알려지게 되었다.

4) 사계절이 푸르른 담양 대나무 숲

한반도의 남부 지방은 대나무의 북한계선(0℃)으로 지역 어디서나 청죽의 단아함과 풍류를 느낄 수 있는 곳이다. 그러므로 이 지역은 영화나 TV의 배경으로 자주 등장하는 곳이기도 하다. 특히, MBC에서 절찬리에 방영된 다모(茶母)의 대나무 위의 검무(劍舞) 대결 장면은 전남 담양의 '삼인산'에서 촬영한 것이다. 또한 담양읍 향교리 소재 죽세공예 용도 대나무만 생산하는 대숲 5만여평을 죽녹원으로 변신시켜 KBS 해피선데이와 '1박 2일' 방영 후 부각 되면서 방문객들이 쇄도하고 있다.

〈담양의 죽녹원〉

5) 주변 식생의 관광자원화

식생 즉 나무와 풀은 우리 주변에 널려있다. 우리에게 일상의 꽃밭이고 삶을 영위하기 위해 심은 벼농사와 보리농사, 기름을 짜기 위한 유채밭도 그것들이 제철에 피우는 꽃과 그 녹색의 푸르름은 우리들에게 생동감과 자연의 경이로움을 선사한다. 봄, 여름, 가을, 겨울 철따라 주변에 다른 식생들이 펼쳐진 우리 국토에서의 삶은 다채롭고 즐겁다.

그저 주변에 있을법한 습지였지만 그곳의 희귀 동식물의 서식환경을 보존하고 한반도의 고기후와 지형을 나타내는 증표가 되고, 바닷가에서 지긋지긋한 모래바람을 막기 위해 조상들이 심어 놓은 소나무는 지금 근사한 바닷가의 휴식처가 되고 있다. 이처럼 우리에게는 일상의 자연이지만 포스트모던 관광의 시대에서는 관점을 달리하면 모든 것이 관광지가 될 수 있고, 외지 관광객 입장에서는 자신의 주변 자연환경과 다른 색다름이 신기성이 되어 관광의 매력을 느끼게 된다.

〈전남 청산도의 봄: 유채꽃〉

〈고창 운곡 람사르 습지〉

〈청산도 지리청송해변 방사림〉

식생과 치유기능[19]

1) 산림치유의 개념

'산림치유'란 향기, 경관 등 자연의 다양한 요소를 활용하여 인체의 면역력을 높이고 건강을 증진시키는 활동을 말한다.[20] 여기서 자연의 다양한 요소는 향기, 경관 뿐만 아니라 소리(물소리, 새소리, 바람소리 등), 음이온, 먹거리, 온도, 습도, 광선 등이라고 하였다. 그리고 산림치유의 공간인 '치유의 숲[21]'이란 산림치유를 할 수 있도록 조성한 산림(시설과 그 토지를 포함한다)을 의미한다. 치유의 숲을 조성하려면 기본적으로 국유림의 경우 50ha, 사유림의 경우 30ha의 면적을 확보해야 한다로 법률로 규정하고 있다.

학술적 정의는 산림을 대상으로 산림이 가지고 있는 다양한 자연환경요소, 즉, 경관, 소리, 향기, 피톤치드, 음이온, 물, 광선, 기후, 지형 등이 인간의 신체조직과 생리적·감각적·정신적으로 교감하여 심신건강을 증진시키는 숲속 활동[22]이라고 하였다.

2) 산림치유 요소와 수단

산림치유에 활용되는 요소와 수단은 다음의 4가지를 융복합하여 적용한다.

첫째, 물리적 요소(Physical Factors)는 풀, 나무, 임목, 숲, 경관, 물, 공기, 온도 및 습도, 조도, 광선, 바람, 소리 등이다.

둘째, 화학적 요소(Chemical Factors)는 식물로부터 발산되는 테르펜/피톤치드와 같은 유기화합물 등이다

셋째, 심리적 요소(Psychological Factors)는 인간이 숲에서 느끼는 뜨겁고 차가움, 밝고 어두움, 긴장과 이완, 아름다움과 추함, 좋은 것과 나쁜 것, 이완과 자극, 조용함과 시끄러움, 단순함과 화려함 등과 같은 산림환경의 주관적 평가를 반영하는 요소들이다.

넷째, 영적인 요소(Spiritual Factors)는 외부의 이화학적, 심리적 요소들의 작용과 자아와의 관계에서 궁극적으로 절대 자유의 경지로 도달하게 하는 요소로 상당한 훈

---

19) 산림치유, 템플스테이, 한방음식 & 한방의료관광 융복합 프로그램 개발 심포지엄, 2013,3. 한방의료관광협회, 한국관광연구학회; 산림 치유의 동향과 한방의료관광과의 연계 방향, 김기원((사)한국산림치유포럼 이사, 국민대 산림환경시스템학과 교수)
20) 산림문화·휴양에 관한 법률, 제1장, 제2조(정의) 4
21) 산림문화·휴양에 관한 법률, 제1장, 제2조(정의) 5
22) 이연희, 2012, 치유의 숲 산림관리 기법에 관한 연구, 국민대학교 박사학위논문

련이 필요한 부분이다.

3) 요법에 따른 실천적 치유요법들과 프로그램, 시설

〈요법에 따른 치유요법들과 프로그램, 시설들[23]〉

요법	주요 실천적 치유요법/활동	프로그램, 시설, 기타	비고
Phytotherapy 식물요법	산림욕, 산림기후요법, 음이온요법, 방향욕 등	산림욕장, 방향식물원, 산책로 등	
Hydrotherapy 물요법	냉수욕, 온수욕, 온천욕, 음이온요법	팔담그기시설, 발담그기시설, 스파 등, 샤워시설, 냉온탕, 온천시설, 탁족시설	Kneipp식 물치료요법
Dietetic-therapy 식이요법	건강식이요법(영양요법)	산채를 이용한 음식, 임산물가공식품, 열매/수액 등 웰빙식품	
Kinesiology 운동요법	지형요법, 산림욕 체조 등	지형요법코스, 산림욕 체조시설, 각종 호흡기 단련 운동시설 등	Atemweg(호흡기단련)
Climate- & Thalassic therapy 기후요법	산림기후요법(숲지대 산책, 기관지 호흡, 산림욕체조 등), 바닷바람쐬기, 일광욕 등	호흡기 단련시설, 산림욕 산책로, 숲속 일광욕장, 해안가 산책로, 해안잔디광장 등	Atemweg(호흡기단련) 중산간지대
Psychotherapy 정신요법	정신수련	사색의 쉼터, 정신수련시설, 정적산림욕장, 와상의자 등	

〈장성 축령산 편백나무숲: 산림욕〉

---

23) 출처: 김기원 발표 논문 참조

식생과 식문화: 제철음식

식물이 자연의 이치에 따라 꽃을 피우고 제철에 열매를 맺을 수 있는 이유는 식물이 계절을 구분할 수 있기 때문이다. 식물은 생물 시계를 이용해 낮의 길이 변화를 판단하고 기온 정보를 더해서 계절의 변화를 느끼는 것이다.

식물은 생물 시계에 따라 꽃을 피우는 시기를 결정하는데 봄에 꽃이 피는 개나리, 진달래 등은 낮이 길어지면 꽃을 피우는 식물이고 코스모스, 국화 등 가을에 피는 꽃은 낮이 짧아지면 꽃을 피우는 식물이다. 이 생물 시계는 식물의 활동이 가장 왕성한 시기에 꽃을 피우고 벌과 나비를 모이게 하여 수정을 하는 등 생물의 정화(精華)가 가장 왕성한 때이다. 이를 채취하여 요리하여 먹게 되면 그 자연에너지가 인간의 몸 속으로 들어가 기(氣)를 충만하게 해준다. 이렇게 특정한 시기나 계절에만 얻을 수 있는 채소, 과일, 해산물 등으로 만든 음식을 제철 음식이라고 한다. 나물은 겨우내 에너지를 축적하고 있다가 봄볕을 받아 부드러운 새순으로 올라오는 시기가 제철이다. 생선은 알을 낳을 시기가 되어 살이 통통하게 올랐을 때가 제일 맛있고 과일은 가을에 온 에너지를 열매에 전달하는 상태가 가장 탐스럽고 바로 그때가 제철이다.

요즘에는 한겨울에도 수박을 맛볼 수 있고 한여름에도 귤을 먹을 수 있다. 계절을 역행하여 '하우스'에서 농사를 짓거나 성장 촉진제를 써서 열매 맺는 시기를 조절하여 비싼 값에 팔 수는 있지만 제철일 때보다 신선도가 떨어지며 맛이 덜하고 그 기운도 약하다. 그래서 그 식물이 가장 잘 영근 계절에 수확한 재료로 요리하여 그때 바로 먹는 음식을 '제철 음식'이라고 부른다. 하지만 이것만이 전부가 아니고 사계절 변화의 순리를 따라가도록 도와준다. 제철 음식을 먹게 되면 그 계절을 가장 즐겁게 보내도록 해주며 먹는 맛을 즐기는 것과 동시에 몸에 부족한 기운을 자연을 통해 보충해 주는 기능을 담당한다.

04 토양과 관광

토양의 개념과 분류

1) 토양의 개념

지구 표면에 퇴적되어 있는 흙인 토양은 기후, 생물, 지형, 시간이라는 토양 생성 인자의 상호작용으로 형성되는데, 암석의 풍화 산물과 동·식물의 유기질로 구성되어 있다. 식물이 성장하고 인간이 토지를 경작하고 수확물을 얻는 데에서 토양은 절대적으로 필요하다. 이러한 토양의 성질은 풍화의 과정에서 모암의 성질, 식생, 지형, 경과 시간에 따라 결정된다.

2) 토양의 분류

우리나라의 토양은 다양하게 분류할 수 있다. 기후 조건에 따라 지역별로 종류가 다양하며, 모암의 성질에 따라서도 각종 풍화 토양이 나타난다. 풍화는 암석이 부서져서 토양이 되는 작용을 말하며, 암석의 풍화에는 사막이나 한랭지역에서 암석이 열에 의해 팽창과 수축, 동결과 융해과정에서 물리적 변화로 부서지는 기계적 풍화작용과 고온 다습한 지역에서 암석이 물과 작용하여 화학적 변화를 일으켜 부서지는 화학적 풍화작용이 있다.

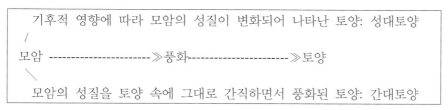

〈토양의 형성과 분류〉

※ 참고: 풍화의 유형과 강도

암석이 부서져서 토양이 되는 작용을 풍화라 한다. 암석의 풍화에는 사막이나 한랭지역에서 암석이 열에 의해 팽창과 수축, 동결과 융해과정에서 물리적 변화로 부서지는 기계적 풍화작용과 고온 다습한 지역에서 암석이 물과 작용하여 화학적 변화를 일으켜 부서지는 화학적 풍화작용이 있다.

(1) 성대 토양

성대 토양이란 기후와 식생의 영향을 많이 받아 형성된 토양으로 넓은 지역에 걸쳐 분포한다.

기후 조건에 따라 토양 형성의 바탕이 되는 풍화 정도가 다르고, 토양 중 유기물의 양과 부식 정도가 달라져 토양의 성질이 변화된다. 그러므로 성대 토양은 위도에 따라 기후대별로 다양하게 분포한다.

우리나라의 성대토양은 북쪽에서부터 남쪽으로 갈수록 기후가 온난해지면서 포드졸토(Podzol, 회백색토), 갈색 삼림토 그리고 적색의 라테라이트성(Laterite)토가 나타나고 있다.

전반적으로 우리나라 토양은 갈색 삼림토(Brown Forest Soil)가 가장 넓게 분포한다.

(2) 간대토양

간대토양이란 암석이 풍화되어 토양으로 변해 가는 과정에서 모암의 성분이 그대로 반영된 토양이다. 즉, 성대토양이 분포되어 있는 곳이더라도 어느 특정 지역에 특이한 암석이 분포한다면 그곳에는 모암의 성질을 그대로 간직하면서 토양으로 변하는 간대토양이 분포할 수 있다. 즉, 같은 기후나 식생 하에서도 암석, 지질, 지형 등의 특성이 다를 수 있으므로 주변의 성대토양과는 전혀 성질이 다르게 발달한다.

우리나라의 간대토양으로는 편마암(미립질 암석)이나 편암이 분포하는 지역에는 점토질 토양이 많으며, 삼척·단양 등 석회암 지역에는 테라로사(테라:흙, 로사:장미)가 발달되어 있다. 테라로사는 석회암의 불순물이 잔류하여 이루어진 토양으로 철분이 산화되어 적색을 띈다. 또한 제주도, 철원 등 화산 지대에는 비교적 비옥한 현무암 풍화토가 많이 분포하고 화산재를 모재(母材)로 하여 형성된 화산회토가 분포하지만 토양층은 엷다.

한국의 토양 특색

첫째, 모암이 있는 제자리에서 풍화되어 형성된 정적토가 대부분이며 운반되어서 형성된 운적토는 적다.

둘째, 화강암이 널리 분포되어 있으므로 화강암의 풍화토로서의 사질토양이 대부분이다. 또한 습윤기후와 사질토양으로 인해 배수가 잘되고 토양모재(화강암)가 산성암이며, 인간 활동이 많아 산성토양의 성격을 지니고 있다.

셋째, 화강편마암과 편마암 지역에서는 점토질의 토양이 나타난다.

넷째, 강원도 남부와 충청도 일부 지역의 석회암 지역에서는 석회암이 용식된 후 남은 불순물이 남아서 이루는 점토질의 붉은 토양인 테라로사(Terra Rossa)[24]가 나타난다.

다섯째, 제주도, 개마고원, 철원-평강, 신계-곡산 등의 현무암지대에서는 현무암의 풍화토와 화산회토가 나타난다.

여섯째, 충적토는 주로 하천의 주변에서 범람원의 형태로 나타나며 우리나라의 주요 농경지로 이용된다. 이 토양도 사질토양으로서 산성을 띄고 있다. 새로운 간척지나 감조하천 주변에서는 염류토양도 나타난다.

토양 문제와 대책

1) 토양 문제

토양은 지형을 구성하는 일부분이기에 연관을 지어 생각해야 하지만, 토양 자체만의 문제도 심각하다. 첫 번째, 토양의 산성화 문제로 여름철의 집중호우와 농약 화학비료 사용의 증가, 대기오염의 심화로 인한 강산성 비가 내려 토양의 산성도가 심해지고 있다. 둘째, 집중호우로 인한 토양 침식과 유실, 인간 활동에 의한 자연 훼손 등이 표토의 유실과 산사태를 유발시킨다. 개발을 빌미로 산허리 및 산기슭에 무분별하게 지어놓은 펜션, 숙박 시설은 이러한 자연을 무분별하게 이용한 경종으로 엄청난 피해를 가져다 줄 수 있다.

---

24) 'Terra Rossa'는 라틴어의 Terra(Soil)+Rossa(Rose)로 '붉은 장미빛 토양'이라는 뜻이다. 그 어원은 라틴어의 적색이라는 뜻으로 알 수 있듯이 원래는 이탈리아, 유고슬라비아에 넓게 분포하던 석회암 지역의 적색 토양에 붙여진 이름이었다. 보수력이 약해서 경지는 주로 밭으로 이용한다. 주로 여름의 고온 건조한 기후 조건에서 토양의 발달이 이루어지기 때문에 탄산칼슘은 제거되고 규산과 철, 알루미늄의 산화물, 그리고 점토광물 같은 비가용성의 불순물은 제자리에 남는다. 특히 규산은 쳐트(Chert), 석영질 실트와 모래, 점토성분의 광물 형태로 잔류하는데, 테라로사가 붉은색을 띄는 것은 주로 점토광물의 일종인 수산화철(갈철석) 때문이다.

2) 토양 보전 대책

토양의 지력이 생산성이 떨어지지 않도록 유지시키는 것을 토양 보전이라 하며 크게 토양 침식방지와 토양 산성화 방지로 구분 지을 수 있다.

(1) 토양의 산성화 방지

산성비로 인한 기후적인 요인 이외에도 화학비료의 과다한 사용과 오폐수의 방류로 인한 토양오염 그리고 농약이나 제초제의 과다한 사용은 토양 독성화를 초래하여 농산물 생산의 감소를 가져오고 심하면 농경 자체가 불가능해진다. 따라서 토양의 산성화를 방지하고 지력 유지를 위해서는 첫째, 화학 비료 사용을 억제하고, 퇴비와 같은 유기질 비료와 석회질 비료를 사용한다. 둘째, 객토와 윤작 등으로 지력을 높이고 우리 조상들이 해왔던 전통 농법을 적용하고 과학적인 영농을 통해 토양을 건전하게 보전해야 한다.

(2) 토양 침식방지

여름철 집중호우로 인해 토양이 유실되면 토양의 비옥도가 떨어지고 식생이 파괴된다. 최근에는 삼림 회복으로 자연적인 토양 침식보다는 산지 개발, 공단 및 택지 조성, 도로 및 골프장 건설 등으로 토양 유실이 심한 편이다. 따라서 토양 유실을 보전하기 위해서는 지형의 한계를 최대한 극복하는 경작법을 적용해야 한다. 계단식 경작, 등고선식 경작, 띠 모양으로 초지를 형성하는 대상(帶狀) 경작법이 바로 그것이다. 그리고 토양 이용 전에 그 지역에 적합한 사방공사(砂防工事)와 조림사업이 필요하다.

《(좌)스리랑카. 누와라엘리야(Nuwara Eliya) 티 필드(차밭) / (우)한국. 청산도의 등고선식 경작》

토양과 우리의 삶

1) 서편제의 배경

이청준의 원작을 바탕으로 만든 영화 '서편제'는 '판소리'라는 한국 고유의 전통음악을 소재로 한국인의 한(恨)을 우리 고유의 가락과 아름다운 자연이 하나로 어우러지게 만든 걸작이다. 임권택 감독과 정일성 촬영 감독이 한국민의 혼과 정신을 담은 영화를 만들었다고 극찬을 받은 작품이다.

특히, 주인공들이 청산도의 밭과 비탈진 흙길에서 내려오면서 흥겹게 부르는 소리에서 이 지역 사람들이 경험했던 집단적인 슬픔이 음악의 형태로 승화된 판소리의 정수를 표현하고 있고, 그 질박한 황토색 배경이 가장 한국적인 멋을 표현하는 장면이다.

〈'서편제' 영화 속의 청산도25)와 현재의 청산도〉

2) 녹두장군과 황토

전라도의 황토는 호남사람들이 외세와 조정의 탐관오리와 항거하다가 죽은 선현들의 피가 배어서 만들어진 것이라 은유하고 있다.

그 대표적인 인물이 '사람이 곧 하늘이고 백성이 곧 나라'라고 부르짖다 죽어간 전봉준 녹두장군이고 그의 한이 서려있는 황토 흙을 거닐어 보면 그 당시 절실하고 한맺힌 사연을 느낄 수 있을 것이다.

---

25) 청산도는 슬로우시티로 지정되어 각광을 받고 있는 곳으로 전남 완도항에서 배로 약 40분 거리에 있고 인근에는 윤선도가 세연정의 선경(仙境)을 조성한 보길도가 있다.

3) 제주도 현무암

(1) 형성

화산이 폭발되면 땅속에 존재하던 마그마가 분출되어 용암으로 흘러내리고 그 폭발성이 강할 때는 화산재가 공기 중으로 솟구쳐 오르고 결국에는 화산 주변 지역에 뜨거운 화산재와 화산 쇄설물들이 쏟아져 내려 엄청난 피해를 일으킨다. 그래서 화산 폭발의 피해는 용암도 있지만 이 화산재로 인한 피해가 훨씬 더 광범위하고 오랜 세월 동안 인간과 식생에 영향을 미친다. 이 과정에서 녹아 있는 광물질이 녹아서 지표면에서 급속하게 냉각되면서 다공질의 현무암이 되지만 서서히 굳어지면 조면암, 조면암질 안산암 그리고 화산재가 굳어져서 만들어진 응회암 등이 화산지형에서 볼 수 있는 암석군이다. 색깔은 흑색 또는 회색을 띤다.

(2) 제주도에서 현무암의 의미

제주도는 우리나라의 대표적인 화산지형이며 육지에서 볼 수 없는 독특한 자연경관으로 이국적인 정취가 느껴지고 한라산과 에메랄드빛 바다가 어울려서 나타나는 다양한 관광자원이 매력적인 한국의 보물 같은 섬이다.

특히, 지금은 귀중한 자연자원이 되는 화산과 바다 그리고 바람은 과거 제주 섬사람들에게는 혹독한 삶의 환경으로 인식되었다. 바다에 나가 숨이 끊어질 듯한 물질(자맥질)에 지친 아낙들이 한 줌의 곡식과 채소라도 얻기 위해 현무암토를 일궈 만든 까만색의 밭과 돌담(밭담)은 지금은 아름다운 경관이지만 제주민의 아픈 역사와 객관화된 집단정신인 에토스(v)[26]를 묵묵히 표현하고 있다. 즉, '화산도(척박성)', '한라산(다양성)', '고도(孤島=격절성)'라는 제주도의 자연환경요소는 제주도로 하여금 '지척민빈(地瘠民貧)'의 섬으로 불리게 하였지만, 이 환경 요소들이 제주인의 정체성을 형성하는 3대 기반이 되었다. 지리학 일반에서 사용하는 지역성(Regional Characteristics)과 지역정체성(Geographical Identity)은 같은 개념이지만 그 형성과 적용의 개념을 달리한다. 즉, 지역성은 지리학 모든 분야에서 다루어지는 내용이지만 지리적 정체성으로서의 지역 정체성은 문화지리학의 관심 대상으로 지역 정신문화의 특성을 구명(究明)하는 것이다, 제주민들의 에토스는 이러한 척박한 제주의 자연환경을 극복하고 이용하고 적응하면서 자립정신(화산에 적응), 주인의식(한라산 산록의 주인 없던 광활한 용암평원), 해민정신(바다를 근본으로 한 개체적 대동주의)으로 정리할 수 있다[27].

---

26) 에토스(Ethos)는 객관화된 집단정신으로 집단의 정신 혹은 정서, 심성, 인성 등의 뜻으로 설명되는 지리적 일체감에서 형성된다.

〈(좌)제주도의 해녀와 현무암 / (우)중문, 지삿개 주상절리〉

토양과 식문화

1) 황토

남도 지방의 흙은 붉은 황토 색깔을 띄고 있다. 즉, 열대의 토양인 라테라이트와 비슷하여 라테라이트성토라 불린다. 토양 속의 철분 성분이 고온다습한 기후적 영향을 받아 산화가 촉진되어 붉은 계통의 황토색이 된 것이다.

한국 남부지방에 분포하는 황토의 형성에 대해 논란이 있다. 점토(Clay)와 모래(Sand) 사이의 입자크기인 실트(Silt) 입자들이 어떤 작용에 의해서 퇴적되거나 재이동하였냐는 것이다. 즉, 황토는 반건조 기후 조건의 초원과 스텝 지대에서 풍화작용과 토양화 작용을 받아 형성되는 것이고, 퇴적된 먼지 입자들이 황토로 변하기 위해서는 반드시 속성작용(퇴적 후에 일어나는 물리적・화학적 변화)을 겪어야 한다는 점이다[28]. 한반도 황토의 기원을 연구하면 한반도 특히 남부지방의 고기후를 복원할 수도 있고, 중국 서북부 황토고원에서 북서풍을 타고 날라온 황사가 수천만 년 동안 퇴적되어 형성되었을 것이라는 유입설도 있다.

황토 형성과정이 어떠하든지 간에 황토에서 잘 자라는 식물은 고구마, 채소, 양파 등이고 영암, 해남, 함평 등지에서 재배되는 농작물의 맛과 품질은 우수하다.

2) 커피가 재배되는 테라로사

한국의 커피문화를 바꾼 세계적인 브랜드는 Starbucks와 Coffeebean이지만, 커피가 지역의 브랜드가 되고 지역의 문화를 바꾸어버린 브랜드가 테라로사이다. 테라로사는

---

27) 한국지리지, 2004, 제주편, 송성대, 국토지리정보원
28) 황토(黃土, Loess, Löss), 농식품백과사전

강원도 강릉시 구정면에 있는 커피를 로스팅하는 제조공장이 있고 커피숍, 레스토랑을 겸한 커피 체험 종합문화 공간이며 강릉 바닷가에도 주변 경관과 잘 어울리는 커피마시는 공간이 있다. 테라로사의 설립자인 커피 매니아가 강릉에 정착하면서 '바다와 어울리는 커피도시' 강릉이 시작된 것이다.

'커피가 잘 자라는 비옥한 보랏빛 땅' 테라로사(Terarosa)라는 토양의 학술용어를 상호 명칭으로 사용하여 성공한 곳이다. 하지만 이것을 지리학자적 시각에서 바라본다면, 테라로사 토양(Terra Rossa)색이 보랏빛이지도 않지만 커피가 완벽하게 잘 자라는 토양 또한 아니다. 커피는 오히려 현무암의 풍화토인 테라록사(Tera Roxa)에서 더 잘 자란다. 오죽했으면 '신이 버려진 땅에 준 유일한 선물이 커피'라고 할 만큼 화산 폭발로 황폐해진 지역에서 더 잘 자란다.[29]

〈강릉 안목항. 커피거리〉

29) 윤병국 외, 2011. 9월, 우리나라 커피재배의 미래 지향성에 대한 탐색적 연구, 한국사진지리학회지, 제21권 제3호, pp. 139~152, 한국사진지리학회

05 지형과 관광

한국의 지형적 특색

1) 지형의 형성 원인

지형형성에 작용하는 힘을 영력이라고 하는데 지구 내에서 작용하는 내적 영력과 지구 외부에서 지형을 변화시키는 외적 영력으로 구분한다.

내적 영력은 지구 내부 맨틀의 열대류 에너지에 의해 지표의 기복을 형성하는 것으로 구조적인 운동에 의하므로 이렇게 형성된 지형을 구조지형 또는 대지형(대륙, 해양, 산맥, 해구 등)이라고 한다. 이것은 또 융기와 침강의 조륙운동, 습곡과 단층의 조산 운동, 용암 분출의 화산활동으로 나눌 수 있다.

외적 영력은 태양 복사에너지와 중력에 의해 지표의 기복을 없애려는 평형 작용으로 진행하는데 이렇게 형성되는 지형을 소지형이라 하고 선상지, 범람원, 삼각주, 침식분지, 사주 등이 해당된다. 이것에 해당되는 영력은 풍화작용(물리적·화학적 풍화)과 침식·운반·퇴적 작용이 있다. 외적 영력을 일으키는 요인에는 하천의 유수, 바람의 강도, 빙하의 이동, 해수의 파랑과 조류 등이 있다.

2) 신생대 제4기의 기후 변화와 지형 발달

신생대 제4기에 4차례의 빙기와 3차례의 간빙기가 있었으며 마지막 빙기인 뷔름 빙기 이후 현재까지를 후빙기라 한다. 기후가 변화되면 외적 영력이 다르게 작용하고, 해수면 변동은 침식 기준면을 변동시켜 지형 발달에 영향을 준다.

(1) 빙기의 지형 변화

지구상의 많은 수분이 얼음 상태가 되어 해양으로 유입되는 물의 양이 줄어들게 되어 해수면이 내려가게 된다. 마지막 빙기인 뷔름 빙기 때는 현재보다 120m 정도 낮아서 황해와 남해가 육지로 드러나 우리나라는 중국·일본과 연결되었었다. 해수면이 내려가게 되면 하천의 유속을 결정하는 해수면인 침식 기준면이 낮아지게 되어 침식 작용이 활발해져 하안단구, 해안단구 등의 지형이 발달하고 백두산 주변의 고산지대에서는 거대한 빙하가 지표면을 눌러서 만들어진 카르(권곡)가 형성되었다.

(2) 후빙기의 지형 변화

해수면이 상승하게 되어 해안의 저지대가 침수되고, 유속이 느려지면서 퇴적작용이 활발해진다.,이에 따라 빙기 때 만들어진 골짜기가 메워져 하천 주변에는 충적지가 형성되고, 동해안에는 석호가 발달하였다.

3) 한반도의 형성

지체구조란 지질학적으로 동질성을 지니는 지역을 구분한 것인데 한반도의 지체구조는 모든 지질시대의 영향을 받아서 형성되었다.

한반도는 8개 정도의 지체구조로 구분할 수 있다. 선캄브리아대의 안정지괴(시생대 지층)를 이루는 곳이 평북-개마지괴와 경기지괴, 영남지괴가 형성되고 고생대 퇴적층이 발달한 곳에는 평남지향사와 옥천지향사 그리고 중생대 퇴적층이 발달한 곳에는 경상분지, 신생대 3기층이 발달한 곳에는 두만지괴와 길주명천지괴가 형성되었다. 그림을 통해 본 한반도 지형발달과정을 보면 다음과 같다.

〈지질 시대 구분과 한반도의 형성〉

절대 연대	지질시대		지질계통	지각 변동 및 특색	지체구조
200	신생대	제4기	제4계	←화산활동	하천의 충적지형. 단구지형
6,500		제3기	제3계-갈탄	←경동성 요곡운동	두만지괴 길주·명천지괴
	중생대	백악기	경상계	←대보조산운동: 화강암 관입 중국 방향 구조선 생성	경상분지
2억 5천		쥐라기	대동계-무연탄		협소
		트라이아스기	평안계-무연탄(육성층)		평남지향사 옥천지향사
		페름기			
	고생대	석탄기			
		데본기	결층		
		실루리아기			
5억 7천		오르도비스기	조선계-석회암	←조륙운동	
		캄브리아기			

선캄브리아기	원생대	상원계		협소
	시생대	화강편마암계 - 금결정편암계		평북 · 개마 지괴 경기지괴 영남지괴
		⋮		

〈한반도의 지체구조〉

(1) 시생대 및 원생대

시생대 및 원생대의 지형은 선캄브리아대의 지형을 말하는 것으로 당시의 지형을 그림과 같이 현재의 한반도의 모습이라고 추정하여 논리를 전개한다. 당시 전 세계적으로 조산 운동을 거의 받지 않고 주로 침식작용만 받아 경사가 완만한 방패 모양의 순상지를 이루고 있었다. 따라서, 한반도 지형 또한 선캄브리아대의 암석인 결정편마암과 화강편마암계의 암석이 주를 이루었으며, 지형의 기복상 특별한 변화를 겪지 않고 평탄한 지형을 이루고 있던 것으로 추정하고 있다.

(2) 고생대

고생대 전반기인 캄브리아기에서 오르도비스기 기간 동안(약 5억 7천만 년 전~4억 4천만 년 전의 1억년 동안) 현재의 평안남도 남부 일대와 강원도 남부 지역 일대는 바다로 덮혀 있었다. 따라서, 이 지역 일대는 바다의 영향을 받아 평남·옥천지향사가 형성되고 지하의 조선계층에는 퇴적암인 석회암이 매장되었다. 그 후에 페름기가 시작되면서 바다가 후퇴해 육지환경으로 바뀌면서 울창한 숲이 형성되고 이들의 퇴적물이 평안계층에 무연탄층이 형성되었다. 이 당시까지도 한반도 지형은 지형 기복상의 특별한 변화 없이 지속적인 침식작용을 받아 평탄화된 지형을 이루고 있었다고 추정한다.

(3) 중생대

중생대는 한반도의 지질 역사상 그리 길지 않은데, 쥐라기에 들어서면서 대보조산운동이라 불리는 격렬한 지각운동에 의해 소백산맥 등 습곡 산맥들이 만들어지고, 그 과정에서 지름이 수십km에서 수백km의 규모에 이르는 호수와 늪지들이 생겨났다. 쥐라기로부터 백악기에 이르는 동안 한반도는 공룡시대가 전개되고 또 한편으로는 빈번하고 격렬한 화산폭발이 계속된 화산지대이기도 했다. 이 시기에 생긴 퇴적분지는 모두 그 당시 호수였던 곳이다.

(4) 신생대

현재 한반도의 지형형성에 가장 많은 영향을 미친 시기로, 대륙의 이동설에 근거하여 태평양 지각판이 유라시아 대륙 지각판 아래로 밀려 들어가면서 생긴 균열로 습곡운동과 화산활동이 심하게 발생하였다. 중생대 후기에서 신생대 초기에 걸친 구조운동이 경동성 요곡운동으로 나타나 한반도의 동쪽이 솟아올라 태백산맥이 형성되었으며, 당시 동·서 융기량의 차이에 따라 지금의 한반도 지형인 동쪽이 높고 서쪽이 낮은 동고서저의 형태가 나타나게 되었다.

일본은 이러한 과정을 통해 한반도에서 떨어져 나갔고, 이 과정에서 한국의 제3기 퇴적분지와 동해가 생기게 되었다. 신생대 제3기 말에서 제4기 초에 걸쳐 발생한 화산활동은 한반도의 백두산, 개마고원 일대와 철원-평강, 신계-곡산 일대의 용암대지 그리고 제주도와 울릉도를 형성하였다. 또한, 중생대 이후 구조선을 따라 서남해안 방향으로 하천 침식이 진행되어 현재와 같은 산맥 골격 모양이 더욱 뚜렷이 형성되어 오늘날의 모습과 유사한 형태를 갖추는 지형으로 변모하게 되었다.

산맥과 백두대간

1) 산맥

앞에서 설명한 바와 같이 현재 지리 교과서에 나오고 있는 우리 국토의 산맥은, 일본 지질학자가 지질 구조선의 개념을 적용하여 만든 한반도 지형의 골격에 대한 개념이다. 일제 침략기인 20세기 초 일본 지질학자 고도 분지로가 지하자원 수탈을 목적으로 1900년과 1902년의 두 차례 답사를 통해 266일 동안 한반도의 지질 조사한 결과를 기반으로 만들어진 것이다. 1903년 동경제국대학기요(東京帝國大學紀要)에 An

Orographic Sketch of Korea(조선 산악론)란 영문 논문[30]을 통해 지질 구조선에 근거한 한국의 산맥체계를 발표하면서부터 산맥개념을 처음 제기하였다. 이후 일본과 독일[31]의 지리학자들에 의해 산맥의 개념이 구체화 되었는데, 한반도를 제대로 이해하지 못하고, 눈에 보이지도 않은 지질 구조선을 중심으로 구분한 서구인들의 지리관을 나타낸 것이다.

하지만 이미 조선시대까지 거의 천여 년 세월 동안 이 땅을 이해하는 틀로서 전해왔던 백두대간이란 국토의 개념이 있었는데, 20세기 초 한일합방 이후 일본에 의해 서구식 사고방식에 의한 지리교육으로 사라지고 말았다. 그 내용은 고토 분지로가 한반도 지질조사 후 논문으로 발표했던 것을 야쓰 쇼에이가 편찬한 『한국지리』를 거쳐 일제시대에 이 땅을 이해하는 산맥체계로 고착된 것이 1910년 전후이다. 그리고 해방된 지 80여 년이 지난 현재까지 거의 아무런 비판이나 재검토 없이 당연하게 국토교육에 사용되고 있다. 백두대간의 존재가 알려지기 전까지 산맥체계에는 아무런 문제가 없어 보였고 문제가 있어도 그것을 반박하거나 수정할 지리관이 존재하지 않았기 때문에 그냥 서구세계의 지리관(산맥)을 무비판적 수용하고 받아들여진 것이다.

2) 전통 지리적 사고관의 재등장

그동안 잊혀졌던 산경표가 발견되고 그 핵심에 백두대간이 등장하면서 전통 지리적 사고관이 재등장한 것이다.

(1) 전통 지리관의 근원

이익의 『성호사설』(1760년 경)에 "도선이 지은 『옥룡기』에 '우리나라의 산은 백두산에서 일어나 지리산에서 끝났으니'라는" 설명을 인용하고 있어서, 도선이 10세기 인물임을 생각하면 백두대간에 대한 우리 조상들의 인식은 천 년이 넘는 역사가 있다고 할 수 있다.

문헌적인 기록이나 지도를 통해서 볼 때 백두대간은 오랜 세월 이 땅을 살다간 이

---

30) Koto. B, 1903, An Orographic Sketch of Korea, Journal of the College of Science. Vol. 19, Imperial University, Tokyo, Japan, pp.1-61.
31) 독일의 지리학자인 라우텐자흐는 1933년 3월부터 9개월 동안 우리나라를 광범위하게 답사하여 그 결과를 토대로 1945년 「KOREA: 답사와 문헌에 기초한 지리학(KOREA: Eine Landeskunde auf Grund eigener Reisen und der Literatur)」을 저술하였다. 그 논문에서 태백산맥과 낭림산맥을 한반도의 척량(脊梁)산맥(등뼈에 해당 하는 산맥)으로 개념 짓고, 둥글게 하나로 연결된 것으로 해석하고 한국의 주 산맥이라 명명하는 오류를 범했다. 독일어로 쓰인 이 책은 1988년에 Katherine과 Eckart Dege가 영어로 번역하여 「KOREA」로 발간하였고, 1988년에 김종규, 강경원, 손명철 교수가 한글 번역본 「코레아 I, II」를 발간하였다.

들의 지리관으로 자리 잡고 있었음을 알 수 있고, 이것이 체계적으로 정리된 것은 조선 시대 후기인 18세기이다.

(2) 산경표에 의한 백두대간의 등장

산경표의 발견으로 인한 백두대간의 존재가 알려지면서 산맥에 대한 문제점들이 하나씩 드러나게 되었다. 산의 흐름에 관심을 갖고 있던 산악인들에게 처음 백두대간이 알려졌을 때, 이 땅의 지리적(지형적) 사실을 있는 그대로 간단하면서도 정연한 논리로 설명할 수 있는 근원을 찾았으며 태백과 소백산맥 종주가 불가능했던 이유를 알게 된 것이다. 더불어 일제강점기 이전에 이미 조상들이 써오던 훌륭한 지리적 인식 체계가 있었다는 사실과 그 속에는 사람과 자연을 하나로 바라보는 유기체적인 국토관을 다시 찾게 된 것이다.

3) 산맥 체계의 현황과 문제점

현존 한국 산맥체계의 가장 큰 문제는 첫째, 산맥체계가 지질학에 뿌리를 두고 있으면서 지리학의 자리를 차지하고 있다는 점이다. '땅 속'의 보이지 않는 지질 구조선을 '땅 위'의 실제 산을 연결해 놓은 선(즉, 산맥)으로 둔갑시켜 놓은 것이다. 이렇게 해서 실제의 지형 지세와 달리 지도상에는 산맥이 강을 건너고, 강이 산맥을 가로지르는 현상이 생겨났다. 일제 때 만들어진 이론에 따라 그것을 무비판적으로 믿었고 지리교과서에 수록되어 교육되니, 이론과 실제가 다른 교육을 하고 있었다.

둘째, 땅을 바라보는 관점에서 더욱 차이가 나는데, 지질학에 기반을 둔 산맥체계의 교육은 무의식중 자연을 개발의 대상으로 인식하도록 만들었다. 그 결과로 개발은 인간 세상을 더 이롭게 하는 좋은 의미가 되었고, 이 땅이 가진 아름다움이나 생명력을 인식하고 공존해야 하는 국토관을 가르치는 것이 아니라 지하자원의 빈약성만 부각하는 교육을 한 것이다. 만약 백두대간에 담겨 있는 사람과 산수(자연)가 기(氣)를 통해 서로 교감하는 생태적이고 생명체적 지리관을 교육받는다면 무조건적인 개발과 파괴의 현장을 지금처럼 무감각적으로 바라보지는 않을 것이다.

4) GIS 기법으로 밝혀진 새로운 산맥체계의 형성

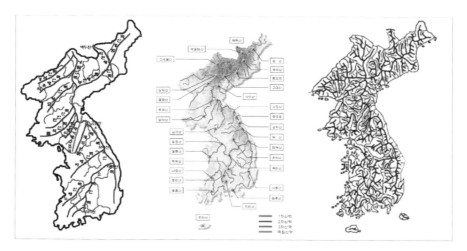

《(좌)현재 사용되고 있는 산맥 체계 / (가운데)새 산맥지도 / (우)대동여지도》

지난 20여 년 동안 계속된 한반도의 산맥체계에 대한 논쟁은 서구의 지리관(현행 교과서의 산맥체계)과 전통적 지리관(산경표의 백두대간 체계) 사이의 과학적 증거 없는 논쟁은 2004년 '한반도 산맥체계의 재정립 연구32)' 발표로 일단락되었다.

이 연구결과에 의하면, ① 고토분지로의 지도는 한반도의 지질 현황과 유사성도 거의 없고 단층과의 유사성도 신뢰할 수 없다는 과학적 검증 결과가 도출되었다. ② 또한 현재의 고등학교에서 채택되고 있는 산맥(최근에 일부수정됨)의 개념은 고토분지로의 원본에 바탕을 두고 있으나 한반도의 지형을 이해시키려고 교육적 차원에서 땅 밑 지질보다 오히려 산지의 분포나 산줄기의 연속성에 맞추어 변형되어 온 결과로 밝혀졌다.

국토연구원에서 새롭게 밝힌 한반도의 새 산맥체계는 한반도 지형을 3차원으로 재현하고 주요 산과 고개에 대한 데이터베이스를 구축한 후 GIS 기법을 활용하여 다양한 공간 분석을 시도했다. 그리고 그 결과를 바탕으로 전문 산악인들과 주요 산을 답사하여 결과를 정리하였다.

그림에서 보는 바와 같이 한반도에서 가장 고도가 높고 긴 주산맥(Main Mountain Range)을 1차 산맥으로 분류하고 1차 산맥과의 연결성에 의해 2, 3차 산맥을 구분하

---

32) 김영표・임은선・김연준, 2004, 한반도 산맥체계 재정립 연구: 산줄기분석을 중심으로, 국토연구원

였다. 그리고 1, 2, 3차 산맥과도 연결되어 있지 않지만 50km 이상의 연속된 산맥이 나타나면 독립산맥으로 구분하였다.

GIS에 기반한 새로운 산맥체계에 따르면 백두산에서 지리산까지의 한반도 주산맥을 1차 산맥(백두산, 두류산, 금강산, 태백산에서부터 지리산 천황봉에 이르는 총연장 1,587.3km의 연속된 산지)과 22개의 2차 산맥, 24개의 3차 산맥 그리고 3개의 독립산맥으로 정리할 수 있다.

〈한반도 산맥체계 분류기준[33]〉

산맥체계	분류기준	특성
1차산맥	한반도의 산맥 중 가장 규모가 크고 길이(연속성)가 긴 산맥	백두산에서 지리산에 이르는 한반도 주산맥
2차산맥	1차 산맥과 직접 연결되는 산맥	1차 산맥과 직접 연결된 산맥은 지형발달 측면이나 접근방법에 있어서 의미가 큼
3차산맥	1차산맥과는 간접적으로 연결되고, 2차 산맥과 직접 연결되는 산맥	산맥의 규모와 길이는 작지만 2차 산맥을 통해 1차 산맥과 간접적으로 연결됨
독립산맥	1, 2, 3차 산맥과 연결되지 않는 산맥	1차 산맥과 연결성이 없더라도 일정 규모 이상의 연속된 산지가 나타나면 독립된 산맥으로 간주

5) 백두대간과 한국인의 삶

국토연구원에서 GIS 기반한 새 산맥체계와 우리 조상들의 국토관인 산경표와 대동여지도를 비교하면 두 지도의 유사성이 너무 많고, 두 고지도가 매우 정확하고 과학적인 논리를 바탕으로 작성되었다는 것을 새롭게 재인식하게 된 것이다.

따라서 백두대간은 우리 고유의 산에 대한 관념과 민속신앙의 중심에 자리하며, 두만강·압록강·한강·낙동강 등을 포함한 한반도의 주요 강의 발원지이며 생태계의 중심축이 되는 것이다. 이 땅의 문화, 사회, 역사, 환경 등을 이해하는 바탕이 되어 한반도의 자연적 상징이며 동시에 강을 중심으로 하고 있는 '강 유역의 생활권'을 나누고 지역을 구분하는 경계라고 할 수 있다.

이제 문제점을 알고 개선해야 할 것도 인식했으니 추후 과제는 첫째, 산맥이라고 사용하고 있는 용어를 산줄기로 바꾸어야 한다. 둘째, 우리 국민의 정서에 맞고 역사성과 문화성을 갖춘 산줄기의 이름을 새롭게 부여해야 한다. 이제까지 우리 국토의 지리교육은 '갓 쓰고 양복 입는 법'을 가르치고 있었다.

---

33) 김영표·임은선, 2005

지형과 관광활동

1) 관광활동 공간으로서 산지 지형

한반도의 산지와 하천 그리고 하천의 작용에 의해 형성된 평야지형에 대해 알아보고 관광자원으로서의 가치를 분석해 보자.

우리나라는 전 국토의 70%가 산지이고 산의 평균 고도가 482m로, 2,000m 이상은 약 0.4%뿐이고 대부분이 해발고도 1,000m 미만의 저산성 산지가 많다. 즉, 도시 내에서도 뒷동산에 올라갈 만한 낮은 산들이 많고, 농촌에서는 배산임수의 촌락의 입지가 되고 문전옥답의 논이 펼쳐지고 있는 전형적인 한국적 미가 연출되는 것이다.

한국의 지형을 대표하는 산지 지형의 특징은 다음과 같다.

(1) 경동성 지형

앞에서 설명한 바와 같이 한반도의 골격이 되는 등줄기 산맥인 태백산맥과 함경산맥은 신생대 제3기 중엽의 비대칭 요곡 운동과 단층 운동의 결과로 형성된 것이다. 이런지형형성 작용에 의해 동해안은 급경사, 서해안은 완경사가 되고 유역 변경식 댐 건설에 유리하고, 겨울철 북서 계절풍을 차단하여 동일 위도상 동해안 지방이 서해안 지방에 보다 온난한 지역적 온도차를 유발하기도 한다.

(2) 고위 평탄면

고위 평탄면은 단어 그대로, 평탄하거나 낮은 구릉지가 융기하여 해발고도 800m~1000m 내외의 고지대나 산 정상 부근에 평탄면이 형성되는 지형으로 대관령, 개마고원, 오대산, 태백산, 금오산, 상당산 등에 분포하고 있다. 그 이용은 지대가 높고 평탄하기에 고랭지 농업과 목축업이 발달하고 있다. 소가 방목되고 양떼 목장을 개발하여 한국이면서 한국 같은 않은 목가적 풍경이 연출되는 곳이기도 하다.

〈(좌)대관령의 고위 평탄면(삼양 목장) / (우)대관령 부근(평창군 도암면)의 고랭지 농업〉

(3) 잔구성 산지

잔구성 산지는 우리 주변에 흔히 볼 수 있는 낮은 산들을 의미하는데 과거 평탄했던 지형이 하천이 지나가면서 풍화에 약한 곳만 차별적으로 침식을 받아 남아 있는 500m 이하의 저산성 산지나 구릉지를 의미한다.

주로 한반도 서남쪽에 분포하고 있는 구월산, 북한산, 관악산, 계룡산, 무등산 등이며 그 주변에는 중심도시들이 형성되어 있고, 자연공원으로 지정되어 주요 관광지로 이용되고 있다.

〈(좌)잔구성 산지: 수락산 / (우)잔구성 산지와 침식분지: 도봉산과 노원구 일대〉

특히, 북한산의 인수봉과 도봉산, 수락산 등 서울의 주변산지 등은 중생대 지각변동으로 관입한 화강암질 마그마가 지각 속에서 냉각된 이후 오랜 침식으로 상부 지층이 제거됨으로써 지표상으로 노출된 대표적 잔구성 산지로 기암절벽을 이루어 암벽등반가들의 로망이 되고 있다.

2) 관광활동 공간으로서 하천 지형

(1) 하천의 특색

우리나라의 하천은 두만강을 제외하고 대부분 황해와 남해로 유입하는 것은 앞에서 설명한 경동지형과 지질 구조선의 영향이다. 그러므로 하천과 바다가 직각으로 교차하면서 산맥의 끝자락이 바다에 잠겨 반도와 섬이 발달하고, 중상류의 퇴적물이 하류로 이동하면서 유속이 느려지면서 하구에 간석지가 형성된다. 그래서 서남해안의 하천은 전부 조류의 영향을 받아 하천의 수위, 염분, 유속이 주기적으로 변화되는 감조하천(感潮河川)이다. 감조하천의 긍정적 영향은 기수역(汽水域)[34]에 하천오염물질이 정화되고 생태계가 유지되어 조류와 다양한 담수, 해양생물들이 생존하고 있다. 다만, 조차가 큰 서해안, 남해안으로 유입되는 규모가 큰 하천은 장마나 집중호우시 해수가 역류하여 하류지역에 홍수 및 염해가 발생한다. 이를 막기 위한 대책으로 방조제와 하구둑을 건설하여 염해 방지, 용수 확보, 농경지 확보, 교통로, 관광지로 이용하고 있지만 결국은 생태계가 훼손되고 이를 기반으로 살아가는 어민과 동식물의 터전이 없어지는 개발과 보전의 갈등이 발생되고 있다.

우리나라의 강우 현상은 여름철에 집중호우가 발생하고, 하천의 유역 면적이 좁고, 삼림 개발이 진행되어 하천 유수량 변동이 심하다. 즉, 하천의 최고 수위와 최저 수위와의 차이인 하상계수가 커서 유수량의 70%가 수자원으로 이용되지 못하고 바다로 흘러가고 있다. 이를 극복하기 위해 다목적 댐의 건설을 늘렸고 조림사업을 지속적으로 펼쳐서 지금은 오히려 녹조현상 발생으로 환경오염을 염려해야 하는 상황이다. 하천이용의 극대화를 하기 위해 한강, 낙동강, 금강, 영산강의 4대강을 한꺼번에 개발하여 보(洑)건설, 하천유역을 정비하고 여가 공간을 확충하였지만 지속적인 관리 부족, 하천개발의 역효과 등이 발생하면서 현재는 절반의 성공밖에 나타나지 않고 있다.

〈(좌)금강 하구언 / (우)새만금 방조제, 배수 갑문〉

---

34) 해양과 육지의 경계 지역의 해안 호소(湖沼)나 하구(河口) 등지에서 해수(짠물)와 담수(민물)가 혼합되어 형성되는 영역으로 하구역(河口域, Estuary)이라고도 한다.

(2) 곡류하천(曲流河川, Meander)

한국의 하천은 산이 많고 하천 주변 지형의 경연(硬軟)의 차이로 곡류하천이 대부분이다. 곡류는 감입곡류와 자유곡류로 구분할 수 있는데, 감입곡류천은 자유곡류천이 지반의 융기로 원래의 하도를 유지하려는 관성이 작용하여 하방침식이 진행되어 형성한다. 한강, 금강 등 큰 하천의 중·상류에서 볼 수 있고, 과거 하천이 지나갔던 지역이 지금은 흔적만 남아 있는 경관 등은 오지의 특이한 자연경관으로 관광자원의 역할을 하고 있다. 특히 영월의 청령포는 단종을 유배시킬 만큼 교묘한 천연감옥의 역할도 하였다.

〈강원도 정선군 병방치, 감입곡류35)〉

《(좌)대만 화련, 대리석 협곡 / (우)남한강 상류의 감입곡류하천: 영월의 청령포(단종 유배지)》

자유곡류하천은 뱀처럼 움직인다고 하여 사행천(蛇行川)이라고도 한다. 충적평야(범람원)를 통과하는 소규모 하천(만경강, 동진강, 삽교천)이나 큰 하천의 지류에서 나

---

35) 강원대 지리교육과 김창환교수 제공

타나고 S자형으로 유로 변경이 심하며 하천 곳곳에 하중도, 우각호, 하식애 등을 발달시킨다. 현재는 직강화 공사 및 개간으로 점차 사라져 가고 있다.

〈한국 서남부 지역: 자유곡류하천〉

사진은 한국 서남부 지역에서 볼 수 있는 사행천인데 주변에는 범람원의 배후습지와 소택지 등이 잘 발달되어 있다

3) 관광활동과 평야 지형

한국의 평야는 그 오랜 지형변화의 연속성에서 만들어진 침식평야가 대부분이고 하천 주변에는 하천의 퇴적평야인 충적평야가 분포하고 있다.

(1) 침식 평야

침식평야는 한국의 대표적 평야로 구릉성 침식지와 침식분지로 구분할 수 있다. 구릉성 침식지는 기복이 약한 산지가 오랜 침식을 받아 형성된 구릉지로 한반도의 서남부 지방에 발달하고 있는데 주로 밭, 과수원, 임야, 계단식 논, 취락 등이 발달하고 토지이용이 다양하다.

침식분지는 풍화에 약한 화강암 지역이나 두 하천이 합류하는 하천의 중상류 지점에 하천의 차별침식으로 형성되는데 한반도의 대부분 내륙지방의 농촌 및 도시가 형성되어 있는 곳이고 현재는 교통요지로 발달하고 있다.

사진은 전형적인 침식분지인 강원도 양구군의 해안분지와 단면도로 이 지역은 6.25 전쟁 당시 미군 정찰병들이 과일화채를 담는 그릇과 흡사하다고 하여 펀치 볼(Punch Bowl)이라는 별명이 붙여졌다.

한반도의 주요 침식분지는 백두대간이 발원지인 한강 유역의 충주, 제천, 원주, 영월, 춘천, 펀치볼 등이고, 낙동강은 대구, 안동, 거창 등의 침식분지를 발달시켰다. 금강이 만든 침식분지는 옥천, 영동, 공주이고 섬진강이 만든 분지는 남원, 구례, 임실, 순창 등이다.

〈강원도 양구군의 해안분지〉

(2) 충적평야

충적평야는 하천에 의해 운반된 토사가 쌓여서 이루어진 평야로 퇴적평야의 대표적 형태이다. 하천의 상류에는 선상지, 중류에는 범람원, 하구에는 삼각주 등을 형성한다.

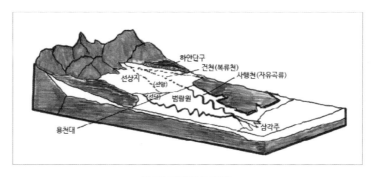

〈충적 평야의 모식도〉

① 선상지(扇狀地, Alluvial Fan)

선상지는 하천의 상류에 발달하는데 산지와 평지가 만나는 곡구(谷口)에 있는 부채꼴 모양의 지형(사력질)으로 한국에는 급경사 지형이 발달 미약하여 분포가 빈약하다.

② 범람원(汎濫原, Flood Plain)

범람원은 하천이 범람할 때 침수, 퇴적되는 지역으로 우리나라 하천은 유황이 불안정하여 홍수가 잦으므로 범람원의 발달이 현저하다. 특히, 지금은 하천 정비 사업으로 많이 사라졌지만 자연제방, 우각호(구하도), 배후습지 등이 분포하고 있다.

③ 삼각주(三角洲, Delta)

삼각주는 하천 하구에서 유속의 급격한 감소와 해수의 작용으로 하천의 운반물이 퇴적되어 형성하는데 우리나라의 경우 조류의 영향이 커서 하구에 퇴적되지 않아 삼각주 발달이 미약한 반면에 간석지가 넓게 나타나고 있다.

④ 하안단구

하안단구는 하천 양안에 발달한 계단상의 지형으로 과거 하천의 하상과 범람원이 융기되어 형성된다. 한국의 경우 강원도 산간지역에서 볼 수 있으며, 아래의 사진은 감입곡류천인 내린천의 하안단구이다.

〈강원도 영월군 영원읍 하안단구36)〉

---

36) 출처: 강원대 지리교육과 김창환교수 제공

⑤ 간척지(간척평야)

간척지는 얕은 바다를 간척하여 만든 평야로 염분을 제거 한 후 농경지로 이용하는데 서해안에 넓게 분포하고 있다. 과거에는 풍요의 상징이었으나 현재는 갯벌의 생산성과 육지의 농작물 가치를 비교하는 대상이 되고 있으며, 쌀이 남아도는 상황에 농지보다 산업용지, 관광레저용지로의 전환을 더 고민하고 있는 지역이다.

〈전남 영산강 하구언과 간석지 평야〉

⑥ 해안평야

해안평야는 지반의 융기나 해수면의 하강으로 육지화된 평야로 동해안에 주로 분포하고 있는데 동해안을 따라 북쪽으로 올라가다 보면 태백산맥을 끼고 오른쪽 편에 잘 나타나 있다.

땅과 관광지리

벽골제와 전통적 지방구분의 기준

김제는 우리나라에서 유일하게 지평선을 볼 수 있는 곳으로 만경강(萬頃江)과 동진강(東津江)이 만들어낸 호남평야(湖南平野) 위에 발달된 도시이다. 이곳에서 지평선 축제를 개최할 수 있는 배경은 지평선을 볼 수 있는 너른 평야가 있고, 벽골제가 있어서 우리나라 쌀 재배의 기원이라고 추측하는 곳이기 때문이다. 즉, AD 330년에 축조한 한국 최초의 대형저수지인 벽골제가 있다는 지역성을 그대로 축제로 반영한 것이다. 이것이 인정되고 한국의 농경문화를 잘 표현하여 한국의 대표축제까지 오르게 되었다.

이처럼 한국의 지방은 주로 산맥이나 강을 경계로 자연적으로 구분되기도 하고, 도(道) 단위의 행정구역을 경계로 지방을 지칭하기도 한다. 그림의 한국의 지방명칭 구분에 대한 근원은 다양하게 해석할 수 있지만 지리적 배경에 의해 유추하면 다음과 같다.

삼국시대에 축조한 벽골제는 그 당시 수많은 인력을 투입하여 축조한 대규모 인공호수로서 그 시대 사람들에게 각인되어 방향의 이정표 역할을 하였다. 김제의 벽골제호(碧骨堤湖)를 경계로 해서 전라도를 호수의 남쪽이란 의미의 호남지방이라 부르고, 충청도를 호수의 서쪽이란 의미의 호서라고 부른다. 또한 제천에는 의림지호(義林池湖)가 있기 때문에 충청도를 호서라고 하는 두 가지 견해가 있다. 경상도의 고을들은 한양으로 가는 영남제일로의 중심인 조령(새재) 남쪽에 있기 때문에 영(嶺)의 남쪽이란 의미의 영남이라고 부른다. 황해도는 경기해(京畿海)의 서쪽에 있으므로 해서라고 불렀다.

고려 성종 때 전국을 10도로 편성하는 과정에서 오늘의 서울·경기 일원을 관내도(關內道)라고 하였기에 관북이라는 명칭은 관내도의 북쪽에 위치한 땅이라는 데서 명명되었다고 할 수 있다. 또 다른 관점으로는 고려시대에 함경도로부터 서울로 들어오는 요충지인 철령관(鐵嶺關)이 있었고 그 관문의 북쪽지방이라는 유래도 있다(역대아람, 歷代兒覽). 이곳을 중심으로 동쪽을 관동, 서쪽을 관서, 북쪽을 관북이라 하였다. 그래서 강원도 지역을 관동이라고 하고 태백산맥을 경계로 동쪽은 영동, 서쪽은 영서라고 부른다.

이러한 각 지방의 명칭들은 오랜 시간을 통해 정착되었으므로, 일정한 사회적인 규약처럼 굳어져 그대로 사용되고 있다.

《(좌)한국의 지방 구분 / (우)김제의 벽골제 수문: 장생거》

4) 관광활동으로 해안지형

(1) 한반도 해안선의 특색

① 서해, 남해안(침강 해안)

서남해안은 일명 리아스식 해안이라고 한다. 스페인의 북서부 대서양 해안의 RIA 라는 지역에 발달하는 복잡한 해안선의 이름을 따서 붙여진 명칭이다. 서해안 방향으로 흐르는 하천 사이에 발달한 산맥이 해안선과 만나게 되면서(침강) 저기복의 구릉성 지형과 산지의 말단부가 침수되어 복잡한 해안선과 섬이 산재되어 있다. 특히, 한국의 서해안 지역은 수심이 낮고 조수간만의 차가 커서 간석지가 넓게 발달하고 있다. 이것을 극복하기 위해 군산에는 뜬다리 부두, 인천에는 수문식 도크를 설치해 대형 선박의 이동이 조수의 영향을 받고 선박의 정박이 가능하도록 하고 있다.

간석지와 섬, 굴곡진 해안선에 보고 느낄 수 있는 해안 경관과 다양한 어촌체험은 과거에는 척박한 삶의 증표가 되었지만 지금은 이색적이고 매력적인 관광자원이 되고 있다. 특히, 섬은 특이한 해안 절경, 섬사람들의 인정, 혹독한 자연환경에 적응해온 어촌마을 경관 등의 매력적인 요소와, 아무 때나 갈 수 없는 곳이라는 애절한 사연까지 덧 붙여져 관광객들의 선호가 높아지고 있다. 그러므로 섬 주민들의 삶의 질 개선을 위해 서·남해안에서 건설 중인 연륙교(連陸橋)의 경제적 가치와 섬 본연의 고유한 가치와의 균형된 평가를 하여 개발 여부에 최적의 선택을 해야 한다.

〈남해안의 해안 경관: 거제도 병대도 전망대〉

② 동해안(융기 해안)
동해안은 태백, 함경산맥(백두대간)이 해안과 나란히 달리며, 동해 쪽으로 급경사를 이루어 해안선이 단조롭다. 그러므로 활발한 파랑 작용으로 사빈, 사구, 석호 등의 발달이 현저하다.

(2) 해안 퇴적 지형에서 볼 수 있는 특징
해안 퇴적 지형은 해양의 조류와 파랑, 연안류의 작용으로 해안가에 퇴적이 용이한 모래와 진흙 등을 형성하면서 다음과 같은 다양한 지형을 형성해내고 있다.

① 사질(모래) 해안
해안으로 유입하는 하천이나 주변 주형의 영향을 받아 모래가 많은 해변을 사질 해안이라고 한다. 사질 해안에는 사빈, 해안사구, 사주, 육계도 등이 조류와 연안류의 이동에 따라 끊임없이 생성되고 변화된다.

사빈(沙濱, Beach) | 사빈, 즉 모래해변은 파랑과 연안류가 해안을 따라 모래를 쌓아 올려 형성된 퇴적 지형으로 하천이 운반하는 토사량이 많고, 파랑이 활발하며, 조

차가 작은 곳에 발달이 활발하다. 동해안에 암석이 있는 해변을 제외하고 대부분의 해안가에 발달하고 어항과 어촌촌락 그리고 주요 해수욕장으로 이용하고 있다.

〈동해안의 사빈: 속초 해수욕장〉

해안사구(海岸砂丘) | 해안사구는 사빈의 모래가 해풍을 타고 육지로 이동되어 퇴적된 모래 언덕으로 한반도의 모든 바닷가에서 볼 수 있다. 모래 섞인 바람을 막기 위해 우리 선조들은 전국의 바닷가에 방풍림과 방사림을 조성하여 해안가에서도 농경지를 유지할 수 있었는데, 현재는 그곳에 관광용 숙박시설, 공공시설물, 횟집 조성 등으로 훼손이 심각하여 농경지의 염해, 모래가 내습하여 그 폐해가 심각하게 발생하고 있다.

그나마 한반도의 대표적 사구인 태안 신두리 사구는 생태관광지로 보존을 받고 있다. 형성 시기는 신생대 빙하기 이후 1만 5천년 전부터 형성되기 시작하였고 지금도 활발히 활동하고 있다. 전체 규모는 북서 방향으로 약 3.4Km, 사구 폭 1.3Km, 총면적 2백여 만㎡으로 1차 사구와 2차 사구, 그 사이에 사구 습지까지 볼 수 있는 전형적인 해안사구 지역이다.

〈충남 태안군 안면도 오션 캐슬앞 방사림 훼손〉

〈(좌)충남 태안군 신두리의 해안 사구 / (우)신두리 사구 습지〉

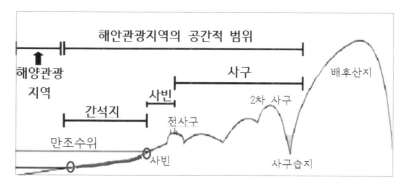

〈해안관광지역의 공간적 범위와 구성요소〉

사주(沙柱) | 사주는 연안류에 의해 운반된 해안가 모래가 바다쪽으로 둑 모양으로 뻐져나와 형성된 해안 지형으로 해안에 구조물이 축조되면서 계속 사라져가는 지형이

기도 하다. 그 모양이 새부리처럼 된 것은 사취라고 한다.

　육계도(陸繫島)

　육계도는 사주, 사취의 발달(육계사주)로 육지와 연결된 섬으로 제주도의 성산 일출봉, 진도의 회동리와 모도를 연결하는 신비의 바닷길, 영흥만의 호도 반도, 안면도 꽃지 해수욕장 등에서 볼 수 있고 유명 관광지로 개발되어 있다.

〈(좌)무창포, 신비의 바닷길 / (우)통영, 소매물도 전경〉

〈(좌)제주도, 성산 일출봉의 육계도와 육계사주 / (우)진도, 신비의 바닷길〉

땅과 관광지리

한국판 모세의 기적

　'신비의 바닷길37)'이라고도 불리는 진도의 바다 갈림 현상은 진도군 고군면 회동리와 의신면 모도리 사이 2.8km의 바다가 매년 음력 2월 말에서 3월 초에 조수 간만의 차로 해저의 사구(沙丘)가 드러나면서 바닷길이 갈라지는 것처럼 보인다 하여 붙여진 이름이다. 폭 10~40m의 길이 물 위로 드러나 바닷길을 이루는데 이때 영등 축제가 열려 진도의 민속민요 등 다채로운 행사가 펼쳐진다. 이는 해류의 영향으로 육계사주(陸繫沙州)가 발달한 바다 밑이 조수 간만의 차로 바닷물이 낮아질 때 그 모래 언덕이 수면 위로 드러나 신비로운 현상으로 보이는 것이다.

바다 갈림 현상은 진도 외에도 충청남도 보령의 무창포 등을 비롯하여 전국에 약 20여 곳에서 발생하는데, 그 가운데 진도에서의 규모가 가장 크게 나타난다.

석호 | 석호는 바닷가에 있는 호수인데, 빙기 때 해수면 하강으로 형성된 계곡이 후빙기 해면 상승으로 만으로 변하고 그 전면에 사주나 사취가 발달하여 형성된 호수로 동해안의 경포호, 청초호, 영랑호, 화진포 등의 주요 관광지가 형성되어 있는 호수들이다.

〈속초시 청호동의 청초호와 갯배: 가을동화 촬영지〉

② 미립질 해안

미립질 해안에는 흔히 갯벌이라고 불리는 간석지(干潟地)가 발달한다. 간석지의 형성은 바다로 유입된 하천의 퇴적물이 조류의 작용으로 형성(서해안에 넓게 분포)되는데 만조 시에는 침수되고, 간조 시에는 드러나는 해안의 퇴적 지형이다.

갯벌의 역할은 어패류 및 동식물의 서식지 역할도 하지만, 가장 중요한 기능은 다량의 유기물질이 하천의 하류로 지속적으로 공급되는데 이를 그냥 둘 경우 해수를 오염시키지만, 갯벌에 사는 다양한 미생물들에 의해 분해되면서 갯벌을 기름지게 한다. 하지만, 갯벌체험장과 극기훈련장 등으로 주목받고 있지만 아주 위험한 곳이기도 하다. 펄 갯벌로 가운데의 갯골은 물이 흐르는 길로 규모가 큰 것은 수로로 이용되기도

---

37) 2000년 3월 14일 전라남도 명승 제9호로 지정

하지만 빠지면 헤어나기 힘들어 사고가 잦은 곳이므로 각별히 조심해야 한다.

현재 간석지는 해양 생태계 변화를 가장 민감하게 대변하는 지역으로 기존 어패류 양식장과 염전은 대규모 간척사업을 거쳐 농경지, 택지, 산업시설, 항만 시설, 골프장 등의 건설로 생태계를 파괴하는 대표적 공간이 되고 있다.

〈강화도 갯골〉

〈새만금 방조제[38]〉

---

38) 새만금 방조제: 전북 군산에서 고군산 군도와 변산반도를 잇는 방조제로 길이 33km의 세계 최장의 방조제

땅과 관광지리

갯벌의 생산성과 머드 축제

간석지는 육지로부터 흘러나오는 오염물질을 정화하고 조간대는 수많은 해양 생물이 서식하는 공간이며, 어업 및 양식업의 터전이기도 하다. 따라서 간석지를 개발할 때는 자연생태계 파괴에 따른 문제점, 실질적 소득(간석지를 보존하면서 얻는 어업 소득과 간척지로 개간해 얻는 농업 소득과의 차이)까지 고려해서 신중하게 판단해야 한다.

서해안의 대표축제인 보령 머드 축제는 매년 여름 대천해수욕장에서 개최하는 한국의 대표축제인데 이곳은 모래 해변이기 때문에 진흙, 즉 머드가 없어서 인근 지역에서 퍼 날라와 정화작용을 하여 축제장의 머드 체험객들에게 제공하는 축제이다.

〈서해안의 갯벌〉

(3) 해안 침식 지형에서 볼 수 있는 특징

해안 침식 지형은 해안의 구성물질이 단단한 암석으로 구성되어 해양의 조류와 파랑이 지속적으로 침식작용을 하면서 다음과 같은 다양한 지형을 형성해내고 있다.

① 해식애, 해식동

바닷가 암석해안에서 자주 볼 수 있는 절벽과 동굴을 의미하는데, 파도에 의해 침식된 절벽 전면에 해식동굴이 잘 발달한다.

〈(좌)부산 태종대: 해식애 / (우)남해안 한려해상국립공원: 해식동과 사자바위〉

〈제주도, 우도의 검멀레 사빈과 동안경굴: 해식애와 해식동〉

〈제주도 서귀포, 소정방 폭포와 해식동〉

② 파식대

파식대는 파랑의 침식에 의해 해식애 전면에 생긴 완경사의 침식평탄면으로 그 위에 시스텍(Sea Stack: 암석의 경연의 차이로 인해 단단한 암석이 섬처럼 드러나 있는 지형)과 시아치(Sea Arch) 등이 발달하는 암석해안 경관이다.

〈(좌)안면도 꽃지 해수욕장: 육계도와 파식대, 시스텍 / (우)섭지코지의 올인 촬영장소: 해식애와 시스텍〉

③ 해안단구

해안단구는 해수면 변동과 지반의 융기로 형성된 해안가 계단 모양의 지형으로 주로 동해안에 발달하고 있는데 취락(열촌), 교통로, 밭으로 이용되고 있다. 이 경관은 동해안의 바닷가에서 태백산맥 쪽을 바라보면 잘 드러나 있다.

〈동해안 전동진. 심곡 해안단구〉

(4) 해안관광지역의 중요성

이제까지 설명한 해안지형의 구성요소 중 해안관광지역으로 활용할 수 있는 공간적인 범위는 간석지(Tidal Mud Flat), 사빈(Sandy Beach), 사구(Sand Dune)로 구성되며, 해안의 유기적인 시스템 유지를 위한 중요한 역할을 하며, 관광학적으로도 최종목적지로서의 가치를 지닌다. 그러나 이제까지 한국의 관광 개발 역사에서 해안개발은 그 특성을 무시한 무분별한 관광지화로 경제적 효율성만을 추구한 개발로 이어졌으며, 개발에 따른 해안시스템의 파괴로 지속적으로 해안관광지의 상실로 이어지고 있다. 또한 국민들의 여름 휴가지로 각광을 받았으나 단편적인 해수욕장 이용, 하계 및 동해안 편중 현상 등의 특성으로 다양한 발전 형태를 창출하지 못하고 있다. 그렇지만 앞으로 해안관광은 국민관광의 전반적인 증가로 인해 해안의 이용형태와 관심영역이 해양레저스포츠(요트, 보트, 서핑 등), 해안체험활동 등으로 더욱더 다채로워질 전망이다. 이에 여름철에만 그리고 유명해수욕장으로 집중되는 이용행태를 사계절 이용, 다목적 이용방안으로 모색해야 할 시점이 되었다.

5) 관광활동공간으로서 석회석(카르스트) 지형

(1) 형성원인과 분포

석회암 지형은 석회암이 지상에서는 빗물이 지하에서는 지하수와의 화학작용인 용식 작용을 받아 형성한다. 한반도에서는 주로 고생대 조선계 지층에 분포하는데 평남,

황해도, 강원남부, 충북 북동부에 발달해 있다.

(2) 주요 지형

석회암의 용식작용으로 지상과 지하에 다양한 형상을 연출하는데, 지상에는 돌리네(지표에 용식된 원형 또는 타원형의 와지)→ 우발라 → 폴리에를 형성한다.

〈(좌)중국 계림: 탑상 카르스트 / (우)베트남 하롱베이: 탑상 카르스트〉

지하에는 석회동굴을 형성하는데 지하로 흘러든 빗물은 동굴 천정에 매달리는 순간 탄산칼슘을 응집시키면서 종유석과 석순을 자라게 하여 지하세계의 오묘한 조화를 만들어낸다.

〈석회동굴의 석주: 베트남 하롱베이
석회동굴〉

(3) 토양과 활용

석회암 지형에서 형성되는 테라로사는 석회암이 용식된 후 불용성 물질(Al, Fe)이 남아 산화된 적색의 미립질 토양이다. 석회암 성분의 토양은 지표수가 부족하고 하천의 경우 건천(乾川)이 흔해 밭농사가 주로 이루어진다.

이 지역은 석회암이 주원료인 시멘트 공업이 발달하고, 석회동굴이 형성되어 경이로운 동굴경관과 여름엔 서늘하고 겨울에는 따뜻하여 동굴개발 초기에는 관광산업이 잘 발달된다. 하지만 동굴관광자원의 문제점은 동굴이 형성하기에는 수천 년이 소요되지만, 관광객의 무지로 인한 파괴는 순간적으로 진행될 수 있으므로 각별한 보존이 필요하고, 단조로운 동굴 감상은 쉽게 식상할 수 있는 관광자원이므로 지속적 방문을 유도하는 프로그램이 요구된다.

6) 관광활동공간으로서 화산지형

(1) 화산지형의 형성과 형태

화산지형은 신생대 3기 말(점성이 큰 조면암질 용암 분출)~4기 초(점성이 적은 현무암질 용암 분출)에 형성되었는데 화산지형의 형성과 형태는 다음과 같이 다양하다.

〈(좌)필리핀 피나투보, 화산지대 / (우)필리핀, 따알 이중 화산〉

〈이탈리아, 베수비오 화산〉

① 용암대지(鎔巖臺地, Pedionite)

용암대지는 지각운동에 의해 생긴 좁고 긴 균열을 따라 현무암질 용암이 분출하는 열하분출에 의해 형성되는데 한반도의 경우 북부의 개마고원, 중부의 철원, 평강, 연천 등에 발달되어 있다.

② 순상화산(楯狀火山: Aspite)

순상화산은 유동성이 큰(점성이 적은) 용암이 넓게 퍼져서 생긴 방패 모양의 화산으로 백두산 산록, 한라산 산록에 주로 분포한다.

③ 종상화산(鐘狀火山: Tholoide)

종상화산은 유동성이 적은(점성이 큰) 용암이 넓게 퍼지지 못하고 종 모양으로 형성된 화산(조면암, 안산암)으로 백두산 산정 부분, 한라산 산정 부분에 해당된다.

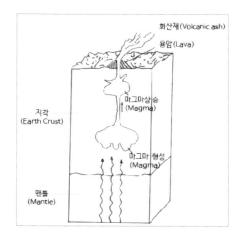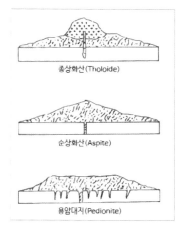

〈화산지형의 형성과 형태〉

④ 이중화산

이중화산은 칼데라 내에 소규모의 분화구(중앙화구구)가 다시 생긴 화산으로 이중체 환산의 형태로 울릉도의 성인봉의 나리 분지와 알봉이 바로 그것이다.

⑤ 용암동굴(Lava Tunnel)

용암동굴은 용암이 계곡 등을 따라 흘러내릴 때 표면이 먼저 냉각되어 굳어진 후에도 지표 속에서는 고온의 액체 상태를 유지하여 흘러내려 공동(空洞)으로 형성된 동굴로 제주도의 만장굴, 협재굴, 쌍룡굴 등이 이에 해당된다.

⑥ 주상절리(柱狀節理)

주상절리는 지연의 오묘함을 느낄 수 있는 대표적 화산지형으로 용암이 공기 또는 물을 만나게 되면서 표면이 먼저 급속히 냉각되면 표면에서 아래쪽으로 갈라지면서 수

축이 일어나 절리(갈라진 틈)가 6각형의 망을 이루며 형성된다. 무등산 정상의 서석대처럼 내륙 쪽에도 발달 되지만, 주로 해안가에 발달 된 주상절리는 바다와 더불어 신묘한 경관을 연출한다. 이 화산지형은 변형이 쉬운데 하천이나 해안에서 기반층이 먼저 침식되면 기둥 모양으로 무너져 내리기에 보존에 별도 신경을 써야 한다. 주상절리대는 서귀포시 중문동에서 대포동에 이르는 해안을 따라 약 2km에 걸쳐 발달해 있고, 이곳 외에도 중문 예래동 해안가, 안덕계곡, 천제연폭포, 산방산 등에도 주상절리가 발달해 있는 제주의 대표적인 관광지로 관광객들의 방문이 끊이지 않고 있다. 대포동 주상절리는 '지삿개'라는 중문의 옛 이름을 따서 '지삿개 주상절리'라고도 부른다.

〈제주도 지삿개 주상절리〉

⑦ 칼데라와 화구[39]

칼데라와 화구는 언뜻 구분하기 힘든데, 화산이 폭발할 때 생긴 분화구를 화구(火口)라고 하며, 화구 중에서 격렬한 폭발이나 화구의 함몰로 인해 형성된 거대한 분화구를 칼데라라고 한다. 대표적인 백두산의 천지 너비는 3.58km이고, 둘레는 14.4km, 면적은 9.18㎢로 엄청남 규모이다. 천지의 가장 깊은 곳은 384m로 평균 깊이는 214m이고 천지 수면의 해발고도는 2,194m이다. 이처럼 천지는 전형적인 칼데라호이고, 한라산의 백록담(지름 약 500m, 둘레 약 3km)은 화구호이다.[40]

39) 화산의 분화구는 그 크기에 따라 직경 2km 이상은 칼데라(Caldera 스페인어의 가마솥)와 이하는 화구로 나뉜다.
40) 백두산 화산: 지리 지질 생태 관광, 2011,7. 김한산, 시그마프레스

⟨(좌)백두산의 천지: 칼데라호 / (우)한라산의 백록담: 화구호⟩

(2) 화산지형의 분포와 형성원인

① 개마고원, 철원, 평강, 연천 일대
용암대지로 지각의 갈라진 구조선을 따라 열하분출 하여 형성된 대지이다.

⟨철원의 용암대지와 한탄강: 고석정⟩

② 백두산
백두산은 화산지형의 백과사전으로 산정부는 조면암의 종상화산이고, 산록부는 현무암의 순상화산이며, 천지는 화구가 함몰되어 형성된 칼데라호이다.

《(좌)백두산의 산정 부분: 북파 쪽, 천문봉 / (우)백두산의 산록 부분: 장백폭포 협곡과 산록》

③ 제주도의 화산지형 분포

한라산은 백두산과 더불어 한국 화산지형의 백과사전인데 산정부는 종상화산이고, 백록담의 화구호를 가지고 있으며, 산록부는 순상화산이고, 기생화산(측화산·오름·악(岳)으로 불림)은 총 368개가 분포하고 있다.41) 그리고 해안가에는 한라산에서 흘러내린 용암에 의해 용암동굴인 만장굴, 협재굴, 쌍룡굴, 김녕사굴이 형성되어 있다.

《(좌)제주도 표선면 따라비 오름에서 본 오름군락 / (우)제주도의 오름: 오름 군락, 아부오름》

제주도 해안가에는 한라산록에서 스며든 빗물이 용천(湧泉)하여 다양한 경관을 연출하고 있는데 해안폭포로서 정방, 천지연, 천제연 폭포가 그것이다. 또한 한라산과 산록에서 분출한 용암이 저지대로 흐르다가 바닷물을 만나 순식간에 냉각되면서 해안가에 주상절리대를 발달시켰는데 천제연, 천지연, 정방 폭포 주변의 주상절리대와 지삿개, 박수기정 등이 대표적이다. 인간의 거주환경에 가장 중요한 식수원의 공급이 되는 것이 하천인데 제주도의 산록부의 하천은 전부 복류천(伏流川)으로 지하로 스며들었다가

---

41) 홍창유, 2019, 오름 생태자원 보전 거버넌스 활성화 방안 연구, 제주연구원

해안 지대에서 용천하여 우물로 사용하고 이 일대에 취락과 밭이 분포하고 있다.

　대중적으로 알려지지 않았지만 숨겨져 있는 절경을 비경이라고 한다. 전국에 그러한 경관이 많지만 제주도에도 그러한 곳이 많다. 한라산에서 발원한 영천과 효돈천은 하류지점에서 서로 합류되고, 평상시에는 건천이지만 여름철 폭우 시 주변 산지에서 유입된 유수가 강력한 에너지의 급류가 되면서 협곡 내 조면암질 화산암을 하방, 측방침식을 거듭하면서 기기묘묘한 계곡을 형성하고 쇠소깍을 통해 서귀포 바다에 이르게 된다. 영천과 효돈천 계곡 주변에서는 난대식물대, 활엽수림대, 관목림대, 고산림대 등 한라산의 모든 식물군이 자리 잡고 있다. 특히, 법적으로 보호받고 있는 한란, 돌매화나무, 솔잎란, 고란초, 으름난초 등이 자생하고 있는 것으로 알려져 있다. 이곳을 유네스코가 주목하여 생물권보전지역으로 지정하였다.

〈(좌)중문의 천제연 제1폭포: 주상절리 / (우)제주도 해안가 용천: 화순 해수욕장〉

〈(좌)박수기정 / (우)효돈천 계곡〉

《(좌)쇠소깍 / (우)성산 일출봉》

④ 울릉도

울릉도는 조그만 지역에서 다양한 화산지형을 볼 수 있는 곳으로 이 모든 것이 주요 관광자원의 역할을 잘 수행하고 있다. 울릉도 화산체는 점성이 큰 조면암과 안산암으로 종상화산이고 이중화산으로 성인봉(외륜산)과 알봉(중앙화구구)을 한가운데 품고 있다. 특히, 성인성 정상부의 나리분지는 칼데라 분지로 산촌이 형성되어 있고 농경지로 활용하고 있다.

《(좌)울릉도의 성인봉과 나리분지[42] / (우)울릉도 알봉[43]》

---

42) 출처: 울릉군청 문화관광 홈페이지
43) 출처: 울릉군청 문화관광 홈페이지

〈울릉도의 코끼리 바위(공암)44)〉

땅과 관광지리

제주도 들불 축제45)와 오름관광

제주도에서는 해마다 겨울철이면 가축 방목을 위해 해묵은 풀을 없애고, 해충을 구제하기 위해 마을별로 들불놓기를 하는 풍습이 있었다. 병충해를 없애고 그 재가 토양의 영양분이 되어 목초를 잘 자라게 하는 기능을 발휘하기 때문이다. 이것을 축제로 승화시켜 불[火]·말[馬]·달[月]·오름[岳] 등의 소재와 제주의 전통 민속자원을 극대화하고, 오름 전체에 불을 놓아 화산이 분출하는 것과 같은 웅장함을 맛보게 하는 것이다. 그 장엄한 들불의 향연은 애월읍 새별오름에서 들불축제를 통하여 재현하고 있다.

오름은 이제까지 외지 관광객에게는 관심이 없는 곳이었지만, 제주민에게는 삶과 죽음의 공간이었다. 제주도 오름의 지형학상의 명칭은 기생화산, 측화산이지만, 보다 정확하게는 분석구(噴石丘, Cinder Cone)이며 폭발식 분화에 의해 화산쇄설물이 화구를 중심으로 집적되어 있는 원추구(圓錐丘)를 의미한다. 높이는 대개 200~300미터 내외로 규모가 작고 쇄설물이 분화구 사면에 쌓여서 그 사면의 각도가 급한 곳이 많다. 또한 일반적으로 깔때기 형태의 화구가 있는 것이 일반적이지만 이러한 형태의 화구가 없는 경우도 있다.46)

제주도에서 오름 관광이 태동하게 된 배경은 육지관광객들의 관심증대가 그 첫 번째 배경이고, 이효리의 제주 정착으로 그녀가 트위터에 올린 새별오름은

---

44) 출처: 울릉군청 문화관광 홈페이지

일약 관심 있는 관광지로 부각하였다. 두 번째는 1990년대 중반부터 오름에 대한 제주도민의 관심이 증대되었기 때문이다. 그 결과 많은 오름 동호회와 답사팀이 활발한 활동을 전개하고 있고, 오름을 통한 생태·환경학교가 꾸준하게 운영되고 있다. 세 번째는 제주도민의 기호변화에 있다. 육지와 마찬가지로 경제적 능력과 여가 기회가 확대되면서 섬이란 특수성으로 갈 곳이 마땅치 않았고, 일상 속의 여행은 제주도에 국한될 수밖에 없다. 이러한 상황에서 도민들은 육지의 관광객과 구별되는 장소를 찾고자 했다. 관광객과 자신들을 공간적으로 '구별 짓기'(배타적 공간)를 원했던 것이다. 결국 이와 같은 일종의 '분류의 투쟁'은 제주도에서 여가공간의 확대를 가져와 관광 공간의 탈분화를 더욱 증폭시키는 결과를 가져왔고, '오름관광'을 탄생시키는 결과를 가져왔다.[47]

〈제주, 새별 오름〉

참고문헌

기상청, 국가기후 데이터 센터
김영표·임은선·김연준, 2004, 한반도 산맥체계 재정립 연구: 산줄기분석을 중심으로, 국토연구원
김영표·임은선, 2005, 한반도 산맥체계의 변천과 문제점분석, 국토연구 제45권, 국토연구원
김영표 임은선, 2005, DEM을 이용한 한반도 산맥체계 재설정에 관한 연구, 국토연구 제47권, 국토연구원
김종은, 2000, 관광한국지리, 삼광출판사
김진원, 2006, 해안관광지역의 지속가능성에 관한 연구, 경희대학교 대학원 석사학위논문
권혁재, 1999, 한국지리, 법문사

---

45) 제주들불축제, 두산백과
46) 권혁재, 1999, 한국지리, 법문사
47) 오정준, 제주도의 지속가능한 관광에 관한 연구, 2003, 서울대학교 지리학과 박사학위논문

김덕일 홈페이지(210.217.248.140/edugeo)

기상청 산업교통기상과 홈페이지(203.247.66.46/home/index.html)

대일외고 사이버지형 답사교실(www.daeil.or.kr)

백두대간 보전 시민연대 홈페이지 (www.baekdudaegan.org)

안강일 홈페이지 (www.angangi.com)

월간 「산」, 1994. 3월호

우리산맥 바로세우기 포럼 홈페이지

윤병국 외, 2011. 9월, 우리나라 커피재배의 미래 지향성에 대한 탐색적 연구, 한국사진지리학회지, 제21권 제3호, pp. 139∼152, 한국사진지리학회

윤병국·김홍길, 2018.9, 한국 전통산사(山寺)의 야생차산지 관광테마 개발을 위한 스토리텔링, 관광객의 지각된 가치, 만족, 행동의도 간의 구조적 영향 관계와 매개효과, 유라시아연구 15권 3호, 아시아·유럽미래학회

이연희, 2012, 치유의 숲 산림관리 기법에 관한 연구, 국민대학교 박사학위논문

이우평의 지리세계(ssrr.new21.net)

오정준, 2003, 제주도의 지속가능한 관광에 관한 연구, 서울대학교 지리학과 박사학위논문

지리세계 홈페이지(geoworld.new21.org)

지오세상 홈페이지(www.geosesang.com)

지오스토리 홈페이지(www.geostory.pe.kr)

정태홍, 윤병국 외, 2002, 한국의 지리적 환경과 관광자원, 여행과 문화

한라산 국립공원 홈페이지

한방의료관광협회·한국관광연구학회, 2013. 3, 산림치유, 템플스테이, 한방음식 & 한방의료관광 융복합 프로그램 개발 심포지엄, 산림 치유의 동향과 한방의료관광과의 연계 방향, 김기원((사)한국산림치유포럼 이사, 국민대 산림환경시스템학과 교수)

홍창유, 2019, 오름 생태자원 보전 거버넌스 활성화 방안 연구, 제주연구원

제주도청 홈페이지(www.jeju.go.kr)

네 걸음

우리 땅의 인문지리적 관광 환경

01 농촌관광

한국 농촌의 현황과 정체성

한국의 농촌은 한국민의 식량을 생산하는 공간인 동시에 마음 속 고향으로 인식하는 곳이다. 경제 입국의 국가시책에 맞춰 도시민의 생활비를 절감시키기 위해 농업생산물의 가격은 항상 낮았으며, 산업화를 위한 노동력 공급기지였다. 그 결과 1960년대 이후 농업 비중과 식량자급도는 지속적으로 하락하여 GDP 대비 농림어업 비중 38.7%(1961년), 8.5%(1990년)를 거쳐 현재 4~5%대에 머물고 있다.

식량자급도는 93.9%(1965년), 43.1%(1990년)로 지속적 감소추세로 현재 20%대로 쌀을 제외하면 5%대에 그치고 있다. 또한 농업경영규모가 영세하여 '규모의 경제'가 작동 되지 않고 있다. 정부는 그 대안을 모색하고는 있지만 개방경제 체제에서 농산물의 수입급증 및 국내 가격 지지를 통한 농업보호 정책으로 대외경쟁력은 이미 상실하고 있다. 우리 농산물과 해외농산물과의 가격차는 쌀은 약 5배, 소고기는 3배, 콩은 8배, 우유와 고추 등은 약 3배 더 비싼 것으로 나타나고 있다. 즉, 한국 농업·농촌은 구조적 취약성과 향상되지 않은 농업 경쟁력으로 극단적인 처방 없이는 회생할 수 없는 상태에까지 와 있다.

다만 약간의 희망이 보이는 것은 도시민들의 귀농 귀촌형상과 젊은 영농인들의 증가, 특용작물의 재배 등으로 농촌사회에 활력을 제공하고는 있지만 전체 농업경제에 미치는 영향력은 아직은 미진하다. 여전히 자연재해나 농산물 수급의 불균형으로 임해 농가소득은 불안정과 소득보전은 미흡하고 가장 문제는 농촌인구의 고령화 문제이다.

이러한 농촌의 경제사회적 문제 해결의 대안으로 열악한 생활환경(주거, 상하수도, 도로 등), 복지기반 부족(교육, 의료, 정보화 등), 문화생활의 미비 등으로 농촌 정주 기피현상이 심화되고 농촌사회의 활력 저하되는 문제를 최우선적으로 해결해야 한다. 1980년대 이후 중앙정부 주도 물량위주의 개발방식이 진행되고 있으나, 농촌 생활공간의 특성과 경관을 고려하지 못하고 주로 생활환경정비 사업이 추진되고 있다. 또한 1994년 준농림지 제도가 시행되고, 상대농지 지역의 농촌에 고층아파트, 공장시설, 도로 등이 확산되고 있으며 경관이 수려한 지역에는 러브호텔과 음식점이 들어서는 등 농촌 고유의 경관이 훼손되고 있는 것도 농촌이 농촌답지 못하는 원인이 되고 있다.

국내 농업의 S.W.O.T 분석

기업과 조직 진단에서 활용되는 S.W.O.T 분석을 한국의 농업에 적용해보면 다음과 같다.

먼저 한국 농업의 강점은 아직은 농촌다운 Amenity자원이 많이 남아있어서 한국적 농촌 모델을 개발하면 충분한 가능성이 있다는 것이다. 물론 약점으로 농업의 국제경쟁력이 약하다는 것인데 그것은 수입농산물보다 질과 맛에서 경쟁력 있는 농산물을 개발하고 확대하면 승산이 있다. 남부지방에서 일부 아열대작물의 재배로 그 가능성을 타진하고 있다. 특히 기회요인이 대두되고 있다. 젊은 영농인을 중심으로 곡물 위주 농작물보다 창의적으로 농산물 생산을 다변화하고 신기술 영농기법을 개발하면서 농촌지역의 관광자원에 대한 새로운 인식전환이 이루어지고 있다는 것이다. 물론 저가의 중국농산물의 공습, 농산물 수급불안정에 따른 농가소득의 불안정성이 상존하고는 있지만 그것은 농업의 문제만이 아니라 모든 산업분야에서도 발생할 수 있는 문제이므로 슬기롭게 극복해나가야 한다.

〈한국 농업의 S.W.O.T 분석〉

Strengths	Weaknesses
-위기의 한국 농업: 상대적 낙후 지역을 역발상하면 지역 경쟁력의 원천이 될 수 있는 농촌 Amenity자원이 많이 남아 있음을 의미함 ① 오염되지 않은 환경, ② 낮은 인구밀도 수준 ③ 풍부한 녹지면적 ④ 문화적 다양성	-농업선진국의 비교우위에 의한 세계농업의 경쟁 체제로의 진입 가속화
Opportunities	Treats
-농업인들의 자율, 창의적 경영을 통하여 경쟁하는 분위기 확산 -농산물의 수요가 다양화되고, -고급농산물(유기농)을 중심으로 소비구조 변화 -정보, 지식사회로의 이행이 농업과 농촌에 새로운(생명공학, 식품, 농자재) 발전기회를 제공 -OECD 주요 회원국을 중심으로 농촌지역의 관광자원, 경작지 경관, 역사적 기념물에 대한 새로운 관심 부각	-중국의 WTO 가입으로 중국 농산물의 대거 국내 유입 -농산물 수급과 가격의 불안정성 확대로 경영위험이 증가하고 농가소득 불안정성 증대

한국 농업의 발전 방안

이제까지 논의되고 있는 한국농업·농촌사회에서 수용해야하는 발전방안을 정리해 보면 다음과 같다.

첫째, 향후 10년간 세계 농업의 구조는 지난 반세기에 걸쳐 변화해 온 것보다 훨씬 큰 변화가 예상된다. 공급과잉 시대의 도래로 경쟁력 있는 농업과 농업인만이 생존하게 될 것이며 토지와 인력에 의존하는 농업경영방식은 기술과 자본이 결합된 종합산업으로 탈바꿈해야 하는 필연적인 과정을 거쳐야 한다. 최근에 농촌사회에서 나타나는 특수·특용 작물에 의한 수익 모델 창출, 직거래 및 인터넷 전자 상거래의 활성화로 인한 유통 구조개선, 농업의 6차 산업화(1차 생산, 2차 제조, 3차 유통과 관광을 한 농가에서 진행)로의 진행과 장려 정책이 이러한 전환의 시발점이 되고 있다.

둘째, 농촌의 지역성을 형성하는 농촌 어메니티[1] 자원은 이제까지 농산물을 생산하는 수단과 도구로만 여겨졌다면, 발상을 전환하여 농업, 농촌 발전의 새로운 성장동력으로 활용하여 농업의 새로운 활로를 모색해야 한다. 즉, 생산위주의 농업정책에서 서비스가 부가된 농업정책으로 전환하여 농촌의 자연환경, 역사문화환경, 농업경관 등 농촌만이 지니고 있는 환경과 전통문화 등이 소비자의 수요를 창출하여 자원으로 활용해야 한다.

농촌 관광의 등장과 발전

1) 도시민의 삶의 질과 농촌관광의 등장

농촌관광의 등장에 대해 논의하기 전에 그 수요 발생지역인 도시 생활의 상황에 대해 먼저 알아봐야 한다.

도시생활의 편리함과 쾌적성 때문에 도시로 인구가 집중되었지만, 특정 대도시와 수도권에 인구와 경제활동이 과도하게 집중되어 인구의 과밀화 문제가 심각하고 전체적인 삶의 질은 악화되고 있다. 또한 도시 직장인들의 장시간 노동으로 인한 육체적,

---

[1] 어메니티(Amenity)란 사람이 어떤 사물이나 환경에 대해 긍정적으로 느끼는 감흥으로서의 쾌적성을 의미한다. 농촌 어메니티 자원은 농촌주민의 삶의 질과 쾌적성 및 경제성을 추구할 수 있는 유무형의 자원(자연생태자원, 경관자원, 역사문화자원)을 의한다. 그러므로 농촌다움과 쾌적함에 서비스가 더해질 때 농촌지역에 다양한 신규 시장이 창출될 수 있다.

정신적 스트레스 누적되고 있으며, 주 5일 근무제가 도입되었지만 이를 뒷받침할 여가문화와 관련 인프라 미흡 등으로 도시 생활과 삶의 질을 계속 열악해져 가고 있다. 다른 측면에서 식품첨가물의 유해성 문제가 드러나고, 잔류농약에 의한 건강 문제 야기, 수입농산물 등의 안정성에 대한 불안감이 확산되고 있어서 안전한 먹거리에 대한 열망이 대두되고 있다.

이러한 도시민의 삶의 질 악화와 그 대안으로 등장한 것이 농촌관광이다. 주 5일 근무제 도입 등 본격적인 여가 시대를 맞이하여 농촌이 새로운 관광지로 부상한 것이다. 도시민은 농촌의 소박한 인정, 전통문화, 자연경관을 그리워하고 특히 농촌 생활을 해보았던 부모 세대가 아이들과 함께 농촌에서 휴식과 휴양 그리고 색다른 체험공간을 원하는 것이다. 그 수요를 인식한 농촌의 농민은 도시민의 여가활동을 새로운 소득원으로 인식하고 민박, 농촌체험, 농산물 직거래 활로 모색을 농촌관광에서 찾는 등 수요와 공급이 서로 일치하면서 도시와 농촌 모두에게 이익이 되는 윈-윈 게임으로 성공사례가 나타나고 있다. 물론 이러한 전환의 배경에는 농촌정책을 담당하는 정부부서의 정책적 지원이 있었기에 가능한 것이었다.

2) 농촌 관광의 의미와 목표

농촌 관광의 의미는 도시민이 농촌다움이 보존된 농촌에 머물면서 그곳의 생활을 체험하고 여가를 즐기는 것이다. 농촌지역적 관점에서 농촌에 남아있는 소박한 인정, 전통문화, 자연경관 등이 도시민들의 여가 욕구를 충족시켜주고 농촌의 성격이 농업생산 공간에서 생산·정주·휴양 공간으로 변화하는 것을 의미한다. 그러므로 농촌 관광의 목표는 농촌의 소득 증대로 농촌주민의 삶의 질이 증대됨과 동시에 농촌 환경도 보전되고 자연친화적 여가공간으로 전환되어 농민과 도시 관광객 모두가 만족하는 환경을 조성하는 것이다.

농촌 관광과 유사한 개념인 녹색관광(Green Tourism, 프랑스에서 명명)은 '환경 친화적 체험관광'의 의미가 강한 것으로 '농촌에서의 삶'보다 농촌이 가지고 있는 자연경관을 즐기는 것을 중점으로 하는 관광활동이다.

3) 한국의 농촌관광 동향

한국의 농촌관광은 1980년대부터 정부 주도로 관광농원, 휴양단지, 농촌민박마을,

주말농원 등 농촌 관광 사업을 추진했으나 크게 활성화되지 못했다. 그 원인은·정부 지원으로 양적으로는 성장했으나 농촌 운영주체의 경영능력 부족, 과다한 시설투자 등으로 경영의 부실화가 나타났다. 그럴 수밖에 없던 것이 농사 짓는 것밖에 모르는 농민들에게 하드웨어적인 시설개선과 숙박시설 확충에만 신경을 쓰게 하고 정작 농촌 체험객을 유치하고, 체험프로그램을 제공하고, 마케팅 등 운영에 관한 소프트웨어는 하나도 교육하지 않았던 것이다.

2001년부터 농업·농촌에 대한 위기의식이 고조되고, 주5일 근무제의 도입을 대비해서 정부 각 부처가 농촌관광 관련 시책을 경쟁적으로 선택하고 지자체들도 농촌관광을 지역 활성화의 대안으로 선택하면서 활성화가 시작되었다. 지금은 명칭들이 조금씩 바뀌었지만, 행정자치부의 아름마을 가꾸기, 농림부의 녹색농촌체험 마을, 농촌진흥청의 농촌전통테마마을, 농업기반공사의 문화마을 조성사업, 산림청의 산촌휴양마을, 해양수산부의 어촌체험 관광마을 개발사업 등이 정부지원책으로 실시된 정책들이다. 물론 일부 마을에서는 정부의 중복지원사업으로 지원받은 예산이 넘쳐 어디에다 투입할 줄 모르는 상황도 나타났지만, 부족한 것보다는 넘치는 것이 좋다.

4) 농촌관광의 성공 유형

(1) 농촌관광 유형

현재의 농촌관광은 정부의 과다하리만큼 넘치는 지원책으로 그 수요와 형태의 변화에 따라 진화·발전하고 있다. 그러면서 차별화가 나타나 여가환경 변화에 능동적으로 대처한 농촌들의 성공사례가 등장하게 되었다. 그 대표적인 카테고리가 농사 체험 및 농촌 휴양, 농촌 문화 체험, 특산물 판매, 농촌 민박 등으로 분류할 수 있다.

(2) 농촌 관광 국내·외 성공사례 지역

① 농사 체험 및 농촌 휴양의 성공사례

한국 농촌관광에서 제일 먼저 시작한 것이 농사체험 프로그램이다. 그러므로 어느 특정 지역이 성공사례 지역이라고 할 수 없으며, 논농사 위주의 농산물을 단순 생산 판매해서는 미래가 없다고 판단하고 인근 관광지를 연계한 체험 민박(FarmStay) 마을로 변신하면서 편안하게 휴양도 하고 아이들은 옥수수밭 풀 뽑기, 감자 고구마 캐기, 고추 따기, 냇가에서 고기잡기, 논우렁 잡기 등의 계절별로 적합한 농사체험 프로그램을 운영하는 것이다. 이를 기본으로 지역별로 풀피리 연주, 한오백년 타령 공연, 풍물놀이, 소달구지 타보기 등 농촌 문화 체험을 병행하기도 한다.

② 농촌 문화 체험의 성공사례

일본 및 태국과 같이 농촌체험을 앞서 시행했던 국가에서 성공한 사례로 '고난의 상징인 계단식 논'을 상품화하는 등 역발상을 시도한 것이다. 오지마을이기에 남아있던 계단식 논을 관광자원화하기로 결정하고 계단식 논 탐방, 이벤트 개최, 논 오너제, 반딧불이 축제, 모내기 및 벼 수확 체험 프로그램을 개발한 것이다. 이러한 프로그램이 성공의 모습으로 갖춰지면서 이후 '오지마을 경관 가꾸기'에 주력하면서 '영상과 사진'으로 홍보하고 도농 교류 거점들을 확충하여 도시민이 체험 프로그램을 위해 묵을 '사계절의 집'을 건립하여 성공한 사례이다. 성공요인의 키워드는 '차별화된 테마의 발굴', '주민들의 자발적인 참여'이다.

③ 특산물 판매의 성공사례

모든 농촌체험이 끝나고 귀가할 때 반드시 그 마을의 농산물을 구입해 가고 이후 지속적인 유대관계로 직거래까지 연결된다. 가장 흔한 쌀을 특산물로 성공한 사례가 있다. 강원도 화천군 신대리 일명 토고미 마을은 '무공해 오리 쌀'을 매개로 도농 교류를 추진하여 성공한 사례이다. 이곳은 당시 50여 가구가 살고있는 산간 농촌마을로 1998년 위암 수술을 받은 이 지역 출신이 귀향하여 2000년 친환경 오리농법으로 무농약 쌀을 재배하면서 시작되었다. 2001년부터 오리 쌀의 판로확보를 위해 도시회원을 모집하고 토고미 오리축제를 개최하는 등 마케팅에 눈을 뜬 주민과 헌신적인 공무원 그리고 외부전문가의 협력이 이루어낸 성공사례이다.

④ 농촌 민박의 성공사례

농촌체험을 위해 농가에서 숙박하는 것이 농촌 민박의 시작인데 특이하게 서귀포의 귤 재배 농장에서 우리나라 최초의 과수원 민박을 시도하여 성공한 사례이다. 서귀포에서 귤 농장을 경영하던 대표자가 귤농사의 한계를 절감하고 1996년 과수원 내에 객실 10개의 소규모 민박사업을 추진하여 일반 호텔에 식상한 관광객들에게 인기를 끌었다. 귤림성의 성공 요인은 유기농법으로 재배한 귤을 투숙객이 직접 딸 수 있도록 하고 농원에서 만든 된장, 고추장, 젓갈, 야채 등을 서비스로 제공하여 단순하게 방 대여가 아니라 농민의 정을 느끼게 배려하여 최상의 서비스로 감동을 주는 민박이었고 한국형 펜션의 초기 형태를 개발한 것이다.

5) 농촌 관광의 발전 방향

농촌관광의 발전 방향을 몇 단계로 구분하여 정리해보면 첫째, 가장 기본적인 방향이 지향하는 목적은 농촌다움(Rurality)과 농촌에서만 느낄 수 있는 쾌적함(Amenity)을 보존하고 재창조하는 것이다. 둘째, 반드시 주민 주도로 지역자원을 발굴하고 관광 아이템으로 개발함과 동시에 외부환경에 유연적으로 대응할 수 있는 경쟁력을 강화하고 주민의 서비스 능력을 배양하는 것이다. 셋째, 농촌지역에 산재되어 있는 내·외부 자원을 네트워킹하고, 정부의 행정적인 지원은 적재적소와 최적의 시기에 투입되어야 한다. 넷째, 농촌관광의 가장 큰 수요처인 기업도 농촌 관광에 꾸준한 관심을 갖고 유기적으로 협력해야 한다.

특히, 지금 농촌에서는 단일 농가에서 농산물만 생산·판매해서는 수익성이 나지 않으므로 6차 산업화로의 가능성을 충분히 검토해야 한다. 1*2*3을 더해도 6, 곱해도 6이다. 농촌의 1차 유무형 농업자원을 기본으로, 제조·가공의 2차산업과 체험·관광 등의 서비스 3차산업의 융복합을 통해 새로운 부가가치와 지역의 일자리를 창출함으로써 지역경제 활성화를 촉진하는 농촌의 6차 산업화를 가속화해야 한다.

02 산촌관광

이제까지 산촌의 지리적 의미는 관심과 용도가 없는 지역이었다. 그러나 공간의 시대적 역할은 언제든지 변화될 수 있는 것이다. 현재의 산촌은 무궁한 가능성의 지역이고 쉼, 즉 여가의 기능과 건강의 기능까지 더한 웰니스(Wellness)관광지역으로 거듭나고 있다.

산촌의 개념

산촌은 '산간 오지에 위치한 촌락', '산으로 둘러싸인 촌락', '산림과 산지자원을 이용한 생계활동을 영위해 나가는 촌락[2]' 등으로 이해되고 있듯이 정확한 개념은 도시 또는 농촌과 구별되는 지역 개념으로 관념적으로 사용되고 있다. 산촌은 산간지역에 위치해 있을 뿐 산업 구조면에서 농촌과 비슷하여 농촌의 연장선상에서 산간농촌으로 인식되고 있다.

한국 산촌지역 개발의 경과

1960년대 이후 진행된 경제개발 계획은 대도시와 일부 입지여건의 좋은 해안지역을 중심으로 전개되면서 산지의 토지이용은 소극적으로 이용되었으며[3], 경제성장의 극대화를 위한 농산촌의 역할은 종속적인 관점에서 이루어져 왔다.

산촌은 기후적, 지형적인 특성을 살려 특화 발전한 것이 아니라 저렴하고 안정적인 농산물 생산과 산업화를 위한 노동력 공급기지라는 부차적인 지위에 바탕을 두고 개발되었으며, 이는 산촌이 낙후지역으로 전락할 수밖에 없었던 근본적 원인이 되었다.

---

2) 산림청 내부자료, 1997
3) 유우익 외, 1988, "산촌지역 정주체계의 정비방안 연구", 농업진흥공사, p.3

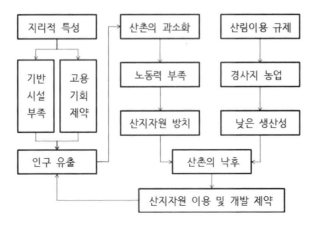

〈산촌의 쇠퇴 과정4)〉

산지이용의 변화와 원인

　도시지역만의 경제성장과 도시·산업화에 따른 택지, 공업용지, 공공용지 등에 대해 새롭게 요구되는 토지는 그 유한성과 토지이용의 고도화에 따라 농지·산지 등의 전용을 통해 충당할 수밖에 없다. 그동안 국토이용의 신규 수요는 그린벨트 해제나 매립이나 간척을 통한 토지공급으로 해결 해왔으나, 그러한 토지공급은 해안생태계를 파괴하여 개발로 인한 수익보다 더 많은 생태적 가치를 잃는다는 논쟁이 제기되었다. 또한 해안을 생활기반으로 하는 어민들에 대한 보상에 대한 갈등, 높은 개발비용 등의 문제로 미래 토지수요에 대한 해결책으로는 더 이상 바람직하지 않게 되었다. 이러한 도시적 용도로의 토지 수요증대가 산지에 대한 인식의 변화 및 이용방식의 전환을 초래하였다.

　더불어 점점 늘어나는 국민적 여가수요에 부응하여 효과적인 산지이용전략으로서 산촌관광지역의 개발은 상대적으로 낙후된 지역경제의 활성화와 국토이용에 있어 효율성을 증가시키는 수단이 될 수 있다.

---

4) 이광원, 1989, 21세기를 향한 임업발전과 산지이용전략, 농촌경제연구원, p.64

산촌의 관광지역 개발의 의의와 영향

산촌의 관광자원화는 관광지 주변지역과 해안지역에 밀집되어 있는 관광지개발 현상을 분산시켜 국토공간의 재편성을 이룰 수 있는 하나의 방안이 될 수 있다. 경제개발과정에서 소외되어 낙후된 산촌지역을 개발해 국토공간의 균형발전을 추구할 수 있다. 이를 이루기 위해서는 먼저 산지의 기능, 고유한 지역성, 이용방안에 대한 거시적인 고찰이 필요하며, 그 다음으로 산지의 합리적 이용을 저해하는 관련 법률의 통폐합과 조정이 필요하다.

농촌의 경우 도시민들과 빈번한 교류로 인해 어느 정도 도시적 생활관습이 스며들었지만, 산촌의 경우 접근성이 열악한 지역이었기에 산촌의 관광지로의 개발은 산촌의 공간과 기능구조에 미치는 영향력이 크게 나타난다. 그러므로 산촌의 관광지화는 전통적인 경제활동 양식을 벗어나 새로운 산업기능으로의 변화와 공간구조의 변화를 의미하는 것이다.

1) 산업구조 및 공간구조 변화

산촌을 관광지역으로 개발하는 것은 산촌의 전통적인 경제활동 양식을 벗어나 새로운 산업기능으로의 변화와 공간구조의 변화를 의미한다.

산업과 공간구조의 변화는 세 가지 측면에서 진행된다.

첫째는, 1차 산업 중심사회에서 3차산업의 유입으로 원주민의 생업이 전환되거나 외지인의 이주에 의해 새로운 직종이 발생해 지역의 산업구조와 사회구성이 변화하는 것이다.

둘째는, 산촌지역의 공간구조변화로, 산촌에 입지한 관광시설 주변에 산촌관광시설과 경쟁하거나 보완적인 시설들이 입지하는 것이다. 즉, 새로 들어선 업종이 스키장개발의 경우, 음식·숙박업을 비롯해 스키장비 대여점이 주 진입로 주변에 입지하여 기존의 밭농사 중심의 산촌 공간구조가 관광시설을 중심으로 재편되는 것이다.

셋째는 산촌관광시설의 개발에 따른 경제적 효과 중의 하나가 사회간접자본의 확충이다. 개발업체는 고속도로에서 관광시설로의 접근성을 높여 이용객들의 편의를 도모하고자 인터체인지를 만들고 진입로를 확장·포장한다. 이는 인근 중심 도시로의 접근성이 높아져 지역주민들의 생활권이 확대되고 변화된다는 것이다.

2) 인구증가 및 지가상승

산촌관광지가 개발되면서 인구증가 현상을 보이는데 인구증가는 관광시설 공사현장에서 일하는 인력과 서비스업에 종사하는 외지인의 주거이동으로 인한 것이다.

관광시설의 개발에 따른 영향 중 지역의 토지이용 변화와 주민의 생활 변화에 가장 큰 영향을 미친 것은 지가상승이다. 관광 개발의 일반적인 영향이라고 일컬어지는 주민소득의 증가는 고용증대, 생계활동의 전업에 의한 것보다 지가상승에 의한 것이 훨씬 높은 비중을 차지한다는 연구보고가 있다.[5]

〈강원도 평창군 면온면, 휘닉스 평창 리조트의 전경〉

3) 주민 여가행태와 의식의 변화: 도시문화의 침투·모방

관광시설이 산지·산촌에 입지하게 되어 세련된 지역의 이미지를 연출하지만, 이것은 산촌의 삶의 양식과 산촌의 문화와는 거리 먼 것이다. 산의 위용을 누를 만한 거대한 도시적 양식의 콘도미니엄과 호텔, 스키하우스와 휴양시설단지 내의 수영장, 볼링장을 갖춘 레저시설은 도시적 문화와 양식이 산지·산촌에 이식된 것이나 다름없다. 이러한 시설물은 산지·산촌의 경관을 변화시켰을 뿐만 아니라, 주민들의 여가행태와 의식에도 영향을 미쳐 도시문화의 침투와 모방이 가속되고 산과 계곡을 이용한 전통적인 여가활동의 소멸을 가져온다. 특히, 지역의 고유한 문화가 쇠퇴하고 청소년

---

5) Hammas, David L, 1994, Resort Development Impact on Labor and Land Markets, Annals of Tourism Research 21, No.4, pp.729-744: 하와이 관광 개발에 대한 논문에서 고용시장의 개발으로 임금변화는 크지 않지만 지가는 크게 상승하였다고 한다.

의 교육에 문제가 발생한다. 도시민들이 산촌관광지에서 보이는 여가활동은 열심히 일한 대가로서의 휴식이라는 점을 인식하지 못하고 외모나 과소비 행동을 보고 도시민의 행태를 모방하고자 가족 간의 갈등과 학교 교육에 소홀하게 되는 부작용이 발생한다.

4) 환경오염의 발생

산지개발은 일반적으로 산림 훼손, 생태계 파괴라는 부정적 외부효과로 개발과 보전이라는 문제가 대두된다. 관광시설 개발시 무리하게 절토하여 유출된 토사는 지역주민들의 생활용수, 농업용수로 이용되는 하천을 오염시켜 주민들의 집단적인 반발을 불러일으킨다. 또한, 관광시설 개발현장의 대형공사 차량들로 인한 소음과 분진의 발생으로 주민들의 생활환경은 더욱 열악해지는 현상이 발생한다. 물론 이러한 현상은 관광시설의 개발이 완성되면 없어지는 현상이지만, 그 후속 조치를 잘못하게 되면 봄철 해빙기와 여름의 집중호우시 재발하며, 리조트 시설의 오염물질이 하천으로 유입되는 등의 이차적 피해가 발생할 가능성이 높다.

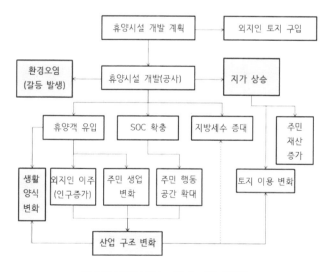

〈산촌의 관광시설이 지역에 미친 영향6)〉

---

6) 출처: 김효섭, 1998

산촌지역의 관광지 개발에 따른 갈등

1) 지역개발과 산촌 관광지 개발의 갈등 배경

지역개발과정에서 개발관련 사업에 대한 지역주민의 의견수렴과 참여가 제도화되는 경향이 있으나, 관련주체 간의 인식의 차이와 님비(Nimby) 현상 등으로 지역주민, 개발업체, 지방자치 단체 간에 갈등이 발생하여 지역개발을 효율적으로 추진하는데 어려움이 발생하기도 한다. 지역개발에 연관되어 있는 이해집단들의 관점에서 지역개발계획의 이익이 자신들의 기대 수준에 미치지 못할 때 반대 입장을 견지하고 행동하는 경우에는 집단 간 갈등이 나타난다.

관광시설 개발과정에 있어 지역의 문화와 자연환경을 이용해 개발의 효과를 극대화하고자 하는 개발업체와 이를 지역발전과 주민 삶의 질 향상을 위한 계기로 이용하고자 하는 지방자치단체, 지역주민 간에는 상호적응과 뿌리내림의 과정에서 갈등이 파생하였다.

이러한 행위 주체들 간 갈등은 이중적 역할을 담당한다. 하나는 순기능적 역할로서 지역주민의 발전에 대한 요구와 환경오염에 대한 생존, 생활권에 대한 요구를 보장함으로써 지역발전과 주민의 삶의 질 향상에 기여하고 불합리한 제도개선을 모색할 수 있다는 것이다. 다른 하나는 역기능적 역할로서 집단행동과 공사 중단 등으로 나타나 상호불신을 심화시켜 모두가 패배자가 되는 현상이 발생하여 사업 자체가 무산되는 경우가 종종 발생한다.

2) 산촌관광지역 개발에 따른 논쟁

산촌관광지역 개발이 낙후된 산촌의 개발 수단으로 적절한가가 논쟁의 초점이 된다. 산지를 이용한 대규모 관광시설의 개발로 발생한 지방재정의 확충이라는 측면에서는 긍정적인 의미가 있지만 관광시설 개발 이외의 방법으로도 지역의 세수 확대는 기여할 수 있다는 대안적 의구심에서 논쟁은 시작된다.

첫째, 산촌의 관광시설의 입지는 '장소의 개발'에 기여는 하였다. 그러나 지역주민들에게 장기적으로 이익이 될 수 있는 개발인지가 첫 번째 논쟁이다.

개발 초기 비약적으로 상승한 지가로 주민들의 재산 규모는 상당히 증가했지만(일부 대규모 토지 소유자에 한함), 이는 전통적으로 영위해 오던 경작행위의 상실로 주민생활, 생업의 지속성을 보장하지 못한다. 상승한 지가와 농업환경의 악화로 주민들의 생계활동 양식의 해체는 더욱 가속화될 것이다. 정주하고자 하는 주민들이 선택할 수 있는 몇 안 되는 대안으로 민박업과 요식업으로의 전업이 발생하지만, 관광객들의 계절적 집중성과 대자본에 의한 관광시설과의 경쟁 그리고 외지인과의 경쟁력을 계속 담보하기는 어렵다. 즉, 장기적으로 개발의 이익은 관광시설의 개발자와 외지 유입된 사람들에게 돌아가게 된다.

둘째, 산림훼손과 환경오염이 불가피한 대규모 산지개발, 산지 관광시설의 신규 개발이 필요한 것인가라는 논쟁이 있다.

앞에서 설명한 바와 같이 기존의 토지개발 수요의 한계성을 해소하고, 전 국토의 균형적인 발전이라는 목표를 달성하기 위해서는, 산지개발을 통해 국민의 휴양수요 해결과 적정 환경의 질도 유지하는 방안을 모색하는 방향으로 지자체와 협력하면 지역주민의 삶의 질도 높일 수 있는 방안이 충분히 도출될 수 있다. 물론 무주리조트처럼 주민이 반대하고 사업자의 자본과 경험이 부족하다면 그 사업 자체가 무산되는 사례도 있으니 넘치도록 충분한 고민과 검토가 필요하다.

이러한 두 가지 논쟁의 해결책은 쉽지 않고, 한국적 상황에서 대규모 산촌관광지나 리조트 개발은 이상의 논쟁이 다시 재현될 가능성이 농후하다[7]. 그 차선책으로는 그 지역의 지역성을 담으면서 지속가능한 관광 개발이라는 개념을 적용한 독특한 중·소규모 테마 리조트나 관광시설은 충분히 의미 있는 개발이 될 것이다. 그 성공사례로 가평의 쁘띠 프랑스, 제천과 통영의 클럽 ES 리조트, 제천의 리솜리조트를 성공사례로 꼽을 수 있다. 특히 클럽 ES는 제천, 통영 리조트 모두 자연을 훼손하거나 자연경관을 거스르지 않고 조화롭게 공간배치를 하여 가장 자연스러운 리조트를 구현해 냈다. 단, 리조트 개발의 훌륭한 컨셉과 현실의 리조트 경영과는 반드시 일치하지 않는다는 것이 제천과 통영의 리조트에서 볼 수 있는 사례이기도 하다[8]. 쁘띠 프랑스는 2008년 7월 가평에서 시작하였는데, 파리 남쪽 오를레앙의 전원 마을을 모티브로 하고 생텍쥐페리의 어린 왕자를 컨셉으로 한 프랑스 마을을 실현한 테마파크다. 이곳을 성공사례로 꼽는 이유는 '그럴싸한 가짜'의 개념인 "키치"가 아닌, 19세기 프랑스 가옥을 그대로 옮겨와 다시 지은 '프랑스 전통주택 전시관', 프랑스 벼룩시장 분위기를 재현한 '골동품 전시관', 유럽 인형 300여 점을 전시한 '유럽 인형의 집', '어린 왕자'의 작가 생텍쥐페리의 생애와 유품을 볼 수 있는 '생텍쥐페리 기념관' 등을 프랑스에

---

7) 1997년 동계 유니버시아드 개최로 무리해서 건설한 무주리조트, 2018년 동계올림픽 개최 이후 타격을 입은 용평군 대관령면이 대표적인 사례이다: 무주 관광레저기업도시는 대한전선(무주리조트)과 무주군 안성면 주민들과의 갈등으로 2011년 1월 기업도시 개발계획 승인이 취소, 개발지구 지정도 해제되고 결국 2011년 2월 무주리조트는 ㈜부영에 매각되었다.

8) 1996년 리솜리조트로 설립되어 안면도 해안, 덕산 온천, 제천 산림을 이용한 차별적인 리조트 개발 컨셉으로 성공하는 듯하였으나, 기업회생절차를 거쳐 2018년 호반건설로 인수되어 현재는 주)호반 호텔앤리조트로 사명이 변경되었다.

서 있는것과 같이 재현했고, 프랑스에서 사들인 소품 가격만 60여억 원어치에 달하고 개관 이후 3번의 증축을 거쳐 지금의 모습을 구현한 것이다.9)

　이상과 같이 대규모 산지관광시설의 개발은 장기적으로 지역주민의 이익에 부응하지 못하고 자연환경 보전이라는 측면에서 이슈를 갖고 있지만, 그 지역의 지역성을 담으면서 지속가능한 관광 개발이라는 개념을 적용한 독특하고 중·소규모 테마 리조트나 관광시설은 충분히 의미 있는 개발이 될 것이다10).

〈관광레저기업도시의 갈등〉

〈포레스트 리솜11)과 클럽 ES 통영리조트〉

9) 박경일기자의 여행, 2020년 05월 29일, 문화일보
10) 가평의 쁘띠 프랑스는 프랑스의 고성을 그대로 옮겨와 색다른 를 연출하였고, ES 통영 리조트는 한려수도의 비경이 한눈에 들어오는 경남 통영시 미륵도 관광특구에 이탈리아 남부의 고급 휴양지 샤르데니아의 컨셉을 통영과 접목하여 성공사례로 꼽을 수 있다.
11) 출처: 포레스트 리솜 리조트 홈페이지

03 어촌관광

어촌의 관광지리적 의미

어촌은 도시에 비해 상대적으로 우수한 자연환경과 전통문화가 존재하고 있으며, 이는 전통과 현대를 아우르는 새로운 관광활동의 대안으로 활용될 수 있다. 또한 도시와 어촌사회의 교류 증진을 위한 어촌관광 사업을 통해 어촌사회의 변화를 이끌 수도 있다.

한국 수산업의 현황과 어촌의 위상

한국의 수산업은 참으로 난감한 상황에 처해 있다. 바다쪽 상황은 남획으로 어족자원의 고갈 위기에 있고, 해수 오염 및 기후변화로 인한 해수온도 상승으로 어종 자원의 변화가 심각하다. 연안 지역에서는 간척 등 해안 개발에 의한 생태계의 파괴가 심각하고 지속적인 인구유출과 고령화 사회 진입으로 어업 종사자 수는 감소하고 있다. 특히 정주환경 측면에서도 의료, 교육, 문화수준 등에서 도시에 비해 열악한 상황으로 어촌의 경제·사회적 위상은 최하위에 처해 있다.

어촌 활성화의 저해요인

앞에서 설명한 어촌의 위상하락은 외부적 여건의 변화에도 있지만, 기본적으로 어촌이 가지고 있는 배타적인 어촌주민의 성향에도 있다. 어촌은 바다와 접해있는 지리적 여건뿐만 아니라 어촌계를 중심으로 한 어업의 제도적 여건에 의해 도시에 비하여 상대적으로 배타적 공간과 사회적 특성을 가질 수밖에 없다. 그리고 어촌의 위기를 자발적으로 극복할 수 있는 대응수단의 개발에도 소극적이다. 그러다 보니 선대로부터 지속하고 있는 어로기술로 단편적인 바다자원을 활용하고 있을 뿐이다. 즉, 수산자원과 다른 자원의 결합 및 이용을 통한 부가가치를 창출하지 못하고 있다. 소비자의 소비패턴에 대응하는 수산물을 생산하여 가치를 높이려고 하는 노력과 어촌 내방 관광객에 대한 서비스 제공도 부족한 시장경제 마인드를 가지고 있다.

관광활동 공간으로서 어촌

1) 어촌관광의 의의

어촌관광은 다양한 어촌자원의 활용과 자원 간의 연계를 촉진시킴과 동시에 어촌의 경제적 기능, 사회적, 문화적, 교류의 활성화에 기여할 수 있다.

이러한 어촌관광활성화를 위한 어촌관광자원은 다양한데 기본적으로 해수욕장, 갯벌, 해안경관, 낚시터와 같은 어촌의 자연자원뿐만 아니라 어촌의 문화·사회적 자원 그리고 어항과 방파제 같은 산업적 자원은 도시민들에게 색다른 공간을 느낄 수 있는 역할을 할 수 있다.

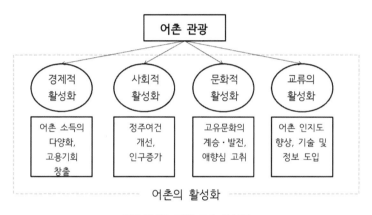

〈어촌관광을 통한 어촌 활성화〉

〈어촌의 관광자원 분류12)〉

구분	관광자원
자연자원	해수욕장, 철새도래지, 갯벌, 해안경관지, 바다낚시터
문화자원	지역축제, 어촌 사적지, 어촌민속관, 해양유물 전시관
사회자원	풍어제, 어구어법, 바다음식, 어촌
산업자원	어항, 어장, 방파제, 인공 어초, 유어선

---

12) 출처: 김성귀 외, 2001, 어촌관광 중장기 발전계획 수립에 관한 연구, 한국해양수산개발원

2) 어촌관광의 개념과 유형

어촌관광을 시도할 때 제일 먼저 결정해야 할 사항은 그 목적이 어업인의 소득 및 복지에 중점을 두는 것이냐? 아니면 관광객의 효용에 중점을 두느냐 하는 것을 결정해야 한다. 어촌관광은 어촌의 부존자원을 이용하는 관광이라는 점이 동일하나, 그 방향성에 따라 시행하는 절차가 달라진다.

어촌 활성화 측면에서 어촌관광을 정의한다면, 어촌관광은 생활공간이자 '어업'이라는 생산활동 공간인 '어촌의 모습'을 유지하면서 어촌주민들이 어촌과 바다의 다양한 자연자원과 인문자원을 활용하여 이루어지는 관광으로, 소득을 창출하는 모든 활동을 의미한다.[13]

일반적으로 어촌관광과 해양(해안)관광의 개념에 대해 혼동하는 측면이 있는데 어촌관광과 해양·해안관광(해양 또는 해안 공간에서의 관광 활동)은 관광 활동 측면에서 구분하기는 어렵고, 관광의 주체가 누구인지 혹은 관광 활동의 효과가 내부로 유입되는지에 의해 구분되어야 한다. 즉, 관광서비스의 공급 주체가 어촌주민이고 그 효과가 어촌으로 유입된다면 어촌관광으로 보아야 할 것이다.

어촌에서 발생할 수 있는 관광 활동의 유형으로는 수산물구매와 횟집에서의 즐기는 것부터 바다낚시, 어촌 경관 감상, 휴식, 숙박, 해양 레저, 갯벌 체험 등 개발할 수 있는 것은 무궁무진하다.[14]

---

13) 이승우·홍장원·이윤정, 2008, 어촌관광을 통한 어촌활성화방안, 한국해양수산개발원
14) 김성귀·홍장원·박상우, 2001, 어촌관광 유형별 개발방안 연구, 한국해양수산개발원

유형	문제점
갯벌체험형	- 체험 시 갯벌생태교육 미흡 - 지속가능한 체험시스템 구축 필요 - 활동이 너무 단순함(패류채취 중심)
어업체험형	- 청소년을 대상으로 한 기초 어업실습이 가능한 체험 프로그램이 필요 - 종류는 다양하나 즐기는 상품으로 발전시키지 못함 - 안전 의식 및 교육, 긴급 상황 대처능력 부족
바다낚시형	- 안전 및 해양환경보호 의식 교육 필요 - 긴급구조 시스템이 없음
생태관찰형	- 지역의 생태자원에 대한 인식 및 자부심 부족 - 생태자원의 관광 상품화와 동시에 보전교육 필요
해양레저 스포츠형	- 어항, 어장 등 수산업 공간을 레저공간으로 활용하여야 확대 가능
어촌 역사문화형	- 어촌의 문화를 관광 상품화하지 못하고 있음 - 문화를 개발·전승할 사람 및 단체가 없음 - 사적지 등 문화재를 홍보할 가이드 부족
어촌경관형	- 경관을 관광 상품화(축제 등)하는 데 미흡함
수산물 구매·시식형	- 지역의 독특한 음식을 관광 상품화하지 못함 - 수산물 가공식품을 관광 상품화하지 못함 - 인터넷 등 다양한 유통형태를 이용하지 못함

3) 어촌지역의 관광 개발 사업과 문제점

증가하는 도시민의 관광·레저 수요를 어촌지역으로 유치하여 즐거움의 공간을 연출함과 동시에 어촌의 어업 외 소득 증대를 도모하고자 전국 연안을 접하고 있는 시·군·구를 대상으로 정부 예산을 투입하여 어촌관광 개발 사업을 추진하고 있다.

그 사업 유형은 어촌 체험 마을 조성사업, 어촌·어항 복합 공간, 다기능어항, 어촌관광단지 조성 등 3종의 어촌·어항관광 모델 개발 사업을 진행하고 있다. 하지만 전국 어디나 정부재정지원 마을사업의 문제점으로 드러난 사업 주체의 경험 부족, 해당 지역의 고령화, 서비스 마인드 부족 등이 이곳 어촌관광 개발 사업에서도 나타나고 있다.

4) 어촌관광의 발전 방향

어촌관광이 활성화되기 위해서는 어촌의 배타성 극복과 더불어 다음과 같은 사안들이 함께 고민되어야 성공의 모습을 볼 수 있다.

---

15) 출처: 김성귀 외 2001

첫째, 어촌관광은 어촌의 활성화라는 목적을 달성하기 위한 수단으로서 어촌주민이 주체가 되어 소규모 지역자본 혹은 정부 지원에 의한 투자로 이루어져야 한다.

둘째, 어촌은 생산공동체로서 대부분의 자원이 공동재산적 성격을 띠기 때문에, 어촌관광은 개인 단독으로 행해지기보다는 어촌계 혹은 마을 단위로 행해지며, 어촌계원 혹은 마을 청년회가 주도하도록 한다.

셋째, 어촌관광은 어업체험과 함께 생태·해양자원, 어장, 어선, 어항 등 어업기반 시설 등의 다양한 자원을 공동으로 활용하는 해양 레저·스포츠 활동도 가능해야 하는데, 이 부분은 생산공간과 여가공간을 분리해서 생각하는 어민들의 사고방식의 변화가 선행되어야 하기에 쉽게 해결할 수 없는 난제이기도 하다.

넷째, 어촌은 대부분 어업뿐만 아니라 농업을 겸업으로 하며, 그렇지 않더라도 농촌 마을이 인접해 있기 때문에 농촌관광을 함께 실시하거나 농촌관광 마을과 연계함으로써 경쟁력을 높일 수 있다.

다섯째, 어촌관광이 지속 가능한 관광이 되기 위해서는 어촌의 환경, 생태, 경관을 유지·보전 즉, 어촌의 진정성이 유지되면서 이루어져만 제대로 된 어촌관광이다.

〈고창 갯벌 체험〉

참고문헌

강신겸, 2002, 농촌관광의 가능성과 발전방안, 삼성경제연구소
강신겸, 2013, 농촌관광의 실태와 과제, 국토연구 통권 384호, pp.36-42, 국토연구원
강신겸, 2014, 농촌관광(새로운 농촌활성화 전략), 대왕사김성귀 외, 2001, 어촌관광 중장기 발전

계획 수립에 관한 연구, 한국해양수산개발원

고종화, 2002, 농어촌체험관광 활성화 방안에 관한 연구, 경희대 관광대학원 석사학위논문

김광선, 안석, 박지연, 2016, 농촌관광 활성화를 위한 융·복합 전략, 한국농촌경제연구원 정책 연구보고서

김성귀·홍장원·박상우, 2001, 어촌관광 유형별 개발방안 연구, 한국해양수산개발원

김영삼, 2007, 산촌 어메니티를 활용한 그린투어리즘의 성과에 관한 연구: 지리산 산촌 관광자원 을 중심으로, 경남과학기술대학교 석사학위논문

김영양, 1991, "관광문화가 주변 농촌지역과 주민의식에 미친 영향: 장흥, 대성리, 용평관광지의 사례연구", 지리학 논총, p. 41-3

김창수, 1996, "지역관광 개발계획과정의 집단 간 갈등요인", 관광학연구, 제20권 제1호, pp. 242-259

김태형, 2008, 리조트 개발이 지역사회 발전에 미치는 영향, 한국교원대 대학원 체육교육학 박사 학위논문

김효섭, 1998, 산지휴양시설의 개발과 행위주체들의 행태: 강원도 평창군 봉평면을 사례로, 서울 대 대학원 지리학과 석사학위논문

박경일 기자의 여행, 2020년 05월 29일, 문화일보,

부혜진·정유경 옮김, 2018, 농촌은 사라지지 않는다-농산촌 생존을 위한 지방의 고군분투-, 한 울엠플러스(小田切徳美, 2014, 農山村は消滅しない, 岩波書店, 東京).

유우익 외, 1988, "산촌지역 정주체계의 정비방안 연구", 농업진흥공사

윤병국, 2001, 스키장의 지리적 조건과 이용 행태 분석, 관광정보연구 제7호, 한국관광정보학회

이혁진·윤병국, 1997, 관광자원으로서 자연휴양림의 연구동향과 개념정립, 관광정보연구 제1 호, 한국관광정보학회.

윤병국, 2010, 태안레저도시 개발에 따른 지역주민의 영향요인 및 개발지지도에 관한 연구, 관광 연구저널 24(4) 23~41

윤병국 외, 2011, 새만금 관광 개발 영향요인과 지역주민 인식과의 관계, 관광·레저연구 제23 권 제6호, pp. 39~54, 한국관광레저학회

윤영운, 2006.2, 농촌휴양마을 조성계획 :강원도 평창군 차항 2리를 중심으로, 서울시립대 대학 원 조경학과 석사학위논문

이승우·홍장원·이윤정, 2008.12, 어촌관광을 통한 어촌활성화방안, 한국해양수산개발원

이재천, 1993, 觀光漁村의 形成과 地域構造에 관한 연구, 경희대학교대학원 지리학과 박사학위 논문

정연택, 2012, 농·어촌 관광휴양자원의 효율적 개발방안에 대한 연구, 경기대학교 석사학위 논문

장우환 외 2인, 2002, 산촌개발사업의 평가와 개선방향, 한국농촌경제연구원

한국문화관광연구원, 2016, 섬 관광 활성화 방안 연구

해양수산부, 2005, 어촌 교류를 통한 어촌지역 관광활성화 방안 연구

Hammas, David, 1994, "Resort Development Impact on Labor and Land Markets", Annals of Tourism Research 21, No.4, pp.729-744

04 도시관광

도시의 변화와 도시관광의 등장

1) 도시관광의 역사

본래 도시는 관광객을 배출하는 지역으로만 인식되고 도시 그 자체가 주요 관광지가 될 것이라고 인식하는 것은 21세기에 들어와서이다. 하지만 우리가 인식하지 못했지만 이미 17세기 또는 그 이전부터 도시는 관광의 주요 거점 지역이었다.

역사적으로 도시관광은 17~18세기 무렵 유럽 상류층을 중심으로 자녀들의 교육을 위해 유럽의 문화유적지를 여행(Grand Tour)하도록 하는 풍습에서 유래되었다. 이에 따라 이탈리아의 르네상스 중심도시부터 프랑스의 파리, 오스트리아의 빈과 같은 문화도시를 여행 대상지로 삼으며 도시관광의 모습이 점차 갖추어지게 되었다.

18세기 후반 영국에서 시작된 산업혁명은 도시관광을 문화적·역사적으로 중심되어 온 대도시 이외의 지역까지 확산시키는 계기가 되었다. 즉, 산업화가 진행됨에 따라 주요 도시에는 주택문제, 공해 등 많은 현대도시의 문제들이 유발됨에 따라 전원과 해변 지역들 그리고 지역의 중소도시가 여행객의 주요 휴양도시가 되었다.

20세기에는 본격적으로 도시화가 시작되면서 도시의 주요 정책들이 도시의 기반시설 정비 및 개발 그리고 주거지역 개선에 중점을 두게 되면서 도시관광에 대한 관심이 오랜 시간 침체를 맞이하게 되었다.

하지만 최근 세계 도시화라는 개념이 대두되면서 1980년대 무렵부터 현재까지 도시의 새로운 경제적 기반으로서 도시관광은 매우 중요하게 다루어지고 있다. 최근 들어서는 쇠퇴한 도심 내부의 재개발 전략에 재생의 관광 개발을 활용하고 관광객 유치에 적극적으로 나서면서 도시에서 관광의 기능은 점점 중요해지고 있다(김향자, 2011).

2) 도시 관광의 정의 및 등장 배경

도시관광은 '도시지역 내에서 이루어지는 관광 행위로 도시의 역사·문화·산업 등 도시자산을 토대로 하여 도시를 경험하는 관광'이라고 정의한다.[16]

도시관광의 등장 배경에는 현대인의 개별여행 증가, 체험형 여가 시장 확대, 특화

---

16) 김향자, 2014, 도시 재생 추진에 따른 도시관광정책 방안 연구

시장 확대 측면의 관광객의 관광욕구 및 수요변화가 그 첫 번째이다. 둘째는 문화관광에 대한 관심증대이고 셋째는 도시관광이 대도시만의 전유물이 아닌 지방자치단체가 지역의 고유유산을 보전하면서 지역발전의 모티브로 원도심개발에 적극 관심을 갖기 시작하면서부터이다.

관광활동공간으로서 도시: 원도심, 도시 정체성, 재생

1) 원도심의 정의와 가치[17]

원도심이란 용어는 도시의 성장과 확산에 따라 도시의 공간구조가 다핵화되고, 도시의 중심기능이 외곽으로 분산되면서 생겨난 용어로서 그 도시가 시작된 근원지에 해당된다. 일반적으로 구도심(舊都心)이라 통칭하여 왔다. 그러나 최근 도심 공동화 현상의 가속화에 따른 도심 재생 및 환경회복과 관련한 건축과 도시설계 분야 등에서는 구도심과 구분하여 원도심이란 용어를 별도로 빈번하게 사용하고 있어 광의의 구도심은 원도심과 구분하여 사용할 필요가 있다. 좁은 의미로 볼 때 구도심은 신도심(新都心)을 전제한 용어로서 그 어감이 '새로운'의 반대인 '낡은', '옛' 등의 부정적 느낌을 갖고 있다. 따라서 도심 재생과 역사문화환경의 회복이라는 측면에서 볼 때, 시간적인 느낌이 강한 '구도심'보다는 '원래의', '근원의' 뜻을 담고 있는 '원도심'이 적합하다고 생각된다[18].

원도심은 도시 정체성의 근원이다. 급속한 도시의 재개발로 인해 해당 도시가 보유하고 있는 유무형의 역사 문화 경관들이 지속적으로 파괴되어가고 있는데, 이것은 그 도시만이 가지고 있는 고유한 특성의 소멸뿐만 아니라, 지역공동체의 와해, 무분별한 도시 확장 등 제반 도시 문제들과 연계되면서 그 심각성을 더하고 있다. 더 늦기전에 그 도시의 역사 문화 경관을 보유하고 있는 원도심의 의미와 가치를 재평가하여 도시의 정체성, 원도심 재생에 대해 고민해야 하는 시점이다[19].

17) 김정민, 2007, 도시: 기억 그리고 욕망, 역사문화경관으로서 원도심, 울산발전 16, 75-86.
18) 이진석, 2010, 부산 원도심 현장학습을 통한 도시 정체성의 의미와 중요성에 관한 연구, 한국사진지리학회지 제20권 제4호, p.196
19) 권태목·변일용, 2012, 역사문화자원을 활용한 원도심 활성화 방안 연구, 울산발전연구원

2) 도시의 정체성과 지역성

도시의 정체성은 여러 시대를 거쳐 형성된 역사 문화 경관에서 인간의 행동을 통한 의미 부여가 장소의 이미지를 창출하면서 확립된다고 볼 수 있다.[20) 그런데 오늘날 도시 정체성을 갖춘 도시가 찾기 어려운 이유는 첫째, 조급한 도시개발 사업추진과 경제성 위주의 도시개발 둘째, 새로운 것에 대한 막연한 동경으로 도시가 갖는 역사성의 간과 셋째, 도시 또는 지역들에 경쟁이 심화되면서 경쟁에서 우위를 차지하기 위해 그 지역과 전혀 상관없는 차별화만 강조하는 비실재(Unreal) 한 시설물을 랜드마크로 개발하기 때문이다.

어떤 한 지역의 성격을 의미하는 지역성은 그 지역이 처음 시작된 원도심과 그 지역의 인문 및 자연환경과 어우러져 살아온 지역민의 역사성과 내면화된 삶의 양식의 누적으로 형성된다. 그래서 그 지역을 관념적으로 표현하는 것이 정체성이고 지역을 기반으로 표현할 때는 지역성이 되는 것이다. 이 지역성은 지역에 내재되어 있는 것도 아니고, 물리적 현상을 분석함으로써 설명할 수 있는 것도 아니며, 개인의 장소감으로 환원될 수 있는 무언가도 아니다. 오히려 지역성은 역사적으로 정치적・경제적・사회적 관계에 의해 끊임없이 형성되고 변화되어 오는 것이다.

관광지(지역)의 정체성은 포섭과 배제의 차이로 구성되며, 담론과 실천 속에서 창조되고, 기대구조(정통성) 속에서 확립되어, 공동체의 정체성으로 내면화된다고 할 수 있다[21)

3) 도시 재생의 개념과 등장

도시재생법상 도시재생은 인구의 감소, 산업구조의 변화, 도시의 무분별한 확장, 주거환경의 노후화 등으로 쇠퇴하는 도시를 지역 역량의 강화, 새로운 기능의 도입・창출 및 지역자원의 활용을 통해 경제적・사회적・물리적・환경적으로 활성화시키는 것을 말한다(도시재생법 제2조 제1항 제1호).

도시 재생의 개념은 기존의 도시재개발의 개념과는 다른 쇠퇴한 기존 시가지를 대상으로 새롭게 정비하는 개념으로 사용되고 있다. 도시재생은 기존 쇠퇴한 내부 시가지에 대한 성장 및 발전을 유도하는 것으로서 도시 확산으로 인한 사회적 비용과 폐

---

20) 최병두, 2008, 도시발전 전략에 있어 정체성 형성과 공적 공간의 구축에 관한 비판적 성찰, 한국지역지리학회지 제14권 제5호, pp.604-626
21) 조아라, 2009, 문화관광지의 문화정치와 정체성의 사회적 구성-일본 홋카이도 오타루의 재해석, 제도화, 재인식 -, 대한지리학회지 제44권 제3호

해를 줄이기 위해 등장한 수단이다. 이런 이유로 도시재생은 기존의 도시재개발(Urban Renewal), 도시 재활성화(Urban Revitalization), 도시 리노베이션(Urban Renovation) 등의 개념을 포괄적으로 포함하고 있다.

서구 선진국의 경우, 1960년대 유럽을 중심으로 서구의 도시들은 전통제조업의 쇠퇴로 인해 도시경제의 침체, 도시 확산 현상으로 인한 도심의 쇠퇴 및 공동화, 인구 및 산업의 교외 유출로 인한 인구 및 고용감소, 쇠퇴 지역 내 사회적 갈등과 인종적 차별 등 다양한 도시문제에 직면하였고 이에 대응하기 위해 도시재생이 등장한 것이다(권용우 외, 2016).

4) 한국에서 도시재생의 등장

도시가 사회·경제·문화의 중심이자 국민이 살아가는 터전이라는 인식이 확대되면서, 2000년대에 지방의 과소화 방지, 지역균형 발전 등을 위하여 지방 소도시를 중심으로 다양한 도시재생 관련 사업이 활발히 전개되어 왔다. 이제 전국적으로 도심 활성화와 노후 시가지 정비를 통해 도심의 기능을 회복하고 낙후된 생활환경을 재정비하는 차원에서 본격적인 도시재생이 추진되고 있으므로 관광의 효과에 대한 고려와 함께 관련 정책과의 통합적 접근 방식을 고려해야 하지만 하드웨어적인 측면만 강조되고 있다. 도시재생법에는 '관광'에 대한 규정이 전무하고, 시행령에 도시 재생 사업의 추가적인 유형으로 '관광진흥법에 따른 관광지 및 관광단지 조성사업'을 보고 있을 뿐이다. 이는 관광의 기능 및 관광정책에 대한 이해 부족에서 기인한 것으로 정책 개발단계에서 부처 간 협력이 부족했음을 보여주고 있다. 도시재생의 선도 국가들(영국, 일본 등)에서 볼 수 있듯이 문화와 관광은 도시재생에 있어서 중요한 분야로 다루어지고 있으며, 실질적으로 도시재생 사업의 내용에 있어서도 문화와 관광분야가 다수 차지하고 있다.

도시관광의 활성화 방안

도시관광은 앞에서 설명한 원도심을 발굴, 유지하고 그와 동시의 도시 정체성에 맞는 매력물을 개발하면서 동시에 낙후된 원도심을 재생하는 모든 활동을 포함한다. 그 도시만이 갖고있는 매력을 바탕으로 많은 사람들이 가고 싶고, 보고 싶고, 즐기고 싶은 곳을 개발하는 것이다. 다음은 기존에 관광으로 유명한 곳이 아닌 도시의 변화과정에서 도시관광 활성화 전략을 통해 명소로 거듭난 곳을 소개한다.

1) 도시재생 사업

도시가 변화해 나가는 과정에서 계획적 도시재개발, 문화적 요인에 의한 도시의 변화 등이 이루어짐으로써 새로운 매력공간으로 재탄생되고 그 결과 관광객이 찾게 되는 사례로 대표적인 지역은 뉴욕 하이라인 파크(지상철)와 로우라인 파크(지하철), 한국의 세운상가와 청계천 개발 등이 있다.

2) 건축물의 랜드마크화

특징적이고 기념비적인 건축물은 도시의 랜드마크로서 역할을 하게 된다. 이 경우 도시방문객들이 즐겨 찾는 관광명소로 거듭나게 되고 이는 또한 도시 어메니티 개선 혹은 도시경제에의 기여라는 부수적 효과를 가져오기도 한다. 사례 지역은 스페인 빌바오 구겐하임 미술관과 동대문 디자인 프라자(DDP) 등이다.

3) 문화 프로그램

축제 및 이벤트 등 도시 내에서의 문화예술 프로그램은 도시주민들의 생활을 풍요하게 할 뿐만 아니라 도시가 세계적인 관광지로 발돋움하는데 기여하기도 한다. 사례 지역은 프랑스 아비뇽 페스티벌, 스페인 발렌시아 부놀의 토마토 축제, 영국 에딘버러 국제 페스티벌 등이다. 한국의 지역축제 등의 지역에 내재되어 있는 역사성을 문화축제로 승화한 것이다.

4) 장소 마케팅

도시에 대한 과거의 역할은 고정되고 변화되지 않고 거주민이 중심이라는 것이었다. 하지만 현대의 도시는 그 도시를 찾는 고객이 원하는 대로 변화하고 세계의 도시들과 경쟁하면서 스스로 자신을 마케팅하는 것으로 그 역할이 바뀌었다. 그리고 축제, 영화나 드라마, 혹은 TV 광고 등에 노출되면서 새로운 명소로 각광받는 사례가 나타나고 있다. 이처럼 도시의 유명한 공간, 독특한 행사 등을 통해 도시를 알려 도시의 가치와 경제력을 높이고 있다. 사례 지역으로 프랑스 파리 몽마르뜨, 이탈리아 로마, 홍콩, 한국의 서울 등 지속적으로 등장하고 있다.

5) 도시 내 자연공간의 활용

도시 내 자연자원, 공원·녹지는 도시를 방문하는 관광객에게 훌륭한 관광 공간이 되고 있다. 이러한 자연공간을 단지 시민만의 공간이 아니라 관광객의 휴양·관광 공간으로서 활용되고 있는데 사례 지역으로 미국 뉴욕 센트럴 파크, 프랑스 파리 세느 강 수변, 일본 오사카 남바 파크 등을 들 수 있다.

6) 도시브랜딩

도시가 가지고 있는 특징을 부각시켜 타 도시와 구별되게 만들고 도시의 경쟁력을 높이는 것을 목표로, 대상 도시가 브랜드화를 통해 도시의 인지도를 높이고 이미지를 새롭게 하며 유동인구의 유입을 유도한 사례이다. 대표적인 도시 브랜드는 'I♥NY'으로 세계적으로도 가장 성공한 브랜드 캠페인인 동시에 최초의 도시브랜드이다. 반면에, 'I SEOUL YOU' 같은 무슨 의미를 전달하려는지 정체불명의 도시브랜드도 있다.

7) 시민공동체 활동

도시는 도시의 거주하는 시민들에 의해 그 특성이 만들어진다. 그런 측면에서 시민의 문화 활동은 매우 중요한 도시매력요인이 되고 있다. 도시민에 의해 주도적으로 생성되고 활동을 하면서 생성된 공동체로 인하여 명소화가 된 사례가 일본 가나자와 시민 문화예술촌 등이 있다.

구분	사례	비고
도시 재생 사업	일본 롯본기 힐즈-미드타운	복합문화공간
	프랑스 라데팡스	신개선문의 랜드마크적 역할, 보행자 중심 도시
	한국 통영 동피랑	골목길 공공미술
	한국 전주 한옥마을	역사문화공간 정비
	한국 수원 못골시장	재래시장 활성화 사업
도시 One Spot의 명소화	북경 798 예술지구	공장지대의 문화예술지구화
	한국 문래동 문화예술	
	한국 인천 아트플랫폼	문화센터, 레지던스
건축물의 랜드마크화	스페인 빌바오 구겐하임미술관	도시재개발사업
	호주 시드니 오페라하우스	상징적 건축물
	미국 뉴욕 엠파이어스테이트빌딩	도시의 랜드마크
	한국 서울 서울N타워	
	한국 인천 아트플랫폼	근대건축물의 문화공간화
문화행사 프로그램	한국 인천 펜타포트 락 페스티벌	한국 최고 규모의 음악축제
	한국 양주 인디밴드	특색 있는 음악축제
장소 마케팅	한국 부산 BIFF거리	부산국제영화제
	한국 서귀포 섭지코지	영화 촬영지
	프랑스 몽마르트	
	일본 효고 히메지 성	필름커미션
자연공간의 활용	일본 오사카 남바파크	공원의 관광활용
	미국 브라이언트 파크	
도시 브랜딩	오스트리아 그라츠	유럽문화의 수도
	이탈리아 오르비에토	슬로시티
	이탈리아 로마, 피렌체. 비첸차	세계문화유산
시민공동체 활동	일본 카나자와 시민문화예술촌	경관을 배려한 마을 만들기
	한국 서울 성미산 지킴이	생태환경보호운동

도시재생의 관점에서 도시관광 성공사례

1) 역사자원을 활용한 도시재생 및 도시관광 사례

그 대표적인 성공 사례지역은 일제강점기 근대문화유산을 활용한 군산시이다. 군산시는 개항과 함께 일제에 의한 도시개발의 역사를 고스란히 간직하고 있다. 체계적인

---

22) 출처: 김향자, 2011, p50

도시개발로 금융·상업·주거 건축물 등이 건립되었고 근대역사문화의 자산을 갖게 되었다. 동국사, 히로스가옥, 해망굴 등 다수의 근대역사문화유산이 도시재생과 도시관광의 대상이 되고 있다.

지역의 문화유산을 활용하고 군산 원도심 및 내항 인근에 유휴화된 산업유산을 재활용하여 역사 경관 조성 및 문화·관광 관련 사업을 진행하여 방문객이 증가했을 뿐만 아니라 문화관광 도시라는 도시브랜드까지 형성하게 되었다.

2) 문화를 활용한 도시재생 및 도시관광 사례

전주 한옥마을은 일제 강점기에 일본인들이 전주 시내에 진출하면서, 이에 대한 반발로 한국인들이 전주성 경계선에 한옥 집단을 형성하던 것이 시초가 되었다. 그러던 중 1960~1970년 경부축 중심의 개발이 이어지면서 전주시는 물론 한옥마을도 또한 쇠퇴의 시기를 맞이한 것이다. 1995년 지방자치제 실시 이후, 전주시에서는 도시의 쇠퇴를 극복하고자, 도시의 공간정책에서 다른 지역과 차별화를 통한 도시 전략과 특정한 공간의 문화자원을 특화한 문화관광 전략을 시도하였다.

한옥마을이 기존 시가지 활성화를 위해 도시관광의 주요한 자원으로서 최적의 역할을 한 것은 2002년 월드컵 개최도시로 전주가 선정되었을 때이다. 전주는 올림픽 외래 방문객들에게 볼거리를 제공하기 위해 한옥마을 중심도로인 태조로를 중심으로 가로 정비와 전통문화센터, 공예 전시관, 한옥생활체험관 등 각종 문화시설을 건립하였다.

특히, 젊은층이 우리문화 즐기기로 한복을 입고 사진 찍는 장소로 전주 한옥마을이 주요 SNS에 등장하고 맛집들이 입주하게 되면서 그 성장세가 가속화되었다. 그러므로 전주 한옥마을은 전통문화를 재해석한 문화적 재생을 통한 도시관광의 성공 사례 지역이지만, 오버투어리즘(Overtourism)[23]과 젠트리피케이션(Gentrification)[24]의 폐해가 나타나는 대표적인 지역이 되고 있다. 과함은 부족함 보다 못하다는 격언이 떠오르는 지역이기도 하다.

---

23) 관광의 효과는 관광지를 매력있게 하여 관광객의 유입을 증가시켜 지역경제를 활성화하는 것인데, 관광지의 수용력을 넘어서는 관광객이 몰려들면서 주민들의 삶을 침범하는 현상을 말한다. 이 현상이 지속되면 주민들의 관광 혐오증(Tourism Phobia)까지 발생하게 된다.

24) 젠트리피케이션(Gentrification)은 지주계급 또는 신사계급을 뜻하는 젠트리(Gentry)에서 파생된 용어로 도심의 재활성화를 의미하는 긍정적인 용어였으나, 그 이행과정에서 낙후된 구도심 지역이 활성화되어 중산층 이상의 계층이 유입됨으로써 기존의 저소득층 원주민을 대체하는 현상을 가리킨다. 즉, 지금은 원주민과 세입자가 임대료 상승으로 외곽으로 내몰리는 현상을 의미한다.

《(좌)전주 한옥 마을 전경 / (우)부산 감천마을 전경25)》

3) 주민 참여형 도시재생 및 도시관광 사례

부산의 감천동은 한국전쟁 당시 피난민들과 태극도를 믿는 교인들에 의해 집단촌을 형성하게 되어 부산의 역사적 특성을 담은 마을이다. 급경사의 고지대로 산자락을 따라 계단식의 영세 주거 밀집 지역으로 구성되어 독특한 주거경관을 이루고 있다. 한때 3만명 정도가 거주하던 마을은 산업화 과정을 통해 젊은 세대가 빠져나가면서 주민 수가 급격히 감소하고 공가 및 폐가가 증가한 부산의 대표적인 낙후된 산동네로 쇠퇴한 것이다.

마을을 재활성화시키기 위해 마을의 경관보존 방안과 마을 소득 창출 방안 등을 목표로 빈집활용 예술공간 조성, 골목투어 코스 개발, 마을 기념품 개발 등의 사업을 진행하였다. 또한 주민들이 카페 및 음식점을 운영함으로써 마을 소득을 창출하고 방문객 및 주민들의 생활환경 개선을 위한 사업들도 진행되었다. 주민, 예술가, 마을 계획가, 지자체 기관 등 다양한 주체의 참여와 협력을 통하여 산동네로 낙후된 지역으로 남을 수 있는 지역을 문화와 예술을 통해 관광명소로 변모하여 성공한 사례지역이다.

---

25) 감천 문화마을 홈페이지(www.gamcheon.or.kr)

땅과 관광지리

예술의 섬, 나오시마(Naoshima, 直島)[26]

나오시마는 카가와현의 '세토 나이 카이(Seto Inland Sea, 瀬戸内海)'에 위치한 14.22㎢의 작은 섬으로 3,117명('17.01 기준)의 주민이 살고 있으며 우노항 또는 다카마츠항을 통해 접근이 가능한 곳이다. 1917년 미쓰비시광업(三菱鉱業)이 나오시마 제련소(直島製錬所)를 설치하면서 크게 발전하였지만 이후 환경적 문제나 산업적 문제로 인해 버려진 섬으로 전락하게 되었다.

이 섬이 예술의 섬이 된 것은 예술을 통해 섬을 살리고자 한 선구적인 사상을 가진 몇 사람 덕분이다. 1985년 후쿠타케 출판사 회장인 테츠히코 후쿠타케(Tetsuhiko Fukutake)가 세토 나이 카이에 전 세계 어린이가 모일 수 있는 장소를 만들기를 열망하고 있는 찰나에 나오시마 정(町)의 정장(Mayor)인 치카쓰구 미야케(Chikatsugu Miyake) 역시 섬을 문화와 교육을 통해 발전시키려는 의지가 있었고 그것이 결합되면서 나오시마의 발전의 원동력이 된 것이다. 그리고 1989년에는 오카야마에 기반을 둔 일본의 가장 큰 교육회사 중 하나인 베네쎄 그룹(Benesse Corporation)은 일본의 대표적 건축가인 안도 타다오(Ando Tadao, 安藤忠雄)의 총괄 아래 '나오시마 국제 캠프(Naoshima International Camp)'를 개최했으며, 1998년 3월 카도야(Kadoya)라 불리는 '아트 하우스 프로젝트(Art House Project)'가 시작되면서 나오시마 혼무라(本村) 지구의 오래된 주택을 복원하는 프로젝트가 진행되었고 이 공간은 예술가들의 예술 활동 공간으로 전환되었다.

우선 1992년에 개관한 '베네쎄하우스 뮤지엄(Benesse House Museum)'과 1995년 7월 개관한 '베네세하우스 오발(Benesse House Oval)'동, 2006년에 개관한 '베네쎄하우스 파크/비치(Benesse House Park/Beach)'동은 뮤지엄으로서의 기능뿐만 아니라 건축물 자체로도 아름다우며 관광객에게는 숙소로도 활용되고 있다.

〈베네쎄하우스 전경과 이우환 미술관〉

2004년에는 지추미술관(Chichu Art Museum, 地中美術館)을 개관하였고, 2010년 6월에는 우리나라 현대미술가인 이우환 미술관(Lee Ufan Museum, 李禹煥美術館)을, 2013년에는 전통건축물을 활용한 안도 뮤지엄(ANDO Museum)을 개관하였다.

〈지추미술관 전경: 산 정상부 땅속 공간을 활용함〉

안도 타다오와 함께 나오시마를 얘기할 때 빠질 수 없는 예술가는 바로 쿠사마 야요이(Kusama Yayoi, 草間彌生)이다. 실제 나오시마에는 선착장과 베네쎄하우스 파크동 앞 선착장에 그녀의 상징적 작품인 빨강, 노랑 호박을 배치하여 황량한 나오시마의 랜드마크 역할을 하고 있다.

---

26) 채경진(2017). "나오시마, 예술이 곧 삶인 현장". 문화예술지식DB. 아키스브리핑 제120호. 한국문화관광연구원

〈쿠사마 야요이의 호박 작품과 지추 미술관 원경〉

그렇다면 나오시마의 성공 요인은 무엇이었을까? 가장 먼저 지자체장의 의지와 기업의 지원, 그리고 주민의 지지를 들 수 있다. 더불어 이 뜻을 이해하고 동참한 예술가들이다.

둘째, 일본이 낳은 세계적 건축가 안도 타다오를 통해 섬 전체의 전통과 현대가 어우러지도록 설계하고 건축물의 예술성과 테마를 확보했다는 점이다. 특히 베네쎄하우스는 숙박시설로도 활용되고 있어 명품의 미술관과 세계적 거장의 건축물에서 숙박한다는 것 자체가 관광객들의 만족도를 배가해주는 것이다.

셋째, 주변 섬과 예술이라는 이름하에 연계되어 활용된다는 것이다. 나오시마 주변에는 이누지마(犬島), 데시마(豊島), 쇼도시마(小豆島)등이 있는데 이들 섬 역시 근대건축물을 활용하여 예술공간으로서 활용하거나 이름이나 특성에 맞는 예술작품을 설치함으로써 시너지 효과를 가져오고 있다. 특히 이들 섬 곳곳에서 마주할 수 있는 건축물이나 설치미술 작품은 섬의 랜드마크가 될 만큼 시너지를 발휘하고 있다.

넷째, 자연 훼손을 최소화하고 경관을 확보했다는 점이다. 나오시마는 예술의 섬으로 탈바꿈하면서도 그것에 내재된 자연 가치의 훼손을 최소화하고 건축물이 조화롭게 설치되어 있는데 바다와 조화된 자연경관은 자전거나 도보로 트래킹하기 좋은 여건이다.

다섯째, 한 번의 이벤트로 끝나는 것이 아니고 지속적인 국제예술페스티벌을 개최하고 있다는 점이다.

〈주민의 자긍심: 이에 프로젝트의 성공 이유〉

나오시마는 세토 내해의 작은 섬으로 주민들이 떠나는 섬이었다. 섬 자체를 예술공간으로 만드는 '나오시마 프로젝트'는 안도 타다오 지휘 아래 추진되어 베넷세 미술관과 하우스(리조트형 초미니 고급호텔) + 지중미술관 + 이에 프로젝트 등, 빛과 자연이 어우러진 건축물들, 섬 곳곳이 야외 전시물, 건축이 자연을 만날 때, 예술작품을 감상, 관광하면서 쉴 수 있는 공간으로 변화시켜 연간 수백만 명이 방문하는 예술명품 관광지로 탈바꿈 된 것이다. 이 프로젝트의 성공은 안도 타다오와 건축물에도 있지만, '이에 프로젝트'를 통해 마을에 소규모 박물관과 예술품 설치를 통해 소득증대와 주민들의 마을에 대한 자긍심 고취 그리고 마을의 활성화가 가장 큰 성과이다.

05 관광과 산업관광

산업관광의 정의와 범주

산업관광은 산업현장을 객체로 하여 관광을 하는 행위로서 방문기업과 지역에는 경제 및 개선 등의 파급효과가 나오게 하는 것을 목표로 하는 관광 활동이다. 산업관광의 효과는 주체인 관광객에게 기업과 해당 지역의 방문을 통해 견학과 체험을 하고, 객체인 기업은 자사 제품과 기업문화를 홍보하고 더불어 지역은 지역특화산업을 알려 관광객들의 소비 활동의 파급효과까지 누릴 수 있게 하여 관광객, 기업, 지역이 상생하는 관광형태이다.

과거의 산업관광은 주로 1차산업은 극히 일부분이고 2차산업에 집중되어 정의하던 것에 비해 점차적으로 산업의 종류와 관광객이 체험할 수 있는 내용의 범위가 확대되어 전 산업부분에서 나타나고 있다. 그래서 산업관광의 공식은 견학 + 체험 + 교육 + 인적교류 + 기업홍보 + 지역 파급효과이다.[27)]

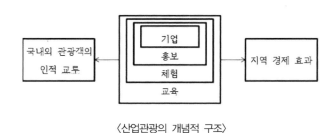

〈산업관광의 개념적 구조〉

관광과 광업

1) 한국의 광업 현황과 특색

한국의 지하자원을 파악하기 위해서는 먼저 한반도의 지질적 특색을 검토해야 한다.

한반도의 생성은 선캄브리아부터 시작되어 고생대, 중생대, 신생대 지층까지 분포되어 있어 '광물의 표본실'(매장광물 약 300여종, 유용광물 140종)이라고 불리고 있지

---

27) 한국관광공사, 2011.2, 산업관광의 전략적 거점 개념화 연구, 한국관광개발연구원
한국관광공사, 2015.5, 산업관광의 사업추진 성과분석 및 활성화 방안 수립 연구, 한국관광개발연구원

192 관광지리학자와 함께 답사하는 한국의 땅

만 채광 광물이 약 30종에 불과하고, 풍부하게 매장된 것은 극히 한정되어 있다.

한반도의 지하자원 매장의 특색은 자원의 지역적 편재가 심하여 북한지역에 집중 매장되어 있고 남한지역은 주로 태백산 지역에 편재해 있다.

국내 자원개발의 경제성 악화로 광산의 폐업 증가하고 있어 광업 총생산액은 감소하고 있기 때문에 산업분야에 필요한 주요자원의 상당량을 수입에 의존하고 있다.

2) 한반도의 주요 지하자원

산업화에서 가장 필요한 철광석은 북한의 관서와 관북 철광지대에 집중 매장되어 있고, 남한의 경우 태백 철광지대가 남한 철광석의 90%를 차지하는 중심지였으나 수입 철광석에 밀려 경제성이 없어 채굴 중단되고 있다.

금은 전국에 걸쳐 분포하나 대규모 광산은 없고 북부지방에 집중 매장되어 있다. 그동안 채산성 악화로 폐광화 된 금 광산이 세계 금 시세의 급등으로 재개장의 분위기에 있다. 그리고 수도권 광명시에 있는 광명동굴은 일제강점기 시흥광산(가학광산)으로 금, 은, 동, 아연 등을 캐던 광산이었는데 1972년 폐광되어 새우젓 창고로 쓰이고 있었다. 서울대 지리학과 출신이 광명시장으로 선출되면서 이 동굴을 광명시가 매입하여 2011년 동굴테마파크로 변신하여 연간 100만 명이 넘게 방문하는 명소가 되었다.

전력·전자 산업의 핵심 원료인 구리는 전국에 분포하나 채산성이 맞지 않아 전량 수입에 의존하고 있다.

텅스텐(중석)은 항공기제조, 장갑차나 무기, 전구 제조하는 전략 광물인데 북한의 황해도 백년·기주와 강원도 영월군의 상동(단일광상으로 세계최고매장량)·옥방·달성 등에 엄청난 양이 매장되어 있다. 하지만 값싼 중국산에 밀려 1992년 폐광 되었다가 2020년 다시 재개발하여 연간 2,500톤 이상을 생산하기로 했다.

한국의 석회석은 고생대 하부 지층인 조선계 지층에 매장되어 있는데 시멘트, 제철의 원료로 가채연수 3,000년 이상으로 엄청난 매장량을 보유하고 있다. 주요산지는 남한의 경우 강원 남부~충북 북동부~경북북부(영월, 단양, 삼척, 제천, 문경, 울진 등)에 걸쳐 있다.

무연탄은 고생대의 상부 지층인 평안계 지층과 중생대 대동계 지층에 매장되어 있는데 탄화 정도에 따라 무연탄, 역청탄, 갈탄 등으로 구분된다. 무연탄은 열량이 낮고 일반 가정용으로 쓰이고, 산업용의 역청탄은 생산되지 않아 전량 수입에 의존한다. 갈탄은 신생대 제3기 층에 분포하고 화학공업의 원료로 쓰이는데 북한의 함북 탄전에 집중 매장되어 있고, 남한에는 경북 영일만에 소량 매장되어 있으나 경제성이 없다. 무연탄의 남한 주요 매장지역은 태백산 탄전으로 남한 무연탄 생산량의 90%를 차지한다. 삼척·태백·정선·영월·강릉·단양·문경 등지에서 생산되었으니 급격히 사양화 진행되어 이 지역의 기반산업이 붕괴되는 충격이 발생하였다. 이것을 극복하기 위해 석탄산업합리화사업 법안를 제정하여 이 지역에 극약처방으로 내국인 전용 카지노인 강원랜드를 설립하여 그 수익으로 낙후된 탄광 도시를 재활성화하는 재원으로 삼고 있다. 과거 이곳의 석탄을 서울을 포함한 대도시로 수송하기 위해 건설한 중앙선, 태백선, 충북선 등의 산업철도는 아직도 운행되고 있으며 일부 구간은 관광열차를 운행하여 새로운 관광수요를 창출하고 있다. 한반도의 고령토는 매장량도 많고 품질이 아주 좋다. 그래서 한국산 도자기와 내화 벽돌의 품질 또한 우수한데 경남 하동·산청·거창 등 뿐만 아니라 전국적 분포를 보이고 있다.

이밖에도 흑연, 납, 활석, 니켈 등도 상당량이 매장되어 있으나 채산성이 맞지 않아 대부분 폐광상태이다.

3) 광업 지역의 관광자원화 사례

(1) 강원랜드: 강원도 폐광지역을 카지노의 메카로

① 강원랜드 호텔 & 카지노의 설립 배경

강원랜드는 석탄산업 사양화에 따른 폐광지역 경제회생을 위해 카지노와 관광산업을 육성할 목적으로 '폐광지역 개발 지원에 관한 특별법'에 의거 1998년 6월 설립된 산업자원부 산하의 공기업이다. 따라서 사업의 대상지는 특별법에 의하여 '폐광지역 진흥지구'로 지정되어 있으며, '탄광지역 개발촉진지구 개발계획'에서 제시된 계획 중 가장 핵심적인 사업이다.

〈강원랜드 호텔 & 카지노와 하이원 리조트〉

② 강원랜드의 특징과 향후 전망

강원랜드는 산업자원부 산하 석탄 산업합리화 사업단(현 한국광해관리공단)과 강원도에서 설립한 강원도 개발 공사, 그리고 4개 지방자치단체(정선군, 태백시, 삼척시, 영월군) 등 공공부문에서 51% 지분을 보유하여 정부 수준의 신용도를 유지함은 물론 개발 및 사업운영의 투명성 및 공정성을 확보하고 있다.

현재 한국에는 서울, 인천, 부산, 제주 등 약 17여개의 카지노가 영업 중이나 모두 외국인 전용이므로 내국인의 출입이 불가능하다. 내국인이 건전한 투기성 오락(Gambling)을 즐길 수 있는 시설은 경마, 경륜, 경정 등에 국한되어 있다. 그러나 강원랜드는 국내 유일의 내국인 출입 카지노로 강원도 오지인 사북과 고한지역을 산악 관광지로 개발 중이다.

강원랜드는 카지노와 하이원 리조트로 각자의 역할을 잘 수행하고 있는데 호텔과 콘도, 스키장, 골프장, 테마파크 등을 통해 카지노라는 부정적인 면을 벗어버리고 가족형 종합 관광단지로서의 국제경쟁력을 확보하고자 절실히 노력하고 있으나 쉽지 않다. 강원도 오지까지 관광객이 집중될 수 있는 독특한 마케팅 전략이 절실히 요구된다. 특히 '폐광지역개발지원에 관한 특별법'에 의거 내국인 출입이 가능하고 2015년에 종료되는 한시법이었으나 그 목적이 완료되지 않아 2025년까지 그 기간을 연장하였다. 현재 강원랜드의 카지노와 비카지노 부분의 매출은 약 88% : 12%이므로 건전한 카지노 문화를 정착하는데 그 역량을 집중함과 동시에 수익구조의 다변화를 강구해야 한다. 또한 법 만료 이후를 대비하여 연계 관광 루트나 연계 관광상품의 개발로 지역주민의 실질적인 소득증대와 고용 창출효과를 도모해야 하는 숙제를 시급히 풀어야 한다.

③ 강원랜드의 문제점

카지노의 재원으로 폐광지역을 활성화하고자 하지만 여러 부작용이 표출되고 있는데 강원랜드의 가장 심각한 문제점은 도박 중독자의 양산이다. 교육도 하고 출입제한 하는 다양한 방법을 강구하고 있지만 도박중독은 정신적인 문제이므로 쉽게 해결 할 수 없는 것이다. 또한 개발 이익의 불균등 분배와 인천 영종도, 제주도 카지노 등과의 경쟁이 만만치 않다.

〈사북지역 기형적 도시형태〉

(2) 해외 사례

① 미국 칼리코 은광촌

미서부 투어시 라스베가스를 갈려면 모하비 사막을 거쳐야 하는데 버스토우 (Barstow) 근처에 CALICO Ghost Town이 있다. 이곳은 1881년 실버 러쉬(Silber Rush) 시대에 500여 개의 개인 은광으로 번성했던 은광촌이었다. 1890년 은값의 폭락으로 주민들이 떠나면서 유령마을이 된 곳을 당시의 서부시대의 일확천금을 꿈꾸던 사람들의 생활상과 무법자 마을을 그대로 재현하여 수많은 관광객들이 몰리고 있다.

〈미국 서부, 칼리코 은광촌〉

② 폴란드 크라카우 소금 광산

폴란드는 유럽 중부의 지정학적으로 위치로 수많은 외세의 침략을 받았다. 그 대표적인 사건이 아우슈비츠 수용소의 건설이었다. 인간의 잔혹성을 보기 위해 전 세계 사람들이 몰리지만, 오히려 관광객들에게 감동을 주는 곳은 가는 길에 들르는 크라카우(Krakow, 크라쿠프Krakőw;독일어)[28] 비알리츠카(Wieliczka) 소금광산이다. 이곳은

---

28) 크라카우는 현재 바르샤바로 수도 이전인 1138년~1572년 약 440여년 동안 폴란드 왕국의 수도였는데, 2차 대전 중에도 도시가 폭격을 받지 않아서 1978년 UNESCO 최초로 도시 전체가 세계문화유산으로 지정되었고 크

크라쿠프 시내에서 동남쪽으로 약 15km 떨어진 '사람이 살 수 없는 땅'으로 알려진 유배지였으나, 1290년 이곳에서 소금이 발견되면서 폴란드 왕국을 풍요롭게 해준 곳이다.[29]

비알리츠카 소금광산은 200만 년 전에는 바다였던 곳으로 알프스 판이 융기하면서 바닷물이 증발하고 남은 소금이 암염으로 변해서 소금 광맥이 약10km에 걸쳐 500m~1.5km 두께로 뻗쳐 있다. 이후 소금 가치 하락으로 명맥만 유지하다가 1978년 유네스코 세계문화유산으로 지정된 이후 소금은 기념용으로만 채굴하고, 관광용 소금광산으로 변신하여 지하의 소금 조각, 예배당, 광부들의 생활상 등을 보기 위해 연간 수백만 명의 전 세계인들이 찾아오는 유명 관광지가 되었다.

관광과 산업

1) 우리나라 산업발달의 역사와 특징

(1) 일제강점기의 산업발달

일본은 대륙침략과 태평양 전쟁의 병참기지로 한반도를 철저히 활용하였다. 한반도의 값싼 원료와 노동력으로 생산된 소비재 공산품(섬유, 식품, 인쇄)은 주로 경인, 영남지방에 발달시켰고, 부산과 인천·목포·군산항은 일제의 원료 및 식량 송출항과 동시에 일본 상품의 시장 역할로 기형적 식민도시가 발달하였다. 지금 이 도시들의 식민잔재건물은 한국의 역사문화유산으로 활용하여 관광자원화하는 재생사업을 벌이고 있다.

일제강점기 후반부에는 태평양 전쟁을 위한 군수 산업 중심으로 국토구조가 개편되어, 북부지방에 제철, 화학공업을 발달시켰고, 남부지방은 경공업 중심의 불균형적인 공업구조가 형성되어 이 구조는 해방 이후까지 영향을 미치게 되었다.

(2) 해방 후의 산업 발달

해방이 된 후에 북한 중심의 산업화가 진행되었고, 남한의 열악한 산업기반마저도

라카우성은 그 중 백미이다.

29) 소금(Salt)은 오늘날 '월급(Salary)'의 어원이 인데 중세에는 소금 1kg이 은 1kg이나 금 500g과 교환될 정도로 귀했고, 인간과 가축의 필수 생존 요소였다. 그래서 그런지 동유럽의 음식은 아직도 짜다.

6·25전쟁으로 철저하게 파괴되었고, 또 다시 부산과 인천항 중심의 미국과 일본에 예속된 소비재산업이 육성된다.

1962년부터 경제개발 5개년계획을 수립하면서 본격적으로 수입 대체 산업이 경부축을 중심으로 성장하게 된다. 즉, 노동집약형 경공업인 섬유·합판·신발 공업이 부산[30], 대구, 인천, 서울을 중심으로 발달하여 수출 지향형 임가공 공업이 발달하였다.

1970년대는 산업의 구조가 중화학 공업으로 재편되면서 시멘트, 비료, 석유화학 공업을 시작으로 제철, 제련, 기계, 조선, 자동차 산업이 부산, 울산, 인천을 중심으로 급성장하게 된다. 탄력을 받은 한국의 산업구조는 선진국과 자본 및 기술 협력 그리고 풍부하고 우수한 노동력을 기반으로 급성장하게 되어 '전쟁의 폐허에서 일어선 한강의 기적'을 이루게 된다.

1980~90년대는 세계적인 신흥공업국으로 성장하였는데, 첨단 산업인 화학, 정밀기계, 반도체, 전자, 컴퓨터, 생명 공학 분야로까지 성장하게 된다.

2000년대 이후는 정보통신 기업의 약진으로 강남, 구로 등이 새로운 첨단산업지역으로 부상되고, 생명공학과 소프트웨어 산업의 약진으로 정책적 산업입지가 중요시되고 클러스터에 의한 광역경제권이 시대로 접어들고 있다.

산업화 과정에서 우리 국토는 서울-부산의 경부축, 서울-인천의 경인축으로 발달하는 기형적인 국토개발이 이루어졌고 이 과정에서 정치적 권력 구조와 맞물려 강원도, 충청도, 전라도 지역은 상대적인 낙후지역이 되었다. 물론 이러한 국토의 불균형적 개발을 해소하기 위한 다양한 정책을 발휘하고 수도권 인구 억제 정책과 맞물려 지금은 어느 정도 해소되었다. 하지만 극적으로 국토의 균형개발이 가능한 것은 아이러니하게도 '국가균형발전 특별법'에 의한 서울 중심의 국가 공공기관을 지방으로 이전한 혁신도시 정책이었다.

한국의 산업구조가 노동집약적 산업 → 자본집약적 산업 → 기술집약적 산업 → 기술과 서비스의 융복합 시대로 순조롭게 전환이 가능했던 것은 지식과 인간관계를 중시한 한국의 전통문화와 교육열 그리고 적절하게 뒷받침해 준 국가정책과 산업체에서 묵묵히 맡은 바 직무에 충실한 우리 국민 모두의 자긍심 덕분이다. 이제 한국은 초고속인터넷, IT, 인공지능, 스마트에 기반을 둔 디지털 트랜스포메이션[31] 혁명의 세계 속 중심허브(Hub)가 되어 세상을 리드하고 있다.

---

30) 윤병국, 1989, 부산 신발공업의 형성과정에 관한 연구, 경희대학교 대학원 지리학과 석사학위논문
31) Digital Transformation: 세상의 모든 사물이 디지털화되어 산업구조를 재편하는 것(All Things Digital)으로 흔히 4차산업혁명이라고도 한다.

2) 산업 관광지 사례연구

산업 관광지로 국내외 견학자들이 가장 많이 찾고 있는 수원의 삼성전자, 울산의 현대자동차, 포항의 포스코를 예로 들고자 한다.

수원 일대의 삼성전자는 한국 최대의 전자 산업의 메카(가전, 반도체)이고, 백색가전 기업인 삼성을 첨단 반도체, 스마트폰을 생산하는 한국 경제의 대들보로 만든 성지(聖地)이다. 이병철 회장 시기의 제일제당은 조미료, 설탕과 같은 소비재를 만들던 당시 한국 최대 기업이었지만, 이건희 회장이 선택한 반도체가 아니었으면 지금의 삼성과 같은 초일류기업은 되지 못했을 것이다. 또한 제일제당은 일찍이 CJ라는 사명으로 문화콘텐츠를 기획, 생산, 유통하는 기업으로 핵심동력을 전환하여 한국의 한류가 전 세계로 초석을 다졌고 결국 '기생충' 제작배급을 지원하여 아카데미 시상식에서 작품상과 감독상, 각본상의 영예를 대한민국에 오게 한 기업이다. 삼성과 수원은 기업의 미래 비전에 따라 국가의 성장동력이 달라짐을 증명하는 곳이다.

울산의 현대자동차와 현대중공업(구, 현대조선)은 한국 자동차 산업의 메카이며 현대그룹의 '하면 된다! 해 봤나?'의 불도저와 같은 불굴의 정신을 볼 수 있는 곳이다. 500원짜리 지폐에 인쇄된 이순신 장군의 거북선과 울산 미포만의 황량한 모래사장의 흑백사진으로 "당신이 내 배를 사주겠다고 계약만 하면 내가 영국에서 돈을 빌려 이 백사장에 조선소를 짓고 배를 만들어주겠소!"라고 그리스 선주와 호탕하게 계약한 정주영 회장의 일화는 지금은 대한민국 산업보국(産業報國:산업을 일으켜 나라에 보답한다)의 신화가 되었다.

⟨500원 지폐 속의 거북선[32]⟩

---

32) 출처: 한국은행 화폐박물관

포항의 포항제철과 광양 제철소는 박정희 대통령의 한국 공업 발전에 헌신했던 선견지명을 볼 수 있고 무에서 유를 창조한 박태준 회장의 뚝심과 의리를 느낄 수 있는 곳이다. 그리고 기업 이윤을 미래 과학자를 배출하는 포항공대(POSTECH)으로 전환한 곳이기도 하다.

기업의 이윤을 인재 양성에 쏟은 사업가 중 구)파스퇴르 유업의 최명재 회장은 이색적인 인물이다. 파스퇴르우유가 처음 생산되던 1987년까지 한국에서는 높은 온도에서 우유를 멸균함으로써 우유가 지닌 영양소를 파괴하고 대신 고소한 맛을 내는 초고온 멸균처리우유만 생산되고 있었다. 파스퇴르가 선진기법의 저온처리우유를 생산하자 기존 유가공업체는 기존 시장을 지키고자 음해를 하였으나 결국 현명한 소비자의 선택으로 파스퇴르우유는 한국 우유 시장을 변혁하는 계기가 되었고 회사도 급성장했다. 그는 민족과 국가가 번영하려면 지도자적 인물을 양성하는 것이 시급하며, 이를 위해서는 교육환경의 개선이 시급하다는 신념으로 사재 1,000억을 투자하여 최고의 시설과 교육자를 갖춘 민족사관 고등학교를 1996년에 설립하였다. 그리고 이곳에서 양성되는 지도자는 민족정신으로 고취하게 하고, 한국적인 전인교육, 자기주도학습 교육을 실현하는 세계 일류의 영재교육기관으로 자리매김하였다.

최명재 회장의 불의의 사고로 IMF 사태 이후 회사는 위기를 겪게 되고 2004년 한국야구르트에 매각되었으며, 2010년 10월 5일 롯데삼강에 인수됐다. 2011년 11월 1일을 기점으로 하여 파스퇴르유업 법인은 소멸되었고, 현재는 브랜드로서만 남아 있다. 파스퇴르 생산시설은 롯데푸드 횡성공장으로 명맥을 유지하고 있지만, 그 옆의 민족사관고등학교는 대한민국 최고의 교육기관으로 남아 있다.

〈민족사관고등학교 전경: 강원도 횡성 소재〉

관광과 교통

1) 관광과 교통과의 관계

관광과 교통과의 관계는 관광객과 관광지를 연계하여 관광지의 흥망성쇠를 결정짓는 가장 중요한 요소 중 하나이다. 한 국가의 교통망과 교통체계를 수립하면서 교통수단과 운송비의 관계를 알고 한 국가의 영토 크기를 고려하여 추진하는 것이 매우 중요하다.

우리나라의 경우 국토가 협소하고 산악 지형이 많으며 강수의 계절적 변화가 커서 도로 교통에 중점을 두고 교통망을 구축하는 정책을 펴는 것이 합리적이다. 물론 철도와 항공, 해운 교통도 중요하지만 이들은 인프라 구축과 이용률에 있어서 도로 교통보다 비교 열위에 있었다. 이제는 시간과 쾌적성 그리고 관광의 개성화를 따지는 포스트모던 관광시대에 있어서는 그 선택은 소비자의 몫이 되었다.

2) 한국의 교통 현황

(1) 육상 교통

도로 교통 | 한반도의 도로 교통의 역사는 신라와 고려시대의 역원제를 거쳐 조선시대는 서울을 중심으로 6개 간선 도로망을 중심으로 발달되어 왔다. 물론 이 도로는 사람들 간의 이동 뿐만 아니라 물류와 군사적인 목적 등의 우마차 길이었다. 1910년대 일제강점기에 자동차가 등장하면서 신식도로인 신작로가 건설되었고 1950년대는 전쟁을 계기로 군사도로가 구축되었다. 1960년대부터 산업도로를 거쳐 1970년대에 서울과 인천의 경인 고속도로, 서울과 부산 간의 경부 고속도로가 건설되면서 전국이 1일 생활권으로 접어들었다. 2,000년대 이후 고속철도의 등장으로 전국이 반나절 생활권에 들어서게 되었다.

도로 교통의 장점은 지형과 노선의 제약이 적고, 기동성·융통성이 좋고 Door to Door로 문전 연결성이 좋다. 다만, 장거리 대량 수송에 불리하고 대도시간의 도로건설은 중간에 있는 중소도시를 쇠퇴하게 되는 단점이 있다. 특히 모든 도시들이 고속도로 건설로 대도시와 시공간적 접근성 증대를 열망하지만 오히려 대형쇼핑센터로의 쏠림현상으로 지방 중소도시는 쇠퇴하는 부작용이 발생하니 신중한 접근이 요망된다.

철도 교통 | 한반도의 철도망은 일제시대인 1899년 경인선, 1910년대 경부선, 경의

선의 국토를 종단하는 철도가 구축되었고 1920년대는 호남선과 경원선이 건설되면서 X자형 간선 철도망이 구축되었다. 그 후 대한민국 정부에 의해 태백산 지역의 지하자원을 수송하기 위한 산업 철도(중앙선, 영동선, 태백선, 충북선, 경북선)와 수도권의 전철화로 서울 중심의 방사상 교통망이 세팅되었다.

철도 교통의 장점은 대량 장거리 수송에 유리하고, 신속성, 확실성, 안전성이 높다. 다만, 지형적 조건, 기후적 조건에 제약조건이 많으로 신규 철도노선 구축에는 제약이 크다.

철도의 전철화 | 한국의 산업철도는 대부분 전철노선으로 구축되었는데 무연탄의 신속, 안전, 대량 수송을 위해 설치되었는데 중앙선(서울-제천), 태백선(제천-백산), 영동선(철암-동해)이 그 한국 철도의 역사성을 간직하고 있다. 특히 강원도의 험한 지형 장애를 극복을 위한 특수 철도 시설

중앙선의 루프(Loof)식, 영동선의 스위치 백(Switch Back), 북한 함경산맥의 장전호선·부전호선은 인클라인(Incline) 시설을 구축하였다.

수도권에는 지상 또는 지하로 지하철이 구축되어 있는데 서울의 인구 및 산업 시설 분산, 교통난 해소에 엄청난 기여를 하고 있다.

고속철도 | 한국이 고속철도를 도입하기 위해 프랑스의 국철(SNCF) 및 테제베(TGV)와 계약을 맺고 1992년 착공하여 2004년 4월 개통됨에 따라 우리나라는 당시 프랑스, 일본, 독일, 스페인 등과 함께 시속 300km의 초고속철도 시대에 들어서게 되었다.

고속철도의 개통은 빠른 속도를 통한 시간 단축으로 전국을 2시간대 생활권으로 연결시켜 국민들의 생활에 커다란 변혁을 가져올 뿐만 아니라 경제적·사회적·문화적으로도 국토 공간의 역할을 재편하게 하였다.

한반도는 유라시아 대륙의 동쪽 끝에 해당된다. 이제까지는 북한에 막혀 유라시아 대륙 동단의 고립된 섬처럼 되었지만, 북한이 개방되고 중국(TCR, 중국횡단철도)과 러시아(TSR, 시베리아횡단철도)를 관통하는 고속전철이 개통될 것이다. 한반도의 고속철도는 이미 전국화로 진행되고 있고, 머지않아 부산에서 출발하여 북한과 러시아 시베리아를 지나 독일의 프랑크푸르트, 파리, 영국 런던까지 기차 타고 여행 갈 날도 멀지 않았다.

〈한국 고속철도: KTX 내부와 SRT 외부〉

(2) 수상 교통

수상 교통은 강을 중심으로 하는 교통수단으로 장거리 대량 수송에 유리하고 운송비가 저렴하다는 장점이 있지만, 단점으로는 느린 운송 속도와 수송 지역(항구 간 연결)의 제약이 크다.

한반도의 하천 교통은 조선 말엽까지 나루터 취락인 예성강의 벽란도, 한강의 삼전도·노량진·양화진·마포·송파, 낙동강의 왜관·삼랑진, 금강의 강경, 영산강의 영산포를 중심으로 세곡 운송, 상업항으로 발달하였으나 일제의 신작로 건설로 그 기능을 육상 교통으로 넘기게 되었다.

한반도의 내륙하천은 하천의 하상계수[33]가 크고, 한강 이북의 하천은 겨울기간에 동결하며, 지속적인 하천퇴적으로 하상(河床)이 높아 그 발달에는 한계가 있다. 하천 교통의 쇠퇴로 과거 하항의 중심이었던 도시들은 쇠퇴일로에 빠졌다가 다시 '향수(鄕愁)'가 모티브가 되어 재생되는 곳이 나타나고 있다. 그 대표적인 곳이 영산강의 영산포(현재 나주시로 통합)이다.

(3) 해상 교통

한국의 해상 교통은 수출입에 있어서 절대적인 수송수단으로 대량 화물의 장거리 수송에 유리하나 신속성이 없다는 단점이 있다.

한반도에서 근대적 해운이 시작된 시초는 강화도 조약(1876년)으로 인천, 부산, 원산을 개방하면서부터이다. 1960년대 후반 이후 무역의 증대, 조선 공업의 발달(울산, 거제도)로 현재까지 급속한 성장세를 유지하고 있다.

2018년 12월 말 기준으로 우리나라는 무역항은 31개항, 연안항 29개항으로 총 60

---

33) 하천의 최고 수위(여름)와 최저 수위(겨울)와의 차이

개항이 항만법에 의해 지정되어 있고, 여객선의 고속화·대형화·카페리화 등 연안여객선의 현대화 및 쾌속화를 지속적으로 추진하고 있다.

국제 여객선 정기운항은 1970년 6월 부산~시모노세키간 훼리호 취항을 시초로 2015년 12월말 기준 한~중간 16개 항로(인천 10, 평택 5, 군산 1), 한~러간 1개 항로(동해 1) 한~일간 7개 항로(부산 6, 동해 1) 등 총 24개 항로가 운항되고 있다. 정부는 앞으로 일본·중국·러시아 등 인접국 간을 연결하는 신규 항로 개설을 지속적으로 추진하여 관광객의 해상교통수단 이용을 적극 유도해 나갈 방침이다.[34]

우리나라의 크루즈업은 해외 의존도가 심각하다. 해외 크루즈선사의 한국 Agent사와 직접 거래하거나 대리점 계약을 체결한 몇몇 여행사들이 외국 유람선사의 상품의 판매를 대행하여 크루즈 이용객을 연계해 주고 있다. 최근에는 해외 크루즈선사와 직접 용선 계약하여 한·중·일·러시아를 연계하여 크루즈 상품을 기획하고는 있지만 진정한 모항(母港) 개념의 크루즈 관광상품은 아니다. 한국 시장이 세계 크루즈 시장에서 중요한 기항지가 되고 있고 크루즈 전용항구의 개발에 따른 모항 개발을 모색하고 있기에 크루즈선의 개발이 필요하다. 하지만, 한국이 세계 수준의 조선 기술과 건조 능력을 갖고 있지만, 유일하게 못 만드는 선박이 크루즈선이다. 크루즈선의 외형은 건조가 가능하겠지만 섬세하고 럭셔리한 내부설계 부분에서는 유럽의 전통있는 크루즈 제조선사들의 능력을 따라가지 못하고 있다. 우리나라는 삼면이 바다로 둘러싸인 지정학적 장점을 생각하면 크루즈업의 발전에 좋은 환경을 갖고 있다. 정부 차원에서도 다도해의 섬을 개발하기 위한 조사 용역 및 남해안 관광권 개발과 서해안 관광권 개발을 추진하고 있으므로 그 대상지를 해안지역에 국한하지 말고 다양한 섬 자원을 연계하는 크루즈 노선의 개발을 심도 있게 검토할 필요가 있다.

한국의 서남해안 항구에서 출발하는 국내 크루즈 선사의 모항과 해외 크루즈 선사의 기항지가 잘 조화되고 한반도를 중심으로 하는 동북아 크루즈 관광항로 개발 및 특성 있는 관광상품을 개발한다면 한반도는 진정한 동북아 해상교통의 중심이 될 것이다.

---

34) 관광동향에 관한 연차보고서, 2019, 문화체육관광부

땅과 관광지리

영산포의 흥망성쇠와 홍어의 부흥

영산포는 나주시 옆에 있는 영산포읍으로 중요한 교통의 요지였으나 현재는 나주시로 통합되면서 영강동·영산동이 되었다. 농업경제시대에 해남, 강진, 영암 등의 농수산물이 영산포역을 통해 서울과 각 지역으로 운송되면서 육상교통과 수상교통의 결절 역할로 최대의 호황을 누렸을 때에는 나주역보다 더 큰 역이었지만 현재는 호남선 직선화로 인해 나주역과 통합되어 폐역이 되어 쇠퇴일로를 겪고 있다.

〈사라진 영산포역의 간이대합실과 쇠락한 역전 앞 거리〉

영산포라는 지명은 영산강과 흑산도의 이주민에 의해서 형성된 것이다.

영산강은 전남 담양군 용면(龍面) 용추봉(龍湫峰, 560m)에서 발원하여 담양·광주·나주·영암 등지를 지나 목포 인근의 영산강 하구둑을 통해 서해로 흘러드는 길이 115.5km, 유역면적 3,371㎢의 호남지역 대표적인 강이다. 서해안 조석(潮汐)의 영향으로 밀물일 때 나주 부근까지 배가 순조롭게 올라올 수 있었다. 이러한 감조하천(感潮區域)으로 인한 하천유역 농경지의 피해를 막기위해 1981년 12월에 목포 인근에 하구둑이 건설됨으로써 더 이상 영산강의 수운교통으로서의 기능은 상실하게 된다. 필연적으로 오염물질의 퇴적에 의한 수질오염, 수상교통의 쇠퇴, 각종 어류의 감소 등을 초래하여 개발과 보존의 갈등을 상징하는 대표적인 지역이기도 하였다.

영산포라는 지명은 조선 중종 25년(1530년)에 완성된 '신증동국여지승람' 나

주목 부분에 "영산폐현(榮山廢縣)은 주의 남쪽 10리에 있다는 기록이 있다. 본래 흑산도 사람들이 육지로 나와 남포(南浦, 즉 지금의 영산포)에 살았으므로 영산현이라 했다."고려 말기에 접어들면 왜구가 우리나라 곳곳에 침범하여 약탈과 유린을 반복했다. 왜구침입이 더욱 극성인지라 서남해의 주요한 섬들에 있던 관청(읍치소)을 육지로 옮기고 사람들도 강제로 옮겨 살도록 했다. 섬에서 살던 사람들을 더이상 살지 못하도록 강제이주정책으로 섬을 비우는 '공도(空島)정책'을 실시했다. 그 중 흑산도인들의 강제이주지는 나주에서 남쪽 10리에 있는 곳이었다. 흑산도 사람들은 강제이주지이자, 새로 일군 터전의 이름은 고향인 흑산도 인근 영산도(永山島)에서 따와 '영산'이라 하고 그 고향의 섬을 잊지 못하여 '영산'의 앞을 지나는 강을 영산강으로 부르고 그 강의 포구를 영산포라 했다. 흑산도 사람들이 영산포에 정착하면서 그들 고향의 지명뿐만 아니라 정체성과 문화적 특성을 이식했다. 그것이 가능할 수 있었던 것은 다음의 두 가지가 영산포에 있었다.

첫째가 '공도정책'이라는 국가 정책과는 달리 이주당한 사람들은 뱃길로 그곳을 몰래 오갈 수 있었다. 홍어를 잡아 배에 실어 영산강 밀물을 따라 오는 뱃길이 일주일(390리, 목포에서 140리)이 소요되었는데, 영산포에 도착하면 어느새 홍어가 푹 발효되어 '삭힌 홍어'가 되었고 그냥 버리기 아까워서 먹어본 결과 톡 쏘면서 독특한 맛이 나는 발효음식이 탄생한 것이다. 흑산도 어민들이 그 이전부터 '찰진 생홍어'를 먹었는지 아니면 '삭힌 홍어'를 먹었는지에 대한 정확한 근거를 찾기는 곤란하지만 '디아스포라'(흩어진 사람들)로 고향을 잃어버린 흑산도인들에게는 고향 음식이 홍어였다.

두 번째, 물길을 이용한 교역체제가 뒷받침했기 때문이었을 것이다. 조선시대부터 시작된 민간의 장시(場市)가 가장 일찍 발달한 곳이 나주와 무안이었다. 유배지 흑산도에서 끝내 숨을 거둔 정약전(1758~1816)이 기록한 '자산어보'에 나타났듯이, 이미 홍어가 그곳 사람들의 독특한 기호음식으로 정착되었다는 것을 알게 해준다. 이뿐 아니라 흑산도가 주요한 홍어 산지이고, 그것을 매매하는 전문적인 상인이 있었다는 기록에 비춰 보면, 홍어의 생산과 유통과정이 시스템이 조선시대부터 형성되어 있었다는 것이다[35].

이후 영산포를 교통의 요지로 개발한 것은 일본인들이었다. 제국주의 수탈항으로 목포항을 개발한 일본은 목포항에서 140여리 떨어진 내륙의 거점도시로서 영산포를 눈여겨보았고 1900년대부터 일본의 나가사키, 구마모토, 야마구치, 후쿠오카 등에서 이주해온 일본인들이 현재의 선창가 근처의 원정통(일본식 지명) 일대에 정착하였고 1910년대부터 근대식민상업도시의 역할을 수행한 것이다. 그렇게 갖가지 생선과 젓갈들이 철 따라 영산포 선창으로 배를 타고 들어오던 영산포는 식민지 최대의 유통항이었다.

그러나 홍어와 농수산물의 집산지로 누렸던 영산포의 영광은 1977년 10월 영산포에서 마지막 배가 목포로 출항하면서 목포와 영산포 간의 뱃길은 끊어지게 된다. 하구언(1978년 착공, 1981년 12월에 완공)이 건설되어 뱃길이 끊기고 하상이 낮아지게 되고, 육상교통이 발달하면서 철도 중심인 영산포는 그 기능을 상실하거나 일부는 광주(양동시장)로 넘기게 되었다. 그러던 중 그나마 유지하고 있었던 영산포의 교역기능이 무참히 붕괴 된 것은 1989년 7월 25일 밤 영산포 인근의 영산강 둑이 터지면서였다. 이 일로 영산포는 물바다가 되어, 역전 앞 상가와 주택 그리고 선창의 수산물 가게가 전멸하다시피 하였다.

〈영산포 홍어거리와 선창 개발〉

그 이후 광주의 양동시장과 목포가 삭힌 홍어의 공급기지가 되면서 1980년~1990년대 중반까지 물류시스템이 구축되면서 전국적인 유통망이 형성하게 되었다. 그 와중에 영산포역이 폐쇄되면서 영산포는 나주시의 한 부분으로 전락하였다.

그러던 영산포가 '삭힌 홍어'로 다시 중흥의 분위기가 나타나고 있다. 그 배경에는 김대중 대통령도 있었지만 정치적 상황도 바뀌고 우리 문화의 원형을 찾는 운동도 일어나면서 사회적 분위기가 바뀌었다. 홍어를 먹어보면 정확히 발효·숙성과 부패를 구분할 수 있다. 홍어가 공기가 통하지 않는 곳에서 밀봉되어 삭는 과정에서 몸 안의 삼투압을 조절하기 위한 요소가 분해되어 소화효소인 펩타이트와 아미노산이 만들어진다. 그 과정에서 고약한 화장실 냄새가 나오면서 톡 쏘는 맛을 내는 것이다. 맛과 향이 그렇지만 섭취해도 아무런 문제가 없고 오히려 홍어가 가지고 있는 암모니아가 부패세균의 발육을 억제하므로 식중독의 발생을 없앤다. 잘 삭힌 홍어는 묵은김치처럼 오래 보관할수록 살이 단단해지고 싸한 맛이 더 해진다.

전라도의 애경사나 잔칫집 음식에서 반드시 홍어가 빠지지 않은 이유는 그 맛을 못 잊어 하는 것도 있지만 특히 여름철에 상한 음식을 먹더라도 홍어를 섭취하게 되면 절대 식중독이나 배탈이 나지 않기 때문이다. 이 또한 우리 조상들의 지혜인 것이다. 여기에 영산포가 홍어 대중화의 기반 역할을 할 수 있는 것은 선창가의 냉동창고에서 보관한 홍어를 숙성하고, 재가공하는 기능이 형성된 것이다. 또한 영산포에서 홍어를 음식으로 내놓거나 도·소매 유통하는 업주들이 모여 영산포 홍어연합회를 만들어 매월 정기회를 갖고 정보·기술을 교류하고 행사를 계획하고 홍어 음식을 개발하였다. 전통적인 삭힌 회, 홍어애국, 찜, 무침 뿐만 아니라 전, 초밥, 탕수육, (불낙)전골, 칼국수 형태로 즐기게 하였다. 특이한 것은 몇 업소를 제외하곤 대부분 2000년 이후에 생겼다는 점이다. 지금도 영산포는 매년 4월이 되면 홍어축제로 그 부흥을 알리고 있다. 더불어 흑산도에서도 근해에서 잡는 '찰진(삭히지 않은) 홍어'를 이용해 2007년부터 홍어축제가 영산포 홍어의 부활을 알리고 있다.

홍어는 이제 단순한 음식이 아니다. 호남의 문화가 되어 '남도의 문화코드'로 읽히고 있다. 문화관광의 시작은 그 문화원형을 찾아야 함과 동시에 그것이 탄생하게 된 원적지(原籍地)를 찾아야 한다. 영산포 홍어의 원형은 홍어거리 바로 앞 선창과 과거 5일장의 어물전이다. 영산포 영광의 흔적으로 1915년 축조한 흰색등대(근대문화유산 129호 지정)가 외롭게 서 있다. 정부의 4대강 유역개발로 영산강은 다시 살아났으며, 목포부터 영산포까지 물길이 이어져 황포 돛배가 운영되고 있고 이제는 삭힌 홍어의 탄생지인 홍어거리가 부활되어 이곳은 과거의 향수를 불러일으키고 있는 지역으로 재탄생중이다.

(4) 항공 교통

한국에서 항공교통이 시작된 것은 일제강점기부터인 1928년부터이고 1948년

---

35) 권경안 기자의 남도이야기, 2009.3.9, 조선일보

KNA(대한민국 항공사), 1968년 KAL(대한항공), 1988년 Asiana(아시아나항공)을 중심으로 양대 국적 항공사가 한국과 전 세계를 연결하는 국제항공시장을 장악하고 있었다. 하지만 2005년 애경그룹과 제주시가 합작으로 저비용항공사(LCC)인 제주항공을 설립하면서 진에어, 에어부산, 에어서울, 티웨이, 이스타 항공 등의 저가 항공사(Low Cost Carrier)가 등장하여 새로운 수요를 창출하면서 급성장하고 있다. 물론 이 과정에서 기존 FSC(Full Service Carrier)와 노선과 서비스 그리고 가격으로 치열한 경쟁을 벌이고 있으며, 자본이 취학한 항공사는 청산되거나 M&A도 급격히 진행되고 있다.

항공교통의 장점은 항공기를 이용하여 최단 거리로 신속 수송하고 공항만 있다면 노선의 제약이 적다. 다만, 기상 조건의 제약이 크고, 운임이 비싸서 여객 수송이나 화물 수송 분담률이 매우 낮은 단점이 있지만, 첨단장비와 특수화물의 항공수송이 증가하고 있다. 항공사 수익의 관점에서 말 많고 손이 많이 가는 여객운송 보다 말없이 조용히 이동하는 화물의 수익이 훨씬 더 높아 이 부분의 비중을 강화하고 있다.

향후 항공 시장의 변화를 예측해 보면, 국내 항공교통은 고속철도의 전국화로 항공료와 공항까지의 거리, 공항 수속의 번거로움 때문에 경쟁에서 밀리고 있다. 국내선 전체 항공노선은 제주도를 제외하고 급속히 감소하고 있으므로, 대체 시장으로 한국을 기점으로 하는 4~6시간대의 동북아 및 동남아 해외 관광지로의 진출이 급증하리라 예상된다. 다만, 국제 정치적 상황, 화산 폭발과 같은 자연재해, 코로나 19 바이러스와 같은 전염병이 복병으로 도사리고 있어서 이를 슬기롭게 극복하느냐의 여부에 따라 항공수요도 극심한 부침이 있을 것으로 예상된다.

관광과 전통시장

낯선 지역에 여행가서 짧은 시간에 그곳을 이해하려면 박물관과 시장을 가면 된다. 박물관에서는 그 지역의 역사를 한꺼번에 파악할 수 있고, 시장에 가면 그 지역 사람들의 활기찬 모습과 현재 생활상을 알 수 있고 지역 음식도 맛 볼 수 있다.

한국의 전통시장은 5일마다 열리는 정기시장과 특수시장 그리고 상설시장으로 시전이 있었다.

정기시장은 객주(客主, 현재의 위탁 매매인)와 보부상을 중심으로 지역의 중심지에서 일정 간격으로 개설되었는데, 보상과 부상[36]이 5일마다 전통시장을 돌아다니면서 농촌사회의 경제와 정보의 교환기능을 수행하였다. 상권의 범위는 대체로 1일 도보 거리(약 20Km)까지 였다. 현재는 교통의 발달과 지방 중심지의 상설 점포 증가로 급격히 쇠퇴하고 있지만, 도시민들의 향수를 자극하고 지역 경제를 순환시키는 기능을 강화하기 위해 관광자원으로 다시 발굴되어 운영하고 있다.

특수시장은 말 그대로 특수한 상품을 거래하는 약재, 소, 물고기, 인삼 등을 거래하는 시장이다. 약령시는 주로 한약재를 거래하는 곳으로 약재의 채취와 출하 시기에 맞춰 봄, 가을에 대구·전주·원주 등에서 열렸다. 농업경제에서 소는 노동력을 증진시키는 중요한 도구였는데 서울의 마장동, 수원의 우시장이 유명하였다. 바다와 하천이 만나는 금강의 강경은 젓갈과 어류는 거래하는 어시장으로 유명했고. 금산은 인삼 시장으로 전국적인 명성을 지금도 유지하고 있다.

상설시장은 매일 열리는 시전(市廛)[37]을 의미하는데 조선시대에 한양과 지방의 주요 도시의 중심거리에서 운영되었고 한양의 경우 운종가(종로 거리)의 육의전[38]이 가장 큰 시전이었다.

일제 때 경성 시내의 종로는 조선인들이 주로 거래하는 육의전의 기능이 남아 있어서 일본인들이 활동하기 불편하여, 조선인들이 풍수지리상 가장 신성하게 여기는 남산에다 일본 신사(神社)를 짓고 그 아랫동네에 혼마치(충무로)와 메이지초(明治町, 명동)의 일본인 주거지와 상가를 조성하여 청계천을 경계로 지역구조가 양분되는 근간이 되었다. 그 명동이 지금은 서울의 가장 중심 번화가가 되었고, 외국인 관광객이 서울에서 가장 가고 싶어 하는 거리가 된 것을 보면 인생이나 지역은 우리가 기획하는 대로 변화되지 않는다는 것을 알 수 있는 대표적인 사례이다.

---

36) 보상은 봇짐장수를 의미하는데 금·은·옷감·화장품 등 값비싼 잡화를 주로 거래하였고, 부상은 등짐장수로 그릇, 소금, 담배, 어물 등 일용품을 거래하였다.
37) 조선 시대에 관청의 허가를 받아 장사를 하는 상인들이 운영하는 큰 가게
38) 한양에는 운종가를 따라 시전 상인들의 상설시장이 형성되면서, 백성들의 생필품인 비단과 명주, 무명, 모시, 종이, 생선 등을 취급하는 점포 등이 중심이었고, 궁중에도 납품하는 거상집단으로 성장하였다.

땅과 관광지리

화개장터

화개장터는 지리산에서 시작된 화개천이 쌍계사를 스치고 흘러 내려와서 섬진강과 만나는 곳에 위치해 있다. 건너편은 전남 광양이고 이쪽은 경남 하동으로 지리산의 산물과 하동 악양벌의 농산물, 그리고 섬진강과 광양만의 수산물이 거래되던 우리나라 5대 시장으로 손꼽힐 만큼 거래가 왕성한 전통시장이었다.

화개장터의 옛 모습을 상상하기에는 김동리의 단편소설 「역마」(驛馬, 1948)보다 더 좋은 참고자료는 없다. "화개장터의 냇물은 길과 함께 세 갈래로 나 있다. 한 줄기는 전라도 땅 구례에서 오고 한 줄기는 경상도 쪽 화개협에서 흘러내려, 여기서 합쳐서, 푸른 산과 검은 고목 그림자를 거꾸로 비춘 채, 호수같이 조용히 돌아, 경상·전라 양 도의 경계를 그어주며, 다시 남으로 흘러내리는 것이 섬진강 본류였다. (중략) 장날이면 지리산 화전민들의 더덕·도라지·두릅·고사리들이 화개골에서 내려오고, 전라도 황화물 장수들의 실·바늘·면경·가위·허리끈·주머니끈·족집게·골백분들이 또한 구렛길에서 넘어오고, 하동길에서는 섬진강 하류의 해물 장수들의 김·미역·청각·명태·자반조기·자반고등어들이 들어오곤 하여 산협(山峽)치고는 꽤 성한 장이 서기도 하였으나, 그러나 화개장터의 이름은 장으로 하여서만 있는 것은 아니다."

그러나 지금, 흥청거렸던 화개장터는 현재는 사라졌다. 화재로 대부분이 소실되었기 때문이다. 지금의 화개장터에는 옛날 시골 장터의 모습을 재현했지만 어딘가 어설픈 느낌은 지울 수 없다. 하동군청에서 새로 지은 옥화주막의 메뉴는 옛것에 충실했지만, 그 옛날 왁자지껄하고 흥이 있던 화개장터의 멋과 맛은 재현하지 못하는 안타까움만 있다. 쌍계사 계곡 초입부에 잠깐 스쳐 지나가는 관광객들을 위한 은어와 참게 등을 파는 음식점들만 즐비하여 그 옛 모습이 그리운 곳이다.

〈화개장터 전경〉

참고문헌

강원랜드 홈페이지

권경안 기자의 남도이야기, 2009.3.9, 조선일보

권용우 외, 2016, 도시의 이해

권태목·변일용, 2012, 역사문화자원을 활용한 원도심 활성화 방안 연구, 울산발전연구원

김향자, 2011, 도시관광 활성화 정책 추진 방안, 한국문화관광연구원

김향자, 2015, 도시 재생 추진에 따른 도시관광정책 방안 연구, 한국문화관광연구원

김향자·유지윤, 2000, 도시관광 진흥방안 연구, 한국문화관광연구원

문화체육관광부, 2012. 12, 산업관광 활성화 방안

윤병국, 1989, 부산 신발공업의 형성과정에 관한연구, 경희대학교 대학원 지리학과 석사학위논문

이진석, 2010, 부산 원도심 현장학습을 통한 도시 정체성의 의미와 중요성에 관한 연구, 한국사
        진지리학회지 제20권 제4호, p.196

이충기·이강욱, 2010, 강원랜드 카지노리조트 개발로 인한 강원지역과 타지역에 미친 경제적
        파급효과 분석, 한국관광학회 34(4), pp.109-126

조아라, 2009, 문화관광지의 문화정치와 정체성의 사회적 구성- 일본 홋카이도 오타루의 재해석,
        제도화, 재인식-, 대한지리학회지 제44권 제3호

채경진, 2017, "나오시마, 예술이 곧 삶인 현장". 문화예술지식DB. 아키스브리핑 제120호. 한국
        문화관광연구원.

최병두, 2008, 도시발전 전략에 있어 정체성 형성과 공적 공간의 구축에 관한 비판적 성찰
한국지역지리학회지 제14권 제5호, pp.604-626

한국관광공사, 2011.2, 산업관광의 전략적 거점 개념화 연구, 한국관광공사

한국관광공사, 2015.5, 산업관광의 사업추진 성과분석 및 활성화 방안 수립 연구

한승욱 외, 2012, 원도심 창조도시 구상을 위한 기초조사 – 원도심의 상업기능 활성화를 중심으
        로 -, 부산발전연구원

민족사관 고등학교 홈페이지

중앙일보 기사

철도청 홈페이지(www.korail.go.kr)

한국고속철도공사(www.ktx.korail.or.kr)

Benesse Art Site Naoshima

(benesse-artsite.jp/en/about/history.html)

위키피디아 '나오시마'(en.wikipedia.org/wiki/Naoshima,_Kagawa)

관광지와 관광 개발

01 한국의 관광지 현황

관광지의 개념과 역할

1) 관광지의 개념과 의미

관광지는 관광객이 일상생활권을 벗어나 관광 욕구를 충족시키면서 일정기간 동안 체재하는 지역으로서 관광자원과 관광시설을 갖추고 있으며, 정보제공 서비스가 이루어지는 일정한 공간을 의미한다. 관광개발자의 역할은 이러한 관광자원의 매력성이 있는 관광지에 공적자금이나 민간자본을 투입하여 관광객의 관광 활동을 증진하기 위한 기반시설과 편익시설을 갖추어 지역개발과 고용 창출을 하는 것이다.

관광지와 관광자원의 개념과 구분에 대해서 관광전문가들도 혼동을 하는데 그 둘의 공통점은 속해 있는 지역 전체가 관광객의 관광욕구를 충족시킬 수 있다는 점이다. 차이점은 '지역'이라는 공간적 개념의 차이이다. 즉, 관광자원은 공간상 점(點)의 개념이지만 관광지는 면(面)의 개념이라고 할 수 있다.

2) 관광지의 법률적 개념

한국의 땅에는 그 오랜 역사만큼 수많은 관광지가 소유에 따라 국립, 공립, 사립으로 존재하고 있고, 그 이상으로 알려지지 않은 관광지가 펼쳐져 있다. 사설 관광지는 개인 소유이기에 그 관리나 경영에 관여할 수 없다. 학자적 관점에서 자문하고 연구할 수 있는 관광지는 국가가 지정하고 관리 운영하는 관광지로 법률에 따라 규정되어 있다. 관광진흥법 제2조 6항에서는 '관광지'라 함은 '자연적 또는 문화적 관광자원을 갖추고 관광객을 위한 기본적인 편의시설을 설치하는 지역'으로 규정하고 있고, 인접 법률에 의해 다음과 같이 관광지 개념이 확대될 수 있다.

〈법률에 따른 관광지의 구분〉

법률		구분
관광 진흥법	(지정) 관광지	자연 및 문화관광자원을 갖추고 있어 관광 및 휴양에 적합한 지역
	관광단지	관광산업 진흥을 촉진하기 위해 관광자원과 시설들을 중점적으로 개발하는 관광 거점지역(관광 하드웨어 개발)
	관광특구	자유로운 활동을 보장하여 외래관광객 유치를 촉진하고 관광진흥거점지역으로 육성하는 지역(관광 소프트웨어 지원)
자연 공원법	국립공원	우리나라를 대표할 만한 자연생태계 보유지역 또는 수려한 자연경관지
	도립공원	특별시, 광역시 및 도를 대표할 만한 자연경관지
	군립공원	시 및 군을 대표할 만한 자연경관지
도시 공원법	도시공원	도시계획구역 안의 자연풍경 보호, 시민의 보건·휴식 및 정서생활 향상에 기여 하는 지역
산림법	자연휴양림	정상적 산림경영을 하면서 휴양수요를 충족하고 소득증대에 기여하기 위해 휴양 시설을 조성한 산림
온천법	온천지구	온천지역을 중심으로 공공 이용증진과 온천이용시설 및 환경정비를 위해 지정된 지구
문화재보 호법	동굴관광지	신비로운 동굴경관을 천연기념물과 지방기념물로 지정하여 보호·관리하는 곳

3) 관광지 역할

관광진흥법상에는 관광지의 지정 목적 및 역할에 대해 명확히 규정되어 있지 않지만. 관광지는 다음과 같은 역할을 해야 한다.

국민과 지역주민을 위한 휴식 공간 제공을 제공하는 것이 그 첫 번째 역할이다. 둘째, 관광자원과 관광지의 체계적인 개발 및 관리 효율성 극대화하여 지역개발과 더 나아가 국토의 균형발전 수단으로 활용하는 것이다. 셋째가 가장 중요한 역할인데 관광시설물이 입지하고 관광지로 개발된 지역에 관광객들이 유입되면서 고용 창출과 지역경제를 활성화하는 정책실현 수단으로서의 역할을 하는 것이다.

한국의 법률적 관광지 현황

1) 지정 관광지의 지정과 현황

지정 관광지라는 용어는 별도로 존재하는 것이 아니고 사설관광지와 구분하기 위해 '관광진흥법에 의해 지정된 관광지'를 의미한다.

지정요건은 산악, 호소, 하천, 계곡, 동굴, 해안, 문화유적 등 관광자원이 풍부하고 관광객 접근이 쉬운 지역을 국가와 지방자치단체가 지정한다.

　　현재 관광지 지정 및 조성계획 승인 권한을 2005년 4월자로 시·도지사에 이양했다. 지정관광의 지정 절차는 해당 지방자치단체에서 관광지로 지정한 후, 관광지 조성계획 승인으로 공공시설, 편의시설, 숙박·상가시설 및 운동·오락시설, 휴양·문화시설, 녹지 등의 시설을 유치하고 개발한다. 이 과정이 순조롭게 진행되면 좋겠지만 경험이 부족하고 제대로 된 전문가가 지방자치단체에 없으며. 개발 및 관리·경영의 경험 미숙으로 예산 낭비 및 중복 투자 등으로 다양한 문제가 발생하고 있다. 즉, 세월의 경과로 당초 목적과는 달리 도시화의 진행으로 이미 관광지로서 기능이 상실되어 있는 곳을 그대로 방치하고 있거나 관광시설을 유치하지 못하고 사업비 부족으로 조성계획이 미수립된 관광지 등의 문제가 산재해 있다. 사설 관광지이면 이미 폐업하거나 구조조정을 진행할 수 있지만 국가예산으로 관리 운영하기에 그대로 방치하고 있는 것이다.

〈전국 지정관광지 현황1)〉

시·도	지정개소	관광지명
부산	5	태종대, 금련산, 해운대, 용호씨사이드, 기장도예촌
인천	2	서포리, 마니산
대구	1	비슬산
경기	14	대성, 용문산, 소요산, 신륵사, 산장, 한탄강, 산정호수, 공릉, 수동, 장흥, 백운계곡, 임진각, 내리, 궁평
강원	41	춘천호반, 고씨동굴, 무릉계곡, 망상해수욕장, 화암약수, 고석정, 송지호, 장호해수욕장, 팔봉산, 삼포·문암, 옥계, 맹방해수욕장, 구곡폭포, 속초해수욕장, 주문진해수욕장, 삼척해수욕장, 간현, 연곡해수욕장, 청평사, 초당, 화진포, 오색, 광덕계곡, 홍천온천, 후곡약수, 어흘리, 등명, 방동약수, 용대, 영월온천, 어답산, 구문소, 직탕, 아우라지, 유현문화, 동해 추암, 영월 마차탄광촌, 평창 미탄마하 생태, 속초 척산온천, 인제 오토테마파크, 지경
충북	22	천동, 다리안, 송호, 무극, 장계, 세계무술공원, 충온온천, 능암온천, 교리, 온달, 수옥정, 능강, 금월봉, 속리산레저, 계산, 괴강, 제천온천, KBS제천촬영장, 만남의광장, 충주호체험, 구병산, 늘머니과일랜드
충남	25	대천해수욕장, 구드래, 신정호, 삽교호, 태조산, 예당, 무창포, 덕산온천, 곰나루, 죽도, 안면도, 아산온천, 마곡온천, 금강하구둑, 마곡사, 칠갑산도립온천, 천안종합휴양, 공주문화, 춘장대해수욕장, 간월도, 난지도, 왜목마을, 남당, 서동요역사, 만리포
전북	21	남원, 은파, 사선대, 방화동, 금마, 운일암·반일암, 석정온천, 금강호, 위도, 마이산회봉, 모악산, 내장산리조트, 김제온천, 웅포, 모항, 왕궁보석테마, 백제가요정읍사, 미륵사지, 오수의견, 벽골제, 변산해수욕장

---

1) 출처: 관광동향에 관한 연차보고서, 2018년 12월 기준, 문화체육관광부

전남	28	나주호, 담양호, 장성호, 영산호, 화순온천, 우수영, 땅끝, 성기동, 회동, 녹진, 지리산온천, 도곡온천, 도림사, 대광해수욕장, 율포해수욕장, 대구도요지, 불갑사, 한국차소리문화공원, 마한문화공원, 회산연꽃방죽, 홍길동테마파크, 아리랑마을, 정남진우산도-장재도, 신지명사십리, 해신장보고, 운주사, 영암 바둑테마파크, 사포
경북	32	백암온천, 성류굴, 경산온천, 오전약수, 가산산성, 경천대, 문장대온천, 울릉도, 장사해수욕장, 고래불, 청도온천, 치산, 용암온천, 탑산온천, 문경온천, 순흥, 호미곶, 풍기온천, 선바위, 상리, 하회, 다덕약수, 포리, 청송 주왕산, 영주 부석사, 청도 신화랑, 울릉개척사, 고령 부례, 회상나루, 문수, 예천삼강, 예안현
경남	21	부곡온천, 도남, 당항포, 표충사, 미숭산, 마금산온천, 수승대, 오목내, 합천호, 합천보조댐, 중산, 금서, 가조, 농월정, 송정, 벽계, 장목, 실안, 산청전통한방휴양, 사등, 하동 묵계(청학동), 거가대교
제주	15	돈내코, 용머리, 김녕해수욕장, 함덕해안, 협재해안, 제주남원, 봉개휴양림, 토산, 묘산봉, 미천굴, 수망, 표선, 금악, 제주돌문화공원, 곽지
합계	227	

문화체육관광부는 한국문화관광연구원과 함께 전국적으로 지정 관광지를 평가하여 예산의 차등 지원, 리모델링, 재활성화 방안 등을 모색하고 있다. 이에 관광지 지정 등의 실효제도를 도입해 지정 후 2년 이내에 조성계획 승인신청이 없거나 승인 후 2년 이내에 개발 사업을 착수하지 않으면 관광지의 지정 또는 조성계획 승인 효력을 상실하게 하는 일몰제를 실시하고 있다. 현재 전국에 약 227개 관광지를 국가 예산을 지원하고 지자체에서 관리 운영 중에 있다.

2) 관광단지

관광단지는 관광산업의 진흥을 촉진하고 국내외 관광객의 다양한 관광 및 휴양을 위하여 각종 관광시설을 종합적으로 개발하는 관광거점지역을 의미한다.

관광단지로 관광 개발을 진행하면 정부나 지자체가 기반시설을 조성하여 민자를 적극 유치하는 정책이므로 다양한 혜택을 제공한다. 즉, 지방세법의 규정에 의하여 취득세와 등록세를 50%(최대 100%) 감면하고 대체산림조성비(준보전산지) 및 대체초지조성비의 100% 면제 등 각종 세제 및 부담금의 감면 등의 혜택을 제공하고 있다. 특히 2010년부터 민간개발자가 관광단지를 개발할 경우 지방자치단체장과의 협약을 통해 지원이 필요하다고 인정하는 공공시설에 대해 보조금을 지원할 수 있도록 하였다. 이제 과거 관광 개발 과정에서 밀실에서 음성적으로 지원을 하거나 개발 예정지에 대한 부동산 투기를 조장하는 등의 부작용을 최소화하는 양성적 정책을 시행하고 있다.

2018년 12월 말 기준으로 전국에 지정된 관광단지 현황은 총 46개소이다. 특히 건강·교육·체험 등 다양한 관광수요를 특징으로 하는 최근의 관광 패러다임 변화에 맞춰 관광단지를 특성화하여 개발하게 유도함으로써, 개발 과정상 복잡한 각종 개발 인허가를 원스톱 의제처리[2]가 가능하게 하여 지역 관광산업의 동력으로 활용하고 있다.

〈관광단지 개발 현황[3]〉

지역	단지명	지정 (조성계획)	사업기간	규모 (㎢)	사업비 (억 원)	개발주체	주요 도입시설
부산 (1)	오시리아 (동부산)	2005.03 (2006.04)	2005~2019	3,663	11,497	부산도시공사	호텔, 콘도, 복합상가, 골프장, 테마파크, 녹지시설 등
인천 (1)	강화 종합리조트	2012.07 (2012.07)	2012~2020	0,645	960	(주)해강개발	루지, 스키장, 콘도, 전망휴게소
광주 (1)	어동산	2006.01 (2007.04)	2005~2019	2,736	3,400	광주광역시도시공사	빛과예술센터, 테마파크, 골프장, 관광호텔, 콘도미니엄 등
울산 (1)	강동	2009.11 (2014.12)	2007~2018	1,368	25,000	울산시 북구청	워터파크, 타워콘도, 청소년수련시설, 허브테마, 문화체험, 테마파크, 복합스포츠 지구 등
경기 (2)	평택호	2009.10 (예정)	1982~2023	2,743	-	평택시청	관광호텔, 워터랜드, 테마파크, 캠핑장, 수산물센터 등
	안성죽산	2016.10 (예정)	2017~2020	1,436	6,800	(주)송백개발 (주)서해종합개발	골프장, 워터파크, 휴양콘도, 힐링센터, 팜스토어 등
강원도 (15)	고성델피노 골프앤리조트	2012.04 (2012.04)	2010~2019	0,900	2,672	(주)대명레저산업	골프장, 호텔, 콘도
	설악 한화리조트	2010.08 (2010.08)	2010~2020	1,314	4,203	한화호텔앤드 리조트(주)	콘도, 온천장, 드라마세트장, 골프장 등
	원주 오크밸리	1995.03 (1996.01)	1995~2025	11,356	18,605	한솔개발주식회사	관광호텔, 콘도, 골프장, 스키장, 미술관, 청소년수련시설, 생태관광지 등
	신영	2010.02 (2010.05)	2010~2020	1,694	3,400	신영종합개발(주)	골프장, 스키장, 콘도, 커뮤니티센터 등
	라비에벨 (舊무릉도원)	2009.09 (2009.09)	2009~2022	4,844	5,985	(주)에이엘앤디	한옥호텔, 콘도, 골프장, 세계풍물거리, 힐링&클리닉센터, 명품아울렛
	알펜시아	2005.09 (2006.04)	2004~2018	4,837	16,946	강원도 개발공사	호텔, 콘도, 엔터테인파크, 골프장, 스포츠파크, 워터파크, 콘퍼런스센터, 동계스포츠 지구 등
	평창용평	2001.02 (2004.03)	2002~2025	16,219	27,576	(주)용평리조트	관광호텔, 콘도, 골프장, 스키장, 빙상장, 워터파크, 테마파크 등
	평창 휘닉스파크	1998.10 (1999.03)	1994~2018	4,233	10,039	(주)보광	관광호텔, 콘도, 골프장, 스키장, 체육관, 빙상장, 상가 등
	홍천 비발디파크	2008.11 (2011.01)	2007~2019	7,052	13,534	(주)대명레저산업	콘도미니엄, 관광호텔, 스키장, 골프장, 다목적운동장, 정구장, 양궁장, 호수공원, 유원시설 등
	횡성웰리 힐리파크	2005.06 (2012.07)	1992~2020	4,830	13,213	신안종합리조트(주)	콘도, 호텔, 골프장, 스키장, 식물원, 공연시설 등
	원주 더네이처	2015.01 (2015.01)	2013~2018	1,444	1,098	경안개발(주)	콘도, 가족호텔, 골프장, 아이스링크, 골프박물관, 양명장 등

2) 관광단지 조성시 다양한 관광시설물의 건설을 시행할 때 개별법률에 따라 각각 이행해야 하는 인허가를 일괄하
여 처리함으로써 행정업무의 효율성을 높이는 제도를 의미한다. 즉, 본질은 같지 않지만 법률에서 다룰 때는 동
일한 것으로 처리하여 동일한 효과를 주는 행위를 말한다.
3) 출처: 관광동향에 관한 연차보고서, 2018년 12월 31일 기준, 문화체육관광부

지역	단지명	지정 (조성계획)	사업기간	규모 (㎢)	사업비 (억 원)	개발주체	주요 도입시설
	양양 국제공항	2015.12 (2015.12)	2013-2018	2,448	2,394	㈜사서울레저	관광호텔, 콘도, 생활형숙박시설, 아울렛몰, 특산물상가, 골프장 등
	강원 화성 드림마운틴	2016.03 (2016.06)	2017-2020	1,797	5,300	㈜미지엔리조트	워터파크, 스키장, 레지던셜 타워, 힐링의 숲, 공연장, 메디컬센터 등
	원주플라워 프루트월드	2016.11 (예정)	2017-2022	1,870	6,730	㈜원주화훼특화 관광단지개발	열대과일 식물원 체험단지, 화훼테마파크, 호텔, 힐링클리닉센터 등
	원주 루첸	2017.04 (예정)	2017-2021	2,644	3,420	㈜지프러스	숙박시설, 골프장, 승마장, 스키장숲체험원 등
충북 (1)	증명에듀팜특구 관광단지	2017.12 (2017.12)	2017-2022	2,623	1,594	㈜블랙스톤에듀팜리조트	복합연수시설, 승마장, 체향농장, 농촌테마파크, 대중골프장, 스키장 및 루지, 식물원, 양파차향장 등
충남 (2)	골드힐카운티 리조트	2011.12 (2013.06)	2013-2020	1,691	3,795	㈜골드힐	자연치유센터, 스포츠센터, 골프장, 콘도미니엄 등
	백제문화	2015.01 (2015.01)	2014-2020	3,026	7,376	충남도청, ㈜호텔롯데	콘도, 스파빌리지, 골프빌리지, 아울렛, 골프장, 전통민속촌 등
전남 (6)	고흥우주해양	2009.06 (2009.05)	2008-2020	1,158	3,661	동호주	우주 해양 전망대, 우주 과학 교육관, 해양생물 수산교육관, 숙박시설, 골프장 등
	여수화양	2003.10 (2006.08)	2003-2020	9,167	14,159	일상해양산업㈜	호텔, 스포츠타운, 골프장, 테마파크, 회원권 오션파크
	여수경도해양	2009.12 (2009.12)	2009-2020	2,168	4,339	전남개발공사	해양생태체험관, 기업연수원, 숙박시설, 골프장, 마리나 등
	해남오시아노	1992.09 (1994.06)	1991-2020	5,073	11,809	한국관광공사	관광호텔, 콘도, 골프장, 마리나, 해수욕장, 남도음식 빌리지 등
	진도 대명리조트	2016.12 (2016.12)	2016-2022	0,568	3,508	㈜대명레저산업	호텔, 콘도, 산림체험학습관, 힐링마크, 진도전통문화체험관 등
	남원 드래곤	2018.09 (2018.09)	2017~2022	0,795	1,902	신한레저주식회사	대중골프장, 가족호텔 및 워터파크, 한옥호텔, 남원전통문화테마시설, 아트뮤지엄 등
경북 (5)	감포해양	1993.12 (1997.03)	1997-2025	4,019	13,133	경상북도관광공사	호텔, 콘도, 골프장, 오션랜드, 씨라이프파크, 연수원, 수목원 등
	보문	1975.04 (1973.05)	1973-2018	8,515	15,271	경상북도관광공사	관광호텔, 콘도, 골프장, 신라촌 상가, 놀이시설, 청소년수련시설 등
	마우나오션	2009.12 (2009.12)	1994-2020	6,419	9,844	㈜엠우디	상가, 골프장, 휴게실, 콘도미니엄, 화훼공원, 물놀이장, 눈썰매장, 루지 등
	김천온천	1996.03 (1997.12)	1997-2011	1,424	5,357	주식회사우천개발	관광호텔, 콘도, 온천장, 스포츠센터, 승마장, 노인휴양촌, 연수원 등
	안동문화	2003.12 (2005.04)	2002 -2025	1,655	5,680	경상북도관광공사	호텔, 콘도, 골프장, 상가, 유교랜드, 온뜨레피움, 전망대, 놀이공원 등

지역	단지명	지정 (조성계획)	사업기간	규모 (㎢)	사업비 (억 원)	개발주체	주요 도입시설
경남 (2)	창원 구산해양	2011.4 (2015.3)	2012-2020	3,008	3,236	창원시	골프장, 승마장, 리조트호텔, 기업연수원, 체험모험지구 등
	거제 남부	2019.05 (미수립)	–	3,693	–	–	–
제주 (9)	록인제주 체류형 복합	2013.12 (2013.12)	2013-2018	0.523	2,736	㈜록인제주	호텔, 콘도, 불로장생테마파크
	성산포 해양	2006.01 (2006.01)	2006-2018	0.748	5,096	㈜휘닉스중앙제주 ㈜제주해양과학관	호텔, 콘도미니엄, 웰컴센터, 전시관, 해중전망대, 해양주제공원, 해수스파랜드
	신화 역사공원	2006.12 (2006.12)	2006-2018	3,986	24,129	제주국제 자유도시 개발센터	호텔, 콘도, 테마파크, 워터파크, 상가시설, 휴양및문화시설, 운동오락시설, 문화및집회시설, 항공우주박물관 등
	예래 휴양형 주거단지	2005.10 /2009.02 (2010.11)	2010-2018	0.744	25,144	버자야제주리조트(주)	호텔, 콘도, 공연장 등
	제주 헬스케어 타운	2009.12 (2009.12)	2010-2018	1,539	15,214	제주국제자유도시 개발센터	호텔, 콘도, 헬스케어센터, 전문병원, 명상원, 힐링가든 등
	제주중문	1971.05 (1978.06)	1978-2018	3,562	34,000	한국관광공사	관광호텔, 콘도, 골프장, 해양수족관, 식물원, 야외공연장, 놀이시설, 박물관 등
	팜파스 종합휴양	2008.12 (2008.12)	2008-2018	2,999	8,775	남영산업㈜	관광호텔, 가족호텔, 휴양콘도미니엄, 테마스트리트몰, 승마클럽, 스파랜드 등
	애월국제문화복 합단지	2018.05 (2018.05)	2018~2023	0.587	4,934	㈜애월국제문화복합단지	체험마을, 미술관, 푸드테마거리, 테마정원, 공연장, 호텔, 콘도, 리조트
	프로젝트 ECO	2018.09 (2018.09)	2018~2022	0.698	3,268	㈜제주 대동	야외식물원, 농업박물관, 전망대, 공연장, 숲놀이터, 실내승마장, 관광호텔, 콘도
계		46개					

자료: 문화체육관광부, 2018년 12월 31일 기준
주) 거제 남부의 경우 2019년 예정

3) 관광특구

관광특구의 개념은 외국인 관광객의 유치 촉진 등을 위하여 관광 활동과 관련된 관계 법령의 적용을 배제하거나 완화하고, 관광 활동과 관련된 서비스 및 안내체계, 홍보 등 관광여건을 집중적으로 조성하는 지역이다. 특구의 지정 권한은 시·도지사에게 이양하여 그 유지와 활성화에 대한 역할을 위임하고 있다.

관광특구가 지정되면 혜택은 국가 및 지방자치단체가 관광특구진흥계획을 수립·시행 및 평가를 의무화하고 특구 지역 내에 문화·체육시설, 숙박시설 등 관광객 유치를 위한 시설에 대하여 관광진흥개발기금의 보조 또는 융자가 가능하도록 적극 지원을 하고 있다.

〈관광특구 지정 현황4)〉

시·도	특구명	지정지역	면적 (km²)	지정 시기
서울 (6)	명동·남대문·북창	중구 소공동·회현동·명동·북창동·다동·무교동 일원	0.87	2000.03.30 (변경 2012.12.27)
	이태원	용산구 이태원동·한남동 일원	0.38	1997.09.25
	동대문 패션타운	중구 광희동·을지로5~7가·신당1동 일원	0.58	2002.05.23
	종로·청계	종로구 종로1가~6가·서린동·관철동·관수동·예지동 일원, 창신동 일부 지역(광화문 빌딩~승인동 4거리)	0.54	2006.03.22
	잠실	송파구 잠실동·신천동·석촌동·송파동·방이동	2.31	2012.03.15
	강남	강남구 삼성동 무역센터 일대	0.19	2014.12.18
부산 (2)	해운대	해운대구 우동·중동·송정동·재송동 일원	6.22	1994.08.31
	용두산·자갈치	중구 부평동·광복동·남포동 전지역, 중앙동·동광동·대청동·보수동 일부지역	1.08	2008.05.14
인천 (1)	월미	중구 신포동·연안동·신흥동·북성동·동인천동 일원	3.00	2001.06.26
대전 (1)	유성	유성구 봉명동·구암동·장대동·궁동·어은동·도룡동	5.86	1994.08.31
경기 (4)	동두천	동두천시 중앙동·보산동·소요동 일원	0.39	1997.01.18
	평택시 송탄	평택시 서정동·신장1·2동·지산동·송북동 일원	0.49	1997.05.30
	고양	고양시 일산 서구, 동구 일부 지역	3.94	2015.08.06
	수원화성	경기도 수원시 팔달구, 장안구 일대	1.83	2016.1.15
강원 (2)	설악	속초시·고성군 및 양양군 일부 지역	138.10	1994.08.31
	대관령	강릉시·동해시·평창군·횡성군 일원	428.26	1997.01.18
충북 (3)	수안보온천	충주시 수안보면 온천리·안보리 일원	9.22	1997.01.18
	속리산	보은군 내속리면 사내리·상판리·중판리·갈목리 일원	43.75	1997.01.18
	단양	단양군 단양읍·매포읍 일원(2개읍 5개리)	4.45	2005.12.30
충남 (2)	아산시온천	아산시 음봉면 신수리 일원	3.71	1997.01.18
	보령해수욕장	보령시 신흑동, 웅천읍 독산·관당리, 남포면 월전리 일원	2.52	1997.01.18
전북 (2)	무주 구천동	무주군 설천면·무풍면	7.61	1997.01.18
	정읍 내장산	정읍시 내장지구·용산지구	3.50	1997.01.18
전남 (2)	구례	구례군 토지면·마산면·광의면·신동면 일부	78.02	1997.01.18
	목포	북항·유달산·원도심·삼학도·갓바위·평화광장 일원 (목포해안선 주변 6개 권역)	6.89	2007.09.28

시·도	특구명	지정지역	면적 (km²)	지정 시기
경북 (3)	경주시	경주 시내지구·보문지구·불국지구	32.65	1994.08.31
	백암온천	울진군 온정면 소태리 일원	1.74	1997.01.18
	문경	문경시 문경읍·가은읍·마성면·농암면 일원	1.85	2010.01.18
경남 (2)	부곡온천	창녕군 부곡면 거문리·사창리 일원	4.82	1997.01.18
	미륵도	통영시 미수1·2동·봉평동·도남동·산양읍 일원	32.90	1997.01.18
제주 (1)	제주도	제주도 전역(부속도서 제외)	1,809.56	1994.08.31
13개 시·도 31개소			2,636.47	

자료 : 문화체육관광부, 2018년 12월 31일 기준

---

4) 출처: 관광동향에 관한 연차보고서, 2018년 12월 31일 기준, 문화체육관광부

관광특구로 지정되면 국가로부터 다양한 혜택이 제공되므로 아무 곳이나 지정할 수가 없고 다음과 같은 법적 요건이 필수적이다. 첫째, 지정하고자 하는 지역 안에 문화관광부령에 정하는 접객시설, 쇼핑·상가시설, 휴양·오락시설, 숙박시설, 공중편익시설, 관광안내시설 등이 분포되어 있어 외국인 관광객의 다양한 관광수요를 충족시켜야 한다. 둘째, 문화체육관광부 장관이 고시하는 통계 전문 기관의 조사결과 당해 지역의 최근 1년간 외국인 관광객이 10만 명(서울시의 경우 50만 명) 이상이어야 한다. 셋째, 대상 지역 내에 임야, 농지, 공업용지, 택지 등 관광 활동과 관련이 없는 토지가 관광특구 전체면적의 10%를 초과하지 않는 진정한 관광지역이어야 한다는 조건이 충족되어야 한다.

관광단지와 관광특구의 역할에 대해 혼동하는 경우가 많은데, 관광단지는 해당 지역의 관광을 활성화하기 위해 하드웨어 측면의 관광 인프라 개발을 추진하는 관광 개발정책이고, 관광특구는 해당 지역의 각종 법령 적용의 완화를 통하여 관광 활동을 활성화하는 소프트웨어적인 기능을 강조하는 대표적인 관광진흥정책이다.

2018년 12월 말 기준 13개 시·도 31곳이 관광특구로 지정되어 있다.

4) 자연공원

자연공원은 자연생태계와 수려한 자연경관, 문화유적 등을 보호하고 적정하게 이용할 수 있도록 하여 국민의 여가와 휴양 및 정서 생활의 향상을 기하기 위한 목적으로 조성된 관광지이다. 관광지로 인식하지만 자연공원의 지정과 관리 주체는 환경부와 지자체이므로 문화체육관광부가 지향하는 관광지의 관리목표가 다르다. 즉, 문화체육관광부는 관광지를 개발하여 관광객의 만족과 지역개발이 목표이고 환경부는 자연환경보전이 목표이다. 그러므로 국립공원의 방문객은 관광객이 아니고 탐방객이고 입장료[5]도 징수하고 있지 않다.

자연공원은 그 지정과 관리 주체에 따라 국립공원, 도립공원, 군립공원으로 구분하고 그 입지와 자원특성에 따라 산지형과 해안·해상형 그리고 문화도시형 국립공원으로 분류할 수 있다.

국립공원 | 국립공원은 우리나라를 대표할 만한 자연생태계를 보유하고 있는 지역

---

5) 현재 국립공원 출입을 위해 내는 입장료는 문화재구역 입장료로 그 지역의 토지와 사찰문화재를 소유하고 종교단체가 징수한다.
6) 출처: 국립공원관리공단

또는 수려한 자연 경관지로서 관련 부·처·청의 장과 협의를 거쳐 관할 시·도지사의 의견을 들은 후 국립공원위원회와 국토건설종합계획심의회 심의를 거쳐 환경부장관이 지정한 곳이다.

한국의 국립공원은 전국에 22개의 지정되어 있고 점진적으로 확대하고 있다.

〈우리나라의 국립공원 분포6)〉

〈한국의 국립공원 현황7)〉

(단위: ㎢)

지정 순위	공원명	위 치	공원구역		비 고
			지정일	면 적	
1	지 리 산	전남·북, 경남	1967.12.29	483.022	
2	경 주	경북	1968.12.31	136.550	
3	계 룡 산	충남, 대전	1968.12.31	65.335	
4	한려해상	전남, 경남	1968.12.31	535.676	해상 408.488
5	설 악 산	강원	1970.03.24	398.237	
6	속 리 산	충북, 경북	1970.03.24	274.766	
7	한 라 산	제주	1970.03.24	153.332	
8	내 장 산	전남·북	1971.11.17	80.708	
9	가 야 산	경남·북	1972.10.13	76.256	
10	덕 유 산	전북, 경남	1975.02.01	229.430	
11	오 대 산	강원	1975.02.01	326.348	

7) 출처: 관광동향에 관한 연차보고서, 2018년 12월 31일 기준, 문화체육관광부(환경부 2018년 12월 기준)

지정 순위	공원명	위 치	공원구역		비 고
			지정일	면 적	
12	주 왕 산	경북	1976.03.30	105,595	
13	태안해안	충남	1978.10.20	377,019	해상 352,796
14	다도해해상	전남	1981.12.23	2,266,221	해상 1,975,198
15	북 한 산	서울, 경기	1983.04.02	76,922	
16	치 악 산	강원	1984.12.31	175,668	
17	월 악 산	충북, 경북	1984.12.31	287,571	
18	소 백 산	충북, 경북	1987.12.14	322,011	
19	변산반도	전북	1988.06.11	153,934	해상 17,227
20	월 출 산	전남	1988.06.11	56,220	
21	무 등 산	광주, 전남	2013.03.04	75,425	
22	태 백 산	강원, 경북	2016.08.22	70,052	
계			22개소	6,726,298	주 참조

자료 : 환경부, 2018년 12월 31일 기준
주) 육지: 3,972,589, 해면: 2,753,709(2.7%), 국토면적의 3.96%(육상면적 기준)

※ 국립공원 면적: 6,726.298㎢(전국토의 3.96%, 육상면적 기준)

도립공원 | 도립공원은 특별시·광역시·도의 대표할 만한 자연경관지로 국립공원 이외의 수려한 일정 지역에 대해 도립공원위원회와 시·도 건설종합계획심의회 심의를 거쳐 환경부 장관의 승인을 얻어 시·도지사가 지정한다.

현재 전국에 29개의 도립공원 지정되어 있다.

(단위: ㎢)

지정순위	공원명	위치	면적	지정일
1	금 오 산	경북 구미, 칠곡, 김천	37,262	'70. 6. 1
2	남 한 산 성	경기 광주, 하남, 성남	35,166	'71. 3.17
3	모 악 산	전북 김재, 완주, 전주	43,309	'71.12. 2
4	덕 산	충남 예산, 서산	19,859	'73. 3. 6
5	칠 갑 산	충남 청양	31,059	'73. 3. 6
6	대 둔 산	전북 완주, 충남 논산, 금산	59,933	'77. 3.23
7	마 이 산	전북 진안	17,220	'79.10.16
8	가 지 산	울산, 경남 양산, 밀양	104,354	'79.11. 5
9	조 계 산	전남 순천	27,250	'79.12.26
10	두 륜 산	전남 해남	33,390	'79.12.26
11	선 운 산	전북 고창	43,683	'79.12.27
12	팔 공 산	대구, 경북 칠곡, 군위, 경산, 영천	125,668	'80. 5.13
13	문 경 새 재	경북 문경	5.53	'81. 6. 4
14	경 포	강원 강릉	1,689	'82. 6.26
15	청 량 산	경북 봉화, 안동	49,470	'82. 8.21
16	연 화 산	경남 고성	21,847	'83. 9.29
17	고 복	세종특별자치시	1,949	'13.1.7
18	천 관 산	전남 장흥	7.94	'98.10.13
19	연 인 산	경기 가평	37,691	'05. 9.15
20	신 안 갯 벌	전남 신안	162,000	'13.12.31
21	무 안 갯 벌	전남 무안	37,123	'08.06.05
22	마 라 해 양	제주도 서귀포시	49,755	'08. 9.19

지정순위	공원명	위치	면적	지정일
23	성산일출해양	제주도 서귀포시	16,156	'08. 9.19
24	서귀포해양	제주도 서귀포시	19,540	'08. 9.19
25	추 자	제주도 제주시	95,292	'08. 9.19
26	우 도 해 양	제주도 제주시	25,863	'08. 9.19
27	수 리 산	경기 안양, 안산, 군포	6,963	'09. 7.16
28	제주곶자왈	제주도 서귀포시	1,547	'11.12.30
29	벌교갯벌	전라남도 보성군	23,068	'16. 1.28
계	29개소		1,141,576	

---

8) 출처: 관광동향에 관한 연차보고서, 2018년 12월 31일 기준, 문화체육관광부(환경부 2018년 12월 기준)

군립공원 | 군립공원은 시·군을 대표할 만한 자연경관지로 국립공원과 도립공원을 이외의 수려한 일정 지역에 대해 군립공원위원회의 심의를 거친 후 도지사의 승인을 얻어 시장·군수가 지정한다. 하지만 몇몇 군립공원은 충분히 도립공원이 될만한 제반 조건을 갖추고 있음에도 지방자지단체장이나 군민들이 관리·운영하고자 하는 강력한 요구로 군립공원으로 유지 관리되고 있다.

전국에 27개의 군립공원이 지정되어 있다.

〈한국의 군립공원 현황9)〉

(단위: ㎢)

지정순위	공원명	위치	면적	지정일
1	강 천 산	전북 순창군 팔덕면	15,800	1981.01.07
2	천 마 산	경기 남양주시 화도읍, 진천면, 호평면	12,461	1983.08.29
3	보 경 사	경북 포항시 송라면	8,510	1983.10.01
4	불영계곡	경북 울진군 울진읍, 서면, 근남면	25,595	1983.10.05
5	덕구온천	경북 울진군 북면	6,275	1983.10.05
6	상 족 암	경남 고성군 하일면, 하이면	1,344	1983.11.10
7	호 구 산	경남 남해군 이동면	2,839	1983.11.12
8	고 소 성	경남 하동군 악양면, 화개면	3,134	1983.11.14
9	봉 명 산	경남 사천시 곤양면, 곤명면	2,645	1983.11.14
10	거열산성	경남 거창군 거창읍, 마리면	3,271	1984.11.17
11	기 백 산	경남 함양군 안의면	2,013	1983.11.18
12	황 매 산	경남 합천군 대명면, 가회면	21,784	1983.11.18
13	웅 석 봉	경남 산청군 산청읍, 금서·삼장·단성	17,960	1983.11.23
14	신 불 산	울산 울주군 상북면, 삼남면	11,585	1983.12.02
15	운 문 산	경북 청도군 운문면	16,173	1983.12.29
16	화 왕 산	경남 창녕군 창녕읍	31,283	1984.01.11

---

9) 출처: 관광동향에 관한 연차보고서, 2018년 12월 31일 기준, 문화체육관광부(환경부 2018년 12월 기준)

지정순위	공원명	위치	면적	지정일
17	구천계곡	경남 거제시 신현읍, 동부면	5,871	1984.02.04
18	입 곡	경남 함양군 산인면	0,995	1985.01.28
19	비 슬 산	대구 달성군 옥포면, 유가면	13,382	1986.02.22
20	장 안 산	전북 장수군 장수읍	6,274	1986.08.18
21	빙계계곡	경북 의성군 춘산면	0,880	1987.09.25
22	아 미 산	강원 인제군 인제읍	3,159	1990.02.23
23	명 지 산	경기 가평군 북면	14,027	1991.10.09
24	방 어 산	경남 진주시 지수면	2,588	1993.12.16
25	대 이 리	강원 삼척시 신기면	3,664	1996.10.25
26	월성계곡	경남 거창군 북상면	0,650	2002.04.25
27	병 방 산	강원 정선군 북실리	0,500	2011.09.30
계	27개소		234,662	

5) 국가지질공원

국가지질공원은 지구과학적으로 중요하고 경관이 우수한 지역으로서 이를 보전하고 교육·관광 사업 등에 활용하기 위하여 환경부장관이 인증한 공원이다.

한국의 국가지질공원은 2012년 12월 27일 제주도와 울릉도·독도가 최초 지정된 이래 2018년 12월 기준 10개소가 지정되었으며, 총넓이 11,146㎢로서 전 국토의 11.1%가 국가지질공원으로 지정되어있다. 국가지질공원은 특히 환경에 민감한 지역이므로 고시일로부터 4년마다 국가지질공원의 관리·운영현황을 조사·점검하여 재평가하는 등 엄격한 관리를 시행하고 있다.

(단위: ㎢)

지정순위	공원명	위치	면적	지정일
1	울릉도·독도	경북 울릉군	127.9	2012.12.27
2	제주도	제주 제주시, 서귀포시	1,864.4	2012.12.27
3	부산	부산 7개 자치구(금정구, 영도구, 진구, 서구, 사하구, 남구, 해운대구)	296.98	2013.12.06
4	강원평화지역	강원도 4개군 (화천군, 양구군, 인제군, 고성군)	1829.1	2014.04.11
5	청송	경북 청송군	845.71	2014.04.11
6	무등산권	광주 2개 자치구(동구, 북구), 전남 2개군(화순군, 담양군)	246.31	2014.12.10
7	한탄강	경기 2개시·군(포천시, 연천군), 강원도 철원군	1164.74	2015.12.31
8	강원 고생대	강원도 4개시·군 (태백시, 영월군, 평창군, 정선군)	1990.01	2017.1.5
9	경북 동해안	경북 4개시·군 (경주시, 포항시, 영덕군, 울진군)	2261	2017.9.13
10	전북 서해안권	전북 2개군(고창군, 부안군)	520.3	2017.9.13
계	10개소		11,146.45	

자료: 환경부, 2018년 12월 31일 기준

6) 자연휴양림

자연휴양림은 산림청에서 지정·관리하고 있는 휴양지로서 증가하는 야외휴양수요를 산림으로 유도하고 국민의 보건휴양과 정서함양 및 청소년의 자연학습교육과 산림소유자의 소득증대에 이바지하기 위하여 지정한 곳이다. 즉, 국민들에게 산림휴양공간을 제공함과 동시에 산림소유자들에게도 일정한 수익이 발생하여 선순환구조를 형성하고자 하는 정부시책의 일환이다. 그러므로 산림소유자에 따라 국립·공립·사립자연휴양림으로 분류하여 그 역할을 구분하고 있다.

이러한 목적을 달성하기 위해 휴양림 내 시설로 숲속의 산책로, 삼림욕장, 자연관찰원, 산림탐방로 등을 설치하여 자연체험학습을 할 수 있게 하고 심신수련활동을 위해 등산, 산악마라톤, 산악자전거, 산악승마 등 다양한 레포츠 시설을 도입하여 운영하고 있다.

---

10) 출처: 관광동향에 관한 연차보고서, 2018년 12월 31일 기준, 문화체육관광부(환경부 2018년 12월 기준)

7) 온천관광지

온천은 온천법에 따라 '지하에서 용출되는 25℃ 상의 온수로 성분이 인체에 해롭지 아니한 것'으로 정의하여 무분별한 온천개발을 억제하고 있다. 그러므로 온천의 관리는 해당 지자체에서 수행하는데 온천발견 신고수리, 온천원 보호지구 또는 온천공보호구역지정, 온천개발계획 수립·승인, 일일 적정 양수량에 의한 온천수 이용허가 등 온천 개발·이용 및 관리 업무를 엄격하게 수행하고 있다. 현재 전국에 약 366개소의 온천관광지가 개발·운영 중에 있다. 그 현황은 수온 40℃ 미만의 온천은 보일러로 가열하여 온천수를 공급하는 상황이고, 온천수의 과다 채수로 지하 대수층에서의 자연적 순환과정을 파괴되고 있으며, 온천개발 유보로 인해 버려진 폐공에 빗물이 침투하여 지하수 오염과 지반 침하가 진행되어 난개발에 처해 있는 온천지구가 많다.

특히, 온천지구로 지정이 되면 부동산개발 업자들의 개입으로 무분별한 개발과 지가상승, 사업자 부도, 시설 미비, 행정처리 미숙 등 총체적인 난관이 봉착되어 제대로 온천의 개발이 이루어지지 않는 등의 문제점이 양산되고 있다. 또한 기존의 온천지구도 신규시설과 새로운 아이템이 도입되지 않는 이상 노쇠한 관광지로 전락할 가능성이 높아 안타까운 관광지가 되고 있다

이러한 온천관광지를 관광지리적 측면에서 개발 방향을 제시하면 다음과 같다. 첫째, 온천문화를 목욕과 숙박, 지역 음식 제공에서 탈피하여, 웰니스 시대라는 사회적 트렌드를 반영하여 온천기능에 건강과 미용 그리고 가족 중심의 놀이시설을 가미하여 고급화 전략을 구사해야 한 단계 더 도약할 수 있다. 충남 예산군 덕산면의 스파캐슬 (현재는 스플라스 리솜)이 이러한 콘셉트로 성공한 온천 관광지이다. 둘째, 온천지구 내의 숙박과 식사의 기능 활용하여 기업체의 세미나, 수련 시설, 컨벤션의 기능을 부가하고 주변 지역의 관광자원과 연계하여 지역의 허브 관광지 역할, 수행전략을 적극적으로 펼쳐야 한다. 특히, 유럽의 전통 있는 오래된 온천 휴양지를 벤치마킹하여 수치료와 장기휴양을 할 수 있는 시설과 마케팅 전략 수립이 시급히 요구된다. 셋째, 온천의 생명은 효능 있는 온천수이므로 온천공과 수질에 대한 효율적 관리와 보호 방안을 마련하여 최적 관리방안도 구축되어야 한다.

8) 동굴관광지

동굴은 지중(地中)에 형성된 일정 공간을 점유한 공동(空洞)으로 신비스러운 공간이다. 그 보호와 관리는 특이하게도 문화재보호법에 의한 천연기념물과 지방기념물로

지정하고 있다. 한국의 동굴은 크게 세 가지로 분류할 수 있는데 석회동굴(Limestone cave), 용암동굴(Lava tunnel), 해식동굴(Sea cave) 및 하식동굴 등이 그것이다. 특히, 동굴 내부는 생태계 파괴와 오염, 종유석의 불법 채취 등으로 쉽게 파괴될 수 있으므로 각별한 유지관리가 필요한 관광지이다.

동굴은 여름에는 시원하고 겨울은 따뜻하며 자연 현상을 잘 설명할 수 있는 교육의 공간이므로 초기 발견과 개발 시에는 호기심으로 많은 관람객들이 방문하지만 시간이 갈수록 신기성이 떨어지는 대표적 관광지이다. 한국의 동굴 개발역사는 1970년대 이후로 비교적 길지 않지만 이미 방문객은 지속적으로 감소하고 있다.

동굴방문 활성화를 위한 대안으로 동굴 자체만으로 관광객을 모객하는 한계를 극복하기 위해 타 관광지와 연계한 관광상품을 도입하고, 재방문의 매력이 상실한 동굴의 리모델링이 필요하며 동굴 체험을 강화하는 등의 참신성 유지가 관건이다. 앞에서 설명한 경기도의 광명동굴은 동굴 마케팅에 성공한 대표적인 사례지역이다. 지리학을 전공한 광명시장이 관내에서 일제강점기에 금,은,동,아연 등을 캐었지만 1972년에 폐광이 된 가학동굴을 미디어파사드 쇼를 연출하고 공포체험관, 동굴호수, 와인동굴 등 동굴테마관광지로 개발하여 한국인이 꼭 가봐야 할 100대 대표 관광지가 될 만큼 성공한 명소가 되었다.

관광코스와 관광루트

관광코스와 관광루트의 개념은 여행계획을 세우고, 가장 선호하는 관광교통로를 설정할 때 긴요하게 쓰이는 개념이다.

1) 관광코스

관광코스는 관광자가 여행계획을 세울 때 나타날 선택할 수 있는 패턴을 유형화한 것인데 일반적으로 4가지로 나타난다. 그것을 파악하기 위해 거주지를 출발하여 거주지로 되돌아올 때까지의 경로를 지도상에 화살표로 진행 방향을 표시한 것이다. 이동패턴에 따라 피스톤형, 키이형(스푼형), 안전핀형, 탬버린형(순환형)으로 구분할 수 있다.

피스톤형 | 관광자가 거주지를 출발하여 관광목적지에 도착하여 관광활동을 마친 후, 동일한 교통로를 따라 거주지로 돌아오는 왕복 통행 형태로 당일여행 형태가 많다.

키이형(스푼형) | 관광자가 거주지를 출발하여 관광목적지에 도착한 다음, 목적지에서 관광활동을 하고 근거리에 있는 두 곳 이상의 관광지를 관광하고, 피스톤형과 같이 동일한 교통로를 따라 거주지로 돌아오는 통행 형태이다. 이 형태는 당일여행이나 주말여행일 경우 선택된다.

안전핀형 | 관광자가 거주지를 출발하여 관광목적지에 도착한 다음, 목적지 뿐만 아니라 인접 지역 일대를 관광한 후, 귀환할 때 새로운 교통로를 이용해 거주지로 돌아오는 통행형태로 주말여행이나 짧은 숙박여행일 경우에 선택되는 형태이다.

목적지의 관광대상은 키이형과 유사하지만, 다른 교통로를 이용하여 귀환함으로써 새로운 교통로와 교통수단의 즐거움을 맛볼 수 있으므로 주로 자가용이용객이나 자유로운 여행 형태를 원하는 관광객이 선호한다.

탬버린형(순환형) | 관광자가 거주지를 출발하여 특정 지역의 관광목적지까지 직행하여 관광하고, 그곳에서 또 다른 목적지로 이동하여 관광하는 형태를 반복한 후, 거주지로 돌아오는 형태이다.

관광자가 시간과 경제적 여유를 갖고 있으며 관광목적지가 여러 곳에 산재하고 있는 경우 선택되는 형태이다.

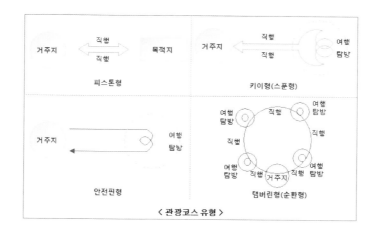

〈관광코스 유형11)〉

11) 출처: 윤병국, 2013, 관광학개론, 백암

2) 관광루트

관광루트는 관광자가 거주지를 출발하여 관광목적지로 가는 여정의 길을 의미한다. 어떤 여행자가 출발지에서 관광목적지까지 고속도로, 철도 및 항공로 등 3가지 교통수단을 선택할 수 있을 때, 3가지 교통수단 모두가 관광코스가 될 수 있으며, 관광코스 중에서 가장 선호되는 수단이 고속도로일 경우 관광루트는 고속도로를 이용한 교통로가 된다.

관광코스와 관광루트도 관광 전문가들이 잘 혼동되는 개념이다. 관광코스는 관행화되지 않은 모든 교통로를 의미하고, 관행화된 관광교통로로 가장 많이 선호하는 것을 관광루트로 정하고 있다.

관광코스와 관광루트는 여행계획을 수립할 때 중요한 요인이 되며, 특히 관광루트는 일반적인 관광상품 구성시 적용되기도 한다.

전국 관광루트 | 관광루트는 관광객의 관광동기를 충족하는 교통수단을 이용하며 관광권 상호간의 유기적 연계를 통해 이루어진다.

전국적인 관광루트는 관광객 이동이 용이하고 관광활동이 원활하게 이루어질수록 주요 관광지를 연계하여 내륙, 내륙·해안, 해안, 해상 및 항공 관광루트가 설정할 수 있다.

유형별 관광루트 | 관광루트의 유형은 관광객의 동기와 관광지의 기능에 따라 자연경관, 문화유적, 민속문화, 안보관광, 산업관광 및 복합관광형으로 구분되며, 관광지 이동 범위에 따라 역내(域內) 관광루트, 역간(域間) 관광루트 및 전국 관광루트로 나눌 수 있다.

이상의 사례에서 보듯이, 여행사에서 패키지 상품을 구성할 때 전국 또는 유형별 관광루트를 잘 고려해서 가장 많은 사람들이 원하는 관광루트를 중심으로 일정을 세팅하면 된다.

한국의 관광권 설정

1) 관광권의 개념과 변천과정

관광권은 관광자가 일정한 지표공간에 있는 관광자원에 효율적으로 접근하여 관광욕구를 충족할 수 있도록 국가적 차원에서 정부와 지방공공단체 또는 개인이 일정한 지표공간을 개발·관리·보전하기 위해 설정하여 놓은 권역이다. 이 권역이 있기에 관광지 관리기관이나 관광개발자들은 일목요연하게 국가의 관광개발 방향이나 관리를 효율적으로 할 수 있다.

관광권은 국토종합개발계획상의 국토공간체계 변화, 관광객 욕구와 성향, 관광수요 증대 및 교통수단과 교통망 개선·확충 등 제반여건에 따라 변화한다.

제1차 관광개발기본계획(1992~2001)에 따른 제1차 권역별 관광개발계획(1992~1996)과 제2차 권역별 관광개발계획(1997~2001)을 시행하였고, 제2차 관광개발기본계획(2002~2011)에 따른 제3차 권역별관광개발계획(2002~2006)과 제4차 권역별 관광개발계획(2007~2011)을 시행하였고, 제3차 관광개발기본계획(2012~2021)에 따른 제5차 권역별 관광개발계획(2012~2016)과 제6차 권역별 관광개발계획(2017~2021)을 시행 중에 있다.

관광개발 계획의 실질적인 추진을 위하여 정부에서는 1993년 12월 27일 「관광진흥법」을 개정하여 관광개발계획(기본계획 및 권역계획)을 법정계획으로 규정하였고 1994년 6월 30일 「관광진흥법시행령」을 개정하여 기본계획은 10년, 권역계획은 5년 주기로 수립하도록 제도화하였다. 한편 2012년부터 2021년까지 시행되는 제3차 관광개발기본계획을 2011년 12월에 정부계획으로 확정하였으며 이에 따른 제6차 권역별 관광개발계획(2017~2021)을 수립·시행중이다.[12]

---

12) 관광동향에 관한 연차보고서, 2018, 문화체육관광부

연도	명칭	근거 계획
1972	10대 관광권	제 2차 경제사회발전 5개년계획
1979	8대 관광흡인권 (24개발소권)	한국관광진흥 장기종합계획
1983	8대 관광이용권 (26개발소권)	국민관광 장기종합개발계획
1990	5대관광권 (24개발소권)	제1차 관광개발기본계획(1992~2001)
2002	시·도 관광권역별 개발	제2차 관광개발기본계획(2002~2011)
2006	광역권 관광개발	2차 관광개발 수정, 문화관광부의 광역개발 정책
2012	초광역권 관광개발	제3차 관광개발기본계획(2012~2021)

* 제5차 권역별 관광개발기본계획(2012~2016)
* 제6차 권역별 관광개발기본계획(2017~2021)

표와 같이 1972년 관광권 설정 이후 관광권의 권역수는 줄고 권역의 범위가 넓어지는 이유는 그동안 경제개발의 진행에 따라 교통기반 시설과 교통수단이 발달하였고, 여가시간의 증가로 시간과 공간의 이동이 편리하게 전개되었기에 그 추세에 맞게 권역도 변화한 것이다.

(1) 5대 관광권 24개발소권

관광자원을 효율적으로 개발·이용·관리·보전하고 관광객의 다양하고 새로운 관광욕구를 충족시키기 위해 관광자원의 특성·교통권·지역실정 등을 감안하여 전국을 5대 관광권, 24개 소관광권으로 권역화하여 각각의 권역별 개발구상을 제시하였다. 또한 관광루트를 체계적으로 설정함으로써 관광활동이 보다 편리하고 쾌적하게 이루어지도록 주요 관광지 또는 관광명소를 연계하

〈5대 관광권과 24개발소권14)〉

13) 출처: 관광동향에 관한 연차보고서, 2018년 12월 31일 기준, 문화체육관광부, 저자 정리
14) 출처: 관광동향에 관한 연차보고서

는 관광루트를 표준화하였다.

(2) 시·도 관광권역별 개발

기존 5대권 24소권 체제하에서 그간 제기되었던 관광권역과 집행권역과의 불일치로 인한 계획의 실천성 미비를 개선한 것인데, 16개 광역지방자치단체를 기준으로 재설정하고 실제 현장에서 지향해야 할 각 관광권역별 관광개발 기본방향을 설정한 것이 특징이다.

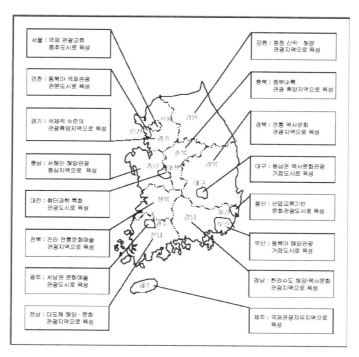

〈시·도 관광권역별 개발15)〉

(3) 광역권 관광개발

광역관광권이란 인접한 2개 이상의 시·도 관할구역의 전부 또는 일부가 동일한 특성을 가진 자연·문화·역사자원 등이 있어 연계 개발하고 관리하는 것이 자원의 개발·이용·관리 측면에서 특히 필요하다고 인정되는 지역을 묶어 설정하여 놓은 권

---

15) 출처: 관광동향에 관한 연차보고서, 2018년 12월 31일 기준, 문화체육관광부

역이다.

이에 정부는 지역별로 특성 있는 관광자원을 발굴하고 이를 유기적으로 연계 개발하여 관광개발의 효과를 높일 뿐만 아니라, 자원의 효율적 활용을 통한 국가 경쟁력을 제고하기 위해 남해안 관광벨트 조성사업과 경북북부 유교문화권 관광 개발 사업을 시작으로 서해안, 동해안권 광역관광 개발, 지리산권 관광개발, 3대 문화권 관광개발, 한반도 생태평화벨트 조성, 중부내륙권 광역 관광개발사업 등을 단계적으로 추진하고 있다.

초광역권 관광개발은 다층적 지역 관광 개발전략 전략 도입하여 새롭게 적용된 개발방식인데 서・남・동해안 관광벨트, 한반도 평화생태관광벨트, 백두대간 생태문화관광벨트, 강변 생태문화관광벨트가 이에 해당된다.

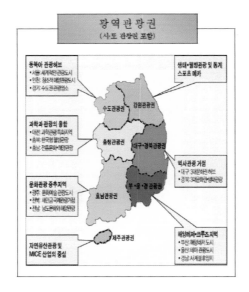

〈제3차 관광개발 기본계획 권역구분 및 개발 방향: 광역관광권[16]〉

---

16) 출처: 관광동향에 관한 연차보고서, 2018년 12월 31일 기준, 문화체육관광부

〈제3차 관광개발 기본계획 권역구분 및 개발 방향: 초광역관광벨트17)〉

---

17) 출처: 관광동향에 관한 연차보고서, 2018년 12월 31일 기준, 문화체육관광부

02 관광지 조사의 기본과 발전

관광지역 답사(Field Survey) 방법

관광학은 관광 현장을 떠나서는 생각할 수도 없는 실용·실무·응용적 학문의 특성을 갖고 있다. 관광지리분야에서 실시하는 관광지역 조사는 연구의 연구주제나 관점·범위에 따라 다르지만, 일반적으로 다음과 같이 관광지와 관광자원 답사의 두 가지 카테고리로 나눌 수 있다.

1) 관광지 답사(Field Survey)

관광지 답사가 반드시 필요한 이유는 한둘이 아니지만 몇 가지만 언급하면 다음과 같다. 첫째, 강의실이나 사이버 공간상에서는 확인할 수 없었던 관광지의 환경(관광자원, 관광시설, 관광교통, 관광지 주민의 개발에 대한 반응, 관광객의 특성)을 확인하여 이론과 현실 간의 차이를 현장에서 확인할 수 있다. 즉, 책상에서만 떠들고 추측하여 판단하는 잘못된 결정을 줄일 수 있다. 둘째, 지도교수와 함께 관광지를 답사하면서 관광지의 조사내용에 대한 관찰력, 청취 방법 등의 답사기법을 전수받고 그것을 분석해 내는 안목을 기른다. 셋째, 답사와 연구 활동을 바탕으로 우리나라의 국토관을 재정립하고 관광지에 대한 이해를 증진하여 지속가능한 개발이 될 수 있는 응용력을 기르는 것이 목적이 된다.

관광지 답사의 절차는 먼저 답사목적의 설정 → 답사지역과 조사내용의 범위설정 → 인터넷에서 현황 파악 및 참고자료 조사, 자료수집 → 답사항목 설정과 현지조사(관찰, 청취, 실측) → 답사자료의 정리(통계처리 포함) 및 보고서 작성의 순으로 진행하는 것이 가장 효율적이다.

(1) 답사목적의 설정

지역을 조사할 때는 그 목적을 명확히 해야 답사 기간과 답사의 범위를 결정할 수 있다. 예를 들어 농촌관광을 조사한다면, 농촌 마을의 자원에 대한 조사인지?, 마을주민에 대한 조사인지?, 농촌관광 체험객에 대한 조사인지? 그 목적을 명확히 설정해야 짧은 답사 기간에 유효한 결과물을 도출할 수 있다.

(2) 답사지역과 조사내용의 범위설정

답사목적에 적합한 지역과 그 조사내용의 범위를 선정하는 단계로, 답사지역과 답사내용의 범위는 연구자의 능력, 연구주제의 특성, 답사대상의 분포범위, 답사지역에 존재하는 제약조건 등에 따라 다르다.

예로서 넓은 지역은 많은 시간과 경비가 소요되지만 지역을 전체적으로 파악할 수 있어서 지역 특성 파악이 쉬워진다. 반면에 좁은 지역 범위는 시간·비용이 절약되지만 충분한 자료 수집에 한계가 있어 연구의 오류가 발생할 가능성이 있다.

(3) 인터넷 자료 파악 및 참고자료 조사, 자료수집

현대의 지리적 조사는 답사지역에서 자료를 획득하는 것보다 사전에 실내에서 연구자료를 수집하고 취득하는 것이 훨씬 더 효율적이다.

먼저 인터넷 검색을 통해 최신 자료와 개괄적인 현황 파악을 한다. 이 과정에서 미리 참고문헌 기재를 연구형식에 맞게 기록해두는 것이 후반부 정리작업을 쉽게 할 수 있다. 일반적인 참고문헌 기재 방식은, 저서명(리조트 개발 및 경영) - 출판년도(2006년) - 저자명(윤병국 외 2인) - 출판사명(형설출판사) - 페이지 - 참고내용 기록으로 하거나, 저자명(윤병국 외 2인) - 출판년도(2006년) - 저서명(리조트 개발 및 경영) - 출판사명(형설출판사) - 페이지, 참고내용 기록 순으로 한다.

인터넷 자료의 제공처는 국회도서관, 국립도서관, 각 대학 도서관, 한국관광공사, 한국문화관광연구원, 국토연구원, 건설교통부, 각 시도관광과 및 홈페이지, 읍·면·동사무소(관광객 수, 산업구조, 인구, 관광산업시설 현황, 교통조건) 등을 활용할 수 있다.

현지답사에서는 실내작업에서 부족한 부분을 확인하거나 보충자료를 수집하는 단계로 해야 한다. 시간과 체류비용 등으로 현지에서 찾을 수 있는 자료나 그 범위는 한정적이다. 면담(인터뷰) 자료를 수집할 수 있는 원천은 지역주민, 향토지리가, 향토사학가, 촌노(村老) 특히 지역에서 오랫동안 운전기사를 했던 분의 포괄적인 지식은 연구조사에서 누락된 부분을 잘 보충할 수 있다.

(4) 답사 항목 설정과 현지 조사(관찰, 청취, 실측)

① 답사 지역의 배경에 대한 답사 항목

답사 지역에 따라 답사 항목은 천차만별인데 연구의 적확(的確)성을 기하기 위해서는 다음과 같은 기본조사 항목은 필수적이고 조사 주제에 따라 가감한다.

> * 자연 지리적 배경
> : 위치, 면적, 자연경관, 지질, 지형, 기후, 식생, 토양, 서식동물, 해류, 조류, 연안류, 바람의 종류 및 방향, 파랑, 식수 및 산업용수, 자연재해 등
>
> * 문화·역사 지리적 배경
> : 답사지역의 역사, 인구추이, 산업의 추이와 현황, 문화재의 유형과 분포, 취락경관의 특색, 토지이용, 사찰의 분포와 특색, 대표 관광지와 관광자원 등

② 답사지역의 연구주제에 대한 답사항목

* 산악 관광지의 경우: 한국의 지형적 특색, 기암괴석의 크기와 형성원인, 전설, 폭포의 형성요인·형태, 산지의 동식물 분포, 하천의 특색(길이·폭·깊이), 산악기후(기온, 강수량, 일조량, 적설량, 바람), 주요 관광객 등

* 사찰 관광지의 경우: 사찰의 축조 시기, 입지 배경, 역사, 구조, 법당의 특색, 범종의 특색, 탑과 부도의 특색, 사하촌의 형성과 산업구조, 사찰의 토지이용, 주요 관광객 등

* 해안 관광지의 경우: 해안의 특색, 사구, 식생, 관광산업의 종류·분포, 해륙풍의 영향, 도서의 형성, 해식애의 크기와 형태, 해안 취락의 특색, 방파제의 크기, 수산물의 종류와 채취양식, 파랑의 운동, 연안류의 흐름

* 호소 관광지의 경우: 우리나라 호소의 분포, 호소의 형성과정, 호소의 크기, 호소경관의 구성, 호소에서의 관광활동 유형과 특성, 호소의 이용형태, 호소관광지의 관광객 특성

* 동굴 관광지의 경우: 동굴의 종류, 동굴의 형성시기·길이, 동굴 내부의 특색, 종유석과 석순의 크기와 형태, 동굴 내부의 동식물, 각종 서비스시설의 특색, 주요 관광객 등

* 도요지의 경우: 우리나라 도요지의 분포, 도자 제품의 재료, 성형과정, 제품의 발달과정, 소성과정, 요의 형태, 도자 제품의 종류와 명칭, 도요지 방문객의 특성 등

* 성곽 관광지의 경우: 성의 위치와 크기, 성곽 축조의 재료, 축조 방법, 산성 취락의 특색, 토지이용, 망루의 위치와 기능, 주요 관광객 등

(5) 답사자료의 정리(통계처리 포함) 및 보고서 작성

관광지 답사 보고서는 일반적인 보고서와 달리 다음과 같은 내용과 차별성을 담보해야 한다.

그 첫 번째는 논리적 기술이고 그 다음이 축약과 강조이다. 아무리 많은 자료를 수집

하였더라도 보고를 받는 사람 관점에서 간단하면서 명료하게 보고서를 작성해야 한다. 그리고 관광지리 보고서는 모든 지역에 대한 정보를 지도로 표현하고 복잡한 내용을 도표화하여 보기 쉽게 해야 한다. 보고서의 형식은 Visual Material 사용하기 좋게 파워포인트나 동영상을 적절히 활용하는 것이 전달력과 이해력을 향상시키는 방법이다.

2) 관광자원 답사

관광자원은 관광지를 구성하고 있는 요소로서 관광객을 견인하는 힘을 가지는 가치가 있는 것으로 매력성이 있어야 한다. 그러므로 그 관광자원의 조사는 그 매력성을 돋보이게 하는 것이 제일 중요하다.

관광자원에 대한 연구는 관광지개발의 순위 결정, 관광자원의 가치 결정, 관광자원에 의한 관광권 설정 등을 위하여 필요하다. 따라서 이에 대한 연구는 그 주제에 따라 테마별로 다양하게 구성하고 조직되어야 한다.

3) 관광지 답사 준비물

관광지 답사를 떠날 때는 각종 자료와 장비를 챙겨야 하는데 가장 기본적인 것만 열거하면 다음과 같다. 먼저 사전에 정리한 답사 계획안, 설문지, 지형도(1:5만, 1:2만 5천)와 관광지도, 스마트폰, 답사노트, 필기도구, 디지털 카메라, 신분증, 노트북, 기후조건에 맞고 현지 적응에 무리 없는 답사 복장 등이다.

관광지 답사는 놀러 가는 것이 아니므로 답사목적에 맞는 복장과 마음가짐 그리고 사전에 면밀하게 계획하여 준비해 놓아야 시간의 낭비를 최소화하는 효율적인 답사를 실시할 수 있다.

관광에서 지도의 활용

관광지 답사를 실시할 때 가장 기본적인 시작은 지형도와 관광 지도를 구입하고 분석하는 일이다. 이에 대해 알아보자.

1) 지도의 종류

대한민국에서 일반도는 지형도를 의미하는데 1: 50,000과 1: 50,000의 축척을 사용하여 제작한다. 그리고 특정 목적에 맞는 지형도를 기본으로 하여 그 목적에 맞게 주제도로 수정하여 사용한다. 즉, 행정구역도, 관광지도, 도로 교통도 등이 주제도에 해당한다.

2) 관광지리학에서 지도의 이용

(1) 독도법(지형도 보는 법)

현재 국내의 대부분의 산은 상세한 등산 전용지도와 함께 코스 곳곳에 이정표 등이 설치되어 있으므로 초행길이나 눈 덮인 산이 아니면 세밀하게 지도를 보아야 할 필요성은 많이 줄어졌다. 그런데도 독도법을 익혀 놓으면 현지 지형 파악을 보다 쉽게 할 수 있고 등산 안내서 등에 실린 지도를 쉽게 이해할 수 있다.

지형도 판독시 유의사항은, 지형도는 지표의 상황을 2만5천 또는 5만분의 1로 축소한 것이기에 지표상의 현상이 삭제되거나 생략, 과장된 부분이 있다. 지형도는 제작 연도를 먼저 보고 그 수정 편집 연도가 오래된 것일수록 그 정확도가 떨어진다는 것을 인식해야 한다.

<지형도의 내용>

- 축척: 지도 실제거리의 축소비율
  * 대축척지도: 1/10만 이상, 장점: 세밀, 단점: 넓은 지역이 표현되지 않음
  * 소축척지도: 1/100만 이하, 장점: 넓은 지역 표현, 단점: 세밀하지 않음

- 지형도 표현 방법
  * 등고선식 방법: 등고선의 종류(계곡선, 주곡선, 간곡선, 조곡선)
  * 채단식 방법: 녹색: 평야, 갈색: 산맥, 주황색: 도시

- 등고선의 종류
  * 계곡선(지표등고선): 고도 0m에서 시작하여 매 다섯번째 등고선마다 굵은 실선 표시.
  * 주곡선(중간등고선): 계곡선과 계곡선 사이를 5등분한 4개의 등고선으로 계곡선보다 가는 선 표현.
  * 간곡선(보조등고선): 경사가 완만하여 주곡선 간격으로 표현할 수 없는 지형도에서 사용되는 갈색 파선으로 주곡선 간격의 1/2로 표시한다.
  * 조곡선(보조등고선): 간곡선 사이의 평탄지와 같이 작은 기복의 변화나 형상을 표현할 때 사용하는 짧은 점선으로 간곡선 간격의 1/2로 표시한다.

- 방위: 위쪽이 북쪽

- 등고선의 특성
  * 간격 조밀: 급경사, 절벽, 계곡
  * 간격 완만: 완경사, 능선

- 실제 면적 계산 = 지도상 면적 × (축척)2
  실제 거리 계산 = 지도상 거리 × 축척

---

(2) GPS란?

GPS(Global Position System)란 '위성 위치확인 시스템' 또는 '위성 항법장치'라고 하는 것으로 인공위성을 이용해 경도, 위도, 고도의 3차원적 위치를 알아내는 수신기이다.

이 장비는 1991년 걸프 전쟁에서 그 성능을 입증받았다. 미지의 지역을 갈 때 필수적으로 이용되며 탐험가의 필수장비가 되고 있다. 국내에서는 한때 국내 지도의 좌표체계가 국제 표준좌표체계와 달라 무용지물로 인식되었으나 GPS 제조회사들의 노력으로 국내에서도 도로정보 뿐만 아니라 다양한 분야에서 사용이 가능하게 되었다.

3) 지도제작 방법

과거의 고산지 김정호 선생께서는 전국 팔도를 수십 번 걸어서 대동여지도를 제작했지만, 현대의 지도는 항공사진을 촬영하고 그것을 스캐닝하여 도상(圖上)에 표현하여 작성했다. 지금은 더욱더 발전하여 1/50,000 또는 1/25,000 지형도를 기본도로 하여 지형 공간정보를 디지털의 수치지도로 변환하여 이를 전자지도(Digital Map)로 제작하여 GIS, 차량용 네비게이션, 스마트폰용 지도 등 다양한 분야에서 활용하고 있다. 특히, 인공위성사진이 보편화되면서 지표면의 토지이용은 기본이고 군사적 목적, 농업 생산량 예측, 자원의 분포뿐만 아니라 재난지역의 예측과 피해 분석 등 다양한 분야에서 활용하고 있다.

〈항공사진의 활용: 경희 서울캠퍼스 전경18)〉

Google Earth는 구글의 검색기능이 어디까지 미치는가를 보여주는 역작으로 위성 이미지, 지도, 지형 및 3D 건물정보를 결합하여 전 세계의 지역정보를 새가 하늘위에서 보는 것(버드 뷰)과 같이 사용자의 눈앞에 제공하여 인터넷의 절대강자로 군림하고 있다. (Google Earth displays satellite images of varying resolution of the Earth's surface, allowing users to see things like cities and houses looking perpendicularly down or at an oblique angle (see also bird's eye view))

그중에서 구글 지도(Google Maps)는 구글에서 제공하는 지도 서비스로 우리나라뿐만 아니라 전 세계의 지역과 도시를 클릭 한 번으로 검색하여 볼 수 있다.

지도는 관광지 답사에서 필수적인 준비물이다. 언제 어떠한 지도를 활용할지 모르기에 다양한 지도에 대한 독도법을 숙지하고 있어야 하며, 이를 잘 활용할 수 있도록 훈련이 되어야 한다.

GIS에서 스마트 관광으로

1) GIS(Geographic Information System)의 개발

지리정보시스템은 지표상의 사물과 현상이 수치지도의 데이터베이스로 전환되어 컴퓨터상에 Visual로 표현되는 공간정보시스템이다. 다양한 지도를 기반으로 의사결

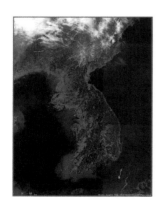

정을 하는 시스템으로 수치지도의 제작과 지표상의 사상(事象)을 입력해야 하는 과정 때문에 초기에 많은 비용과 인력이 요구된다. 그러므로 GIS 수치지도는 국가의 기본이 되는 지도(기본도)을 기본으로 하고, 국가나 공공기관에서 제작하고 있다.

2) 관광학에서의 GIS의 등장 배경[19]과 발전

기존의 관광학 연구에서는 관광객을 중심으로 한 사회 심리학적인 양적 연구는 활발히 전개되었지만, 이러한 활동들의 배경이 되는 관광지역에 대한 공간적 연구

〈한반도의 위성사진[20]〉

18) 출처: 서울특별시 항공사진서비스
19) 김진원·윤병국, 2013.12, 관광분야에서 GIS의 이론적 배경과 국내외 연구동향, 관광학연구, 37권 10호, 한국관광학회
20) 출처: visibleearth(visibleearth.nasa.gov) / 촬영위성: Terra / 촬영센서: MODIS / 촬영일자: 2000년 4월 6일

는 거의 진행되지 못하고 있다. 그렇기에 관광학 연구의 심각한 학문적 불균형이 있음에 대해 수차례 설명한 바가 있다. 효과적인 관광지역에 대한 심층적인 연구는 공간적·지리적 관점에서 접근되어야 하며, 일반 관광학적인 접근방법으로는 한계를 지닌다. 그 대안으로서 GIS가 관광에서의 활용될 수 있는 다양한 기능을 소개하고자 한다. GIS는 다양한 관광지역에 기반을 둔 계획 활동들에 대한 데이터의 관리·분석·표현을 위해 널리 적용되고 있는 강력한 도구로 간주 되고 있다.

GIS라는 용어가 처음 사용된 것은 1963년 캐나다 국가자원국의 관장이였던 Roger Tomlinson에 의해 주장되었지만, 1980년대까지 모든 부분에서 잘 활용이 되었던 것은 아니었다.[21]

〈관광학 연구의 관련 이슈와 GIS의 적용[22]〉

관광학 연구의 한계	GIS의 적용
공간 자료의 데이터 베이스	관광자원들의 주제별, 특성별, 계층별 체계적인 저장
지속가능한 관광 개발을 위한 적정 수준 결정 및 효과 측정	다양한 관광, 환경, 사회문화적, 경제적 데이터의 통합과 연동을 통한 지속적인 모니터링과 조작, 시각화를 통한 영향 분석
관광현상의 갈등관리	지도화를 통한 갈등 해소:의 시각적인 지역구분(여가지역, 상업지역)
관광 마케팅 전략의 세분화	공간분석, 네트워크 분석을 통한 보다 세분화된 관광마케팅 전략의 수립
관광자원의 관리	원격탐사(Remote Sensing), 초고밀도항공영상(Lidar) 그리고 GPS 기술과의 연동을 통한 관광자원의 시계열 분석
예측	제안 되어진 관광 개발 결과에 대한 시뮬레이션과 공간 모델링
데이터 관리, 통합	공간적 관점에서의 사회 경제적 그리고 환경적 데이터 구축의 통합
관광 개발	중첩분석, 3차원 모델링 등 관광 개발을 위한 공간적 결정 지원 시스템 (SDSS)

사실 초기의 지리정보시스템(GIS)은 컴퓨터 기술을 이용하여 지리정보(공간 데이터)를 통합적인 환경에서의 입력 및 처리, 저장, 분석, 출력하는 종합적인 물적/인적 시스템을 의미하였다. 이 개념과 기능이 더 발전하여 지형에 관련된 공간 데이터를 사용자의 의도대로 수집하고 저장하며, 갱신 등의 변환과 관리함으로써 의사결정지원을 가능하게 하는 도구의 일체로 진화하였다.

이후 GIS의 적용 범위[23]는 급격히 진화하여 시각화에 대한 다양한 기능을 가져왔으

21) Dye, A., & Shaw, S., 2007, A GIS based spatial decision support system for tourists of Great Smoky Mountains National Park. Journal of retailing and consumer services, 14, 269-278.
22) 출처: 김진원·윤병국, 2013.12,
23) Longley, P. A., Goodchild, M. F., Maguire, D. J., & Rhind, D. W., 2001, Geographic Information Systems and Science. John Wiley & Sons, Inc.

며 3차원의 공간정보시스템으로써 비즈니스, 공간계획, 관광 및 도시 계획과 개발부문에서 다양하게 적용되는 수준에까지 도달되어 있다.

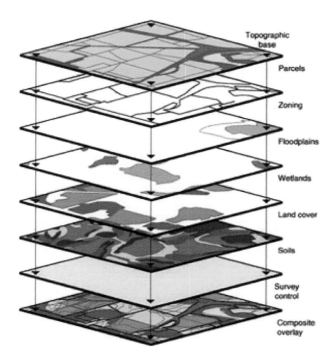

〈GIS에서 다양한 공간 자료의 구축과 통합〉

3) 관광에서 GIS 적용과 활용사례[24]

(1) 관광에서 GIS 적용

관광분야에서 지리정보시스템의 이용은 주로 데이터의 입력과 편집을 통하여 도로 및 교통 그리고 관광안내정보를 제공하는 수준에 머물러 있었다. 그러나 GIS의 주요 기능이 개발되고 확산되면서 관광에서 관광지개발, 관리, 영향 평가 등과 같은 의사결정지원시스템으로써 적용할 수 있는 범위는 다양하다.

---

24) Tim Bahaire & Martin Elliott-White. (1999). The Application of Geographical Information Systems (GIS) in Sustainable Tourism Planning: A Review. Journal of Sustainable Tourism, 7, 159-175.

(2) 관광에서 GIS 적용과 활용 사례

관광 개발에서 GIS를 활용할 수 있는 부분은 풀어보면 다음과 같다.

첫째. 관광지를 찾아가기 위한 도로지도 및 관광자원 안내지도를 제공한다.

둘째, 데이터의 통합과 관리를 통하여 시설물(숙박시설, 음식시설 등)에 대한 정확한 지도를 제작할 수 있고, 관광객의 방문에 따른 관광시설의 수요와 공급을 조절할 수 있다.

셋째, 관광자원에 대하여 조망지점, 갓길, 탐방로, 관광센터 그리고 편의시설들의 최적 장소 등을 선정할 수 있다.

넷째, 토지개발에 따른 적합성 분석에 사용이 가능하다. 그 사례로 모터보트들로 인한 호수 인접 지역이 겪는 소음, 특정 지역 내의 동식물의 서식지 구분, 그리고 증가하는 관광활동이 자연환경에 미치는 잠재적인 영향을 지도상에 정확히 표현하여 평가하는 데 사용할 수 있다.

다섯째, 관광 개발 후보지에 대한 3차원 시각적 효과 분석을 통하여 원근감이 있는 계획을 평가하고 그 대안을 마련하기 쉽게 해준다.

여섯째, 지역개발에 있어서 다양한 유형의 지도를 중첩할 수 있기 때문에 개발, 보호, 또는 연구 등과 같은 특정 목적을 의해 지역을 세분할 수 있다. 따라서 의사결정자가 관광지의 관리와 전략을 수립하는 데 있어서 보다 많은 요인을 고려대상으로 포함하여 세부적으로 분석할 수 있다.

일곱째, 개발과 관련된 지역주민과의 마찰을 최소화할 수 있다. 즉, 논쟁 해결을 위한 객관적 자료를 시각적으로 표현해서 제출이 가능하다.

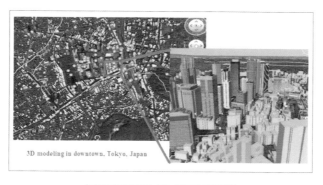

3D modeling in downtown, Tokyo, Japan

〈관광분야에서의 3D GIS의 활용25)〉

25) 김진원, 윤병국, 송학준, 진현식, 2008, Applications of GIS-based Three-dimensional Modeling(3D) in Tourism, 한국호텔외식경영학회

스마트관광(Smart Tourism)[26])에서 관광지리학의 역할

1) 스마트관광의 개념

관광의 모든 분야에서 그 방향성은 스마트관광을 향하고 있다. 스마트관광의 협의 개념은 여행객이 스마트폰 등의 매체로 여행을 손쉽게 즐기는 것이라 할 수 있다. 넓게는 첨단 정보통신기술(ICT)에 기반한 집단 소통(소셜미디어)과 위치기반 서비스를 통해 공급자가 여행객에게 더 편리하고 즐거운 여행을 할 수 있도록 하는 실시간 맞춤형 융복합 서비스를 의미한다. 가히 미래 지향적 관광개념으로 누구나 공평한 여행을 즐길 수 있는 환경을 조성하는 것이다. '무장애 관광'도 이 범위에 포함되며, 언제 어디서나 누구나 쉽고 편하게 관광활동을 즐기게 하는 것이 스마트관광의 구현 목적이자 목표이다.

2) 스마트 관광의 등장 배경

스마트 기기(스마트폰 등)의 진화와 이를 통해 다양한 지역(지도) 기반 서비스 어플리케이션(구글 맵, 우버, OTA 등)의 등장과 확산이 가장 기본적인 배경이다. IT 인프라의 배경 없이는 감히 시도할 수 없는 분야이지만 한국은 인터넷과 정보통신기술, 기기의 천국이다. 즉, 노마딕 이론(Nomadic Theory)이 실현될 수 있는 공간이 펼쳐진 것이다. 여행의 일상화가 진전됨에 따라 여행을 통해 점차 지리적 경계와 학문적 경계가 통섭 또는 융합되어 모빌리티(Mobility)로 개념 확장되고 있다.

그런데 스마트관광이 진화발전 하기 위해서는 반드시 다음과 같은 프로세스(Process)가 선행되어야 한다. 먼저 앱 개발 → 지도(위치 정보) 활용 → (결재시스템) →소셜미디어 공유 (구글, 페이스북, 인스타그램, 네이버, 카카오 등)까지 도달해야 한다. 지금 우리의 정보통신 환경에서 이 모든 것이 아무런 장애 없이 손안의 스마트폰에서 구현되고 있다.

3) 스마트관광의 학제적 성격

스마트관광은 관광학에 기반하지만, 정보기술과 밀접한 연관을 맺고 있으며, 지리학, 경영학, 역사학 등 다양한 학문 분야가 학제적 접근(Interdisciplinary)이 되어야 실현 가능한 분야이다.

---

26) 구철모・정남호, 2019, 스마트관광, 백산출판사

(1) 관광학의 스마트관광에서 역할

관광학은 관광 동기와 활동에 관한 연구로 끊임없이 관광활동을 창출하고 유지, 발전시키는 데 역할을 하고 있으며, 직업 및 기술 관련 학습 등까지 매우 다양한 분야에 걸쳐 있으므로 스마트관광을 활용하고 널리 확산하는 데 역할을 할 수 있다.

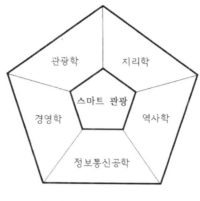

〈스마트 관광의 학제적 접근〉

(2) 정보통신공학에서 스마트관광의 역할

정보통신공학은 일찍이 1970년대 이후 CRS, GDS, 인터넷 등과 결합하여 관광상품 및 서비스에 대혁명을 일으켰고 예약, 발권, 정보 수집까지 온라인을 통해 가능하게 하였다. 이후 혁신적인 관광상품과 서비스를 등장시킬 수 있게 하였다. 그 대표적 사례인 TripAdvisor는 여행 추천 애플리케이션으로 지역 정보 및 '맞춤 여행코스'를 제공하는데 획기적인 역할을 수행하고 있다.

(3) 역사학의 스마트관광에서 역할

역사학은 관광 동기를 촉진 시키는 역사적 지식을 끊임없이 제공한다. 역사적 배경은 스마 관광의 정보와 지식, 가상현실과 체험을 통해 현장성을 되살릴 수 있게 하는 근본적 원천이 된다.

(4) 경영학의 스마트관광에서 역할

경영학은 관광산업의 인적·물적 자원의 효과적인 분배 및 관리에 핵심적인 역할 수행하므로 스마트관광의 윤활유와 같은 역할을 수행한다. 그리고 스마트관광기업의 경영수익을 창출시켜 스마트관광 생태계가 지속하고 확대 재생산 될 수 있게 한다.

(5) 지리학의 스마트관광에서 역할

지리학은 땅의 이치와 논리를 연구하는 학문일 뿐만 아니라 관광활동을 하는 무대인 지구 전체의 정보를 제공한다. 관광학이 지리학에 요구하는 사항은 지역의 공간

특성과 지식(정보)이다. 이것을 가장 가시적으로 구현하는 것이 지리정보시스템 (Geographic Information System; GIS)이고, 이것이 GPS(Global Positioning System) 와 연계되어 차량 네비게이션 시스템과 스마트폰에서 지도정보(Google Map)를 언제 어디서나 편리하게 구현할 수 있게 한 것이다.

4) 스마트관광의 구현 프로세스

아래의 그림은 여행의 각 단계들이 스마트관광 앱들을 통해 기능적 서비스와 경험 적 활동이 동시에 이루어지는 프로세스를 표현하였다.

〈마케팅 소비자 구매의사 결정 5단계 모델 vs 스마트 관광 앱 사용 프로세스[27]〉

5) 스마트관광 실현 요건

스마트관광이 우리 사회에서 실현되기 위해서는 각 분야에서 고품질 관광콘텐츠를 확보하는 것이 첫 번째 과제이다. 그 고품질 콘텐츠는 인간의 다양한 경험을 담는 것 도 가능하지만 관광지에서 펼쳐지는 관광 활동을 담는 것이 최고의 콘텐츠이다. 자연 과 인간 그리고 그 속에서 동식물과 어울려진 삶의 모습이 최고의 진정성 있는 콘텐 츠인 것이다.

이를 구현할 수 있는 경쟁력을 갖춘 민간기업의 발전과 스마트환경을 리 할 인재 그리고 민·관 간의 유기적 협력 시스템 또한 필수적이다. 마지막으로 이를 구현할 수 있도록 참여와 소통이 원활한 플랫폼 인프라 구축이 선행되어야 한다.

---

27) 구철모·정남호, 2019, 스마트관광, 백산출판사

03 관광개발과 지속가능성

전통적인 관광개발 방법

관광개발은 그 지역을 개발하는 것이다. 지역에는 자연환경과 역사와 전통 속에서 어우러져서 형성된 '지역성' 그리고 지역자원이 가지고 있는 '진정성'이 내재되어 있다. 그 지역의 지역성을 구성하는 중요한 요소는 지역주민이기에, 주민들이 동의하고 최종소비자인 관광객이 원하는 것을 담아야 하는데 그렇게 진행된 관광 개발 모델은 찾아보기 힘들다. 이제까지의 관광개발은 지역주민의 땅을 매입한 외지자본이 설정한 개발 콘셉트에 따라 진행되었기에 '주민들의 삶의 질'을 향상과는 상당한 괴리감이 있었다.

기존 관광개발의 문제점과 대안

지금까지의 관광개발은 외부기업이 대상지를 매입하여 그 부가가치를 높이는 방식으로 이루어져 왔다. 그러다 보니 관광개발 대상지나 지역민에게 미치는 영향은 간과되고 관광개발의 영향에 대한 연구는 외지인의 관점에서 지역에 대해 미치는 경제적, 사회문화적, 환경적인 것에 초점이 맞춰져 왔다. 그런데 관광개발의 영향을 고스란히 받아내는 것은 지역의 인문 및 자연환경이며 그 지역민이다. 연구의 방향이 잘못되어도 한참 잘못된 것이다. 지역민에 대한 관점을 중시하는 쪽으로 연구 방향이 수정되어야 한다. 그 지역의 지역민들이 오랜 세월 동안 살아오면서 의사결정 과정의 결과로 나타난 사물(事物)과 현상(現象)은 깡그리 무시하고 테마파크, 호텔, 리조트, 펜션, 모텔, 카지노를 건설하겠다는 것은 돈으로 위장된 경제발전을 미끼로 그 지역을 상품화하는 것이다.

이제는 바뀌어야 한다. 지역의 주민들이 자신이 살고있는 지역에 대해 스스로 인지하고 삶과 어우러지는 관광지를 만들 수 있도록 정부와 지방자치단체가 지원하고 독려해야 한다. 관광지를 구성하는 3요소는 관광지, 관광객, 관광지 주민이다. 가장 바람직한 관광개발 방법은 지역주민, 지방자치단체, 그리고 외지의 자본이 잘 조화되는 3섹터 방식인데, 쉽지는 않겠지만 결국 공동번영의 목표로 가야 한다.

관광개발의 수행과정

〈관광 개발의 수행과정〉

1단계	계획의 목적·목표설정

↓

2단계	지역의 현황조사 및 분석(입지 및 지역분석)

↓

3단계	개발 계획의 종합적 검토 (법률적, 재정적 상황 등 타당성 검토)

↓

4단계	개발 수행

↓

5단계	모니터링과 관광개발(환경)영향평가

한국의 지리적 지식이 실제 관광지개발에서 어떠한 역할과 작용을 하는지를 그 수행과정과 더불어 사례연구로 알아보자. 일반적으로 지리학적 베이스에서 관광개발 수행과정에서 역할을 할 수 있는 부분은 1단계의 계획의 목표 설정과 2단계의 지역의 입지와 지역분석에 기여할 수 있다.

1) 제1단계: 계획의 목적, 목표설정

관광개발은 버려지고 가치가 없는 땅을 매력있게 개발하여 그 가치를 높이는 것이라고 개념을 설정할 수 있는데, 그러기 위해서는 국가의 전반적인 국토개발계획 내에 대상지의 관광개발을 통합해서 진행해야 한다. 이를 달성하기 위해서는 정확한 목표 설정으로 시행착오를 줄일 수 있고 불필요한 개발비용과 자연자원의 낭비를 최소화할 수 있다. 더불어 관광 개발 대상물의 이미지와 시설을 지역 환경의 범위와 조화시켜야 한다. 특히 현대의 관광 개발에서는 다양한 관광객의 욕구를 충족시킬 것인가? 아니면 특정 집단의 차별적 체험을 제공할 것인가? 의 기본 개념도 이 단계에서 설정해야 목표시장을 세그멘테이션(세분화) 할 수 있다.

2) 제2단계: 입지 및 지역분석

(1) 자연 지리적 현황조사와 입지분석

앞에서 설명한 바와 같이 지역연구의 첫 단계는 지역의 주요한 자연 지리적 배경(기후, 지형, 식생, 토양)을 조사하는 것이다. 이것이 선행되어야 관광목표에 적합한 장소(입지)를 선택할 수 있다. 선정된 입지의 기본적인 지역현황을 조사하고 특정 입지시설에 대한 주변 관광시설에서 이미 제공되고 있는지에 대한 중복 여부를 확인해야 한다.

(2) 사회경제적 현황조사

이 단계에서는 지역의 사회경제적 현황조사로 지역주민의 관광지 개발에 따른 반응을 조사하고 주요 시장지역(배후지)과의 접근성을 조사한다. 그리고 기존접근성과 계획접근성을 검토한다. 더불어 다음과 같은 추가적인 사항은 선별적으로 그 개발의 콘셉트에 따라 조사할 수 있다. 즉, 토지소유상황, 다른 지역과의 경쟁정도, 지역·국가정책에 의한 지원정도(도로, 항만, 세계대회 유치 등)를 면밀히 검토하면 인프라 투자에 대한 개발비를 절감할 수 있다.

3) 최적 개발대상지 선정

개발 예정지의 자연 및 인문 지리적 환경은 관광개발 대상지로서 입지 조건이 되며, 이들의 최적의 결합을 통해 환경에는 최소의 영향을 주는 곳, 지역주민에게는 최대의 편익 그리고 외부 투자자에겐 지속가능한 성장을 모색할 수 있는 곳에 최적 관광개발 입지를 선정해야 한다.

관광개발에는 막대한 자본이 투입되고, 잘못 선정된 입지는 사업 성공을 불투명하게 하고 돌이킬 수 없는 국토의 훼손이 발생하므로 그 예상지역의 자연 및 인문지리적 환경을 면밀하게 검토해서 시행착오가 절대 발생하지 않도록 해야 한다.

지속가능한 개발의 등장 배경과 개념

1) 지속가능한 개발(환경친화적 관광개발)의 등장 배경

관광자원은 현재를 살고 있는 인류를 위한 관광대상일 뿐만 아니라 미래 후손들에게 전달·계승되어 후세 사람들이 누려야 할 가치를 갖고 있다. 따라서 자원의 파괴와 훼손을 줄이고 최소화하는 보전책은 관광 개발 차원뿐만 아니라 국가와 전 세계가 공유하고 있는 중요한 환경정책이다.

2) 지속가능한 개발(환경친화적 관광개발)의 개념

환경친화적 관광개발은 '환경과 어우러지며 지속가능한 개발(Environmentally Sound and Sustainable Development)'과 같은 의미로 쓰이며, 유사용어는 대안관광, 생태관광 및 녹색관광 등으로 1990년대에 주로 등장하였다.

이것은 미래의 기회를 보호 증진하면서 기존 관광객과 지역주민의 욕구를 충족시키는 것으로서 문화의 고유성, 근본적 생태계 구성, 생물학적 다양성 및 환경보전체계를 유지하면서 경제적·사회적·심미적 욕구를 충족시키는 방향으로 모든 관광지를 계획·개발·관리하는 것이다.

지속가능성 | 지속가능성(Sustainability)은 '선대로부터 국토를 물려받아 이를 잘 간수하여 후대에 다시 물려주어야 한다'는 사상에 근거한 것으로서 '현재 관광자의 욕구가 미래 세대를 침해하면서 충족되어서는 안된다'는 개념이다.

보전 가능성 | 보전은 '개발에 대한 상대 개념이 아니라, 자연계의 상호관계를 지배하는 법칙에 따라 인간의 생활환경과 생물의 생활환경을 동시에 보존한다'는 의미로서, 보전 가능성의 핵심적 의미는 '건전한 경제성장과 환경관리의 상호 의존관계'에 있다.

환경친화적 관광 개발 | 이 개념은 자원개발과 이용(Exploitation), 생태 중심의 순수한 보존(Preservation), 생태계 변화를 통제하면서 자연 균형을 유지하는 보호(Protection), 파괴된 자원을 재생하는 복원(Restoration)의 개념이 모두 포함되는 보전(Conservation)적 관광 개발이다.[28]

3) 지속가능한 개발(환경친화적 관광개발)의 목표

환경 친화적 관광개발의 목표는 종래의 관광지개발과 달리, 관광개발의 경제성 측면 뿐만 아니라 생태계 보전 측면이 중요시된다는 점이다.

지역특성 보전 | 종래 관광지개발은 전국이 획일적으로 관광지화되는 특성을 초래하였으므로, 지역의 고유성을 보전하는 관광 개발을 목표로 한다.

적정한 환경수준 유지 | 무계획적이고 환경적으로 건전하지 못한 관광 개발 보다는 환경의 질을 유지하거나 개선할 수 있는 관광 개발을 목표로 한다.

관광객 욕구 충족 | 관광시장의 동향을 정확히 분석·예측하고 이를 기반으로 관광객 욕구 충족에 기여할 수 있는 장기적 개발 효과를 목표로 한다.

4) 관광지 수용능력 확보

수용력(carrying capacity)은 생태학자들이 맨 처음 사용한 개념으로 어떤 동식물이 속한 생태계 혹은 서식처가 회복 불가능한 상태로 훼손되지 않는 가운데, 그 동식물이 생존할 수 있는 최대 개체군밀도(Maximum Population Density)를 의미한다. 이후 산림자원학이나 조경학, 환경계획, 관광지관리의 기본원리로 폭넓은 응용이 이루어지고 있다.

관광수용력은 일정 동안 특정한 관광지가 보유하고 있는 생태적, 자연적, 시설적 및 사회·심리적 수용요소의 질적 훼손 없이 관광자의 최대만족을 창출할 수 있는 관광수요의 합계이며, 관광자원관리와 공급능력을 결정하는 지표이다.

관광개발에서 수용력적 접근방법은 관광수요가 급증하고 한정된 관광자원의 과다이용에 대한 관심이 고조되면서 관광자원의 질을 훼손하지 않고 지속적으로 사용할 수 있는 적정 범위가 어느 정도인가에 대해 추정하기 위해 활용되고 있다. 그래서 관광개발의 계획단계나 기존에 개발된 관광지의 보전과 재생의 관점에서 꾸준한 연구가 진행되고 있고 일부 국립공원에서는 탐방객의 예약제를 시행할 때 그 근거가 되고 있다. 그래서 관광지에서 관광객을 수용할 수 있는 공간과 시설 확보 뿐만 아니라 현실적으로 기존 관광지의 이용을 적정화할 수 있는 제도적 장치를 마련해서 수용력을 유

---

28) 윤병국·한지훈, 2013, 관광학개론, 백암

지하고 혼잡도를 낮춰서 쾌적한 관광활동을 유지하는 것을 목표로 한다.[29)

5) 지역주민의 생활향상

주민의 생활환경, 생계 및 이주문제 등 지역주민과 유리된 개발에서 나타난 부작용을 줄이기 위해, 주민생활의 질적 향상에 많은 관심을 기울일 뿐 아니라 개발사업에 주민을 최대한 참여시키는 방안을 고려해야 한다.

지속가능한 개발의 추진방향과 이용수단

1) 추진방향

환경친화적 관광 개발은 첫째, 그동안 형식적이며 비과학적으로 진행되었던 환경영향 평가를 강화하며, 둘째, 자원이용형 관광지개발보다 관광자원을 창출하는 형태로 전개되며, 셋째, 공공부문과 민간부문의 본래 역할을 토대로 상호 협력하는 형태로 전개되며, 넷째, 구미선진국 수준으로 대국민 관광의식을 개선하기 위해 언론매체를 통한 지속적 홍보와 관광교육이 실시되며, 다섯째, 지역 정부가 주민 의견을 수렴하여 주도적으로 다른 지역과 경쟁할 수 있는 지역의 특색 있는 관광지개발이 필요함을 인식하는 방향으로 전개되는 것이다.

2) 이용수단

환경친화적 관광 개발의 효과를 높이기 위한 이용수단은 이용 제한제, 공간 제한제 및 관광지 가격 차별화 등을 들 수 있다.

첫째, 이용 제한제는 사회적 또는 자연적 수용력(Carrying Capacity)의 개념에 근거하여 관광객 이용을 시간과 계절별로 억제하는 형태로서 그 실현수단은 이용예약제, 이용자 수 입장 제한제 및 시차 이용제 등이 있다.

둘째, 공간 제한제는 관광지를 자원특성에 따라 구역화하거나 자연생태계 복원을 제고 하기 위해 일정 기간 이용을 금지하는 형태로서 현행 등산 금지제도의 확대, 공간별 관광활동 유형 제한 및 취사 금지구역 확대 등이 있다.

---

29) 윤병국, 1998, 국립공원 관리를 위한 수용력에 관한 연구 -설악산 국립공원을 사례지역으로-, 경희대학교 대학원 지리학과 박사학위논문

셋째, 관광지 가격의 차별화는 관광수요의 적절한 관리를 위한 것으로서 계절별 요금 차별제를 통해 성수기 관광객 과다유입을 억제하고, 관광지별 요금 차별제를 통해 관광수요가 많고 적은 지역별로 가격을 조절함으로써 관광객이 많은 지역의 수요를 둔화시키고 분산하는 방법이다.

참고문헌

구철모·정남호, 2019, 스마트관광, 백산출판사

국토지리정보원

국립공원 관리공단.(www.npa.or.kr)

김종은, 2000, 관광한국지리, 삼광출판사

김진원·윤병국, 2013.12, 관광분야에서 GIS의 이론적 배경과 국내외 연구동향, 관광학연구, 37권 10호, 한국관광학회

김진원·윤병국 외, 2008. 12, Applications of GIS-based Three-dimensional Modeling(3D) in Tourism, 호텔경영학연구 제17권 제6호, pp.261~275, 한국호텔외식경영학회

김진원·윤병국·송학준·진현식, 2008, Applications of GIS-based Three-dimensional Modeling(3D) in Tourism, 한국호텔외식경영학회

김홍운·김사헌, 2003, 관광 개발론, 형설출판사

문화체육관광부, 2019, 관광동향에 관한 연차보고서

윤병국, 1998, 국립공원 관리를 위한 수용력에 관한 연구 -설악산 국립공원을 사례지역으로-, 경희대학교 대학원 지리학과 박사학위논문

윤병국 외 6인, 2002, 한국의 지리적 환경과 관광자원, 여행과 문화

윤병국·이승곤, 2007, 관광학개론, 새로미

윤병국 외 2인, 2011, 관광학개론, 한올출판사

윤병국·한지훈, 2013, 관광학개론, 도서출판 백암

지리세계 홈페이지

진현식·이승곤·윤병국, 2006, 테마가 있는 리조트 개발 및 경영, 형설출판사

한국항공우주연구원

Google Earth

미래 관광 공간 창조

01 전통적 공간에서 관광지리의 역할

풍류와 전통정원문화의 재고찰

1) 풍류1)란?

본래 풍류란 선인(先人)들, 특히 성현(聖賢)들의 유풍(遺風)·전통을 말하였으나, 점차 고상한 아취(雅趣)·멋스러움을 말하게 되었다.

풍류는 자연을 가까이하는 것이고 맛과 멋과 운치, 그리고 글과 음악과 술 등 여유롭고 즐겁고 아름답게 노는 모든 것들이 포함되어 있다. 우리 옛 선인들은 풍류를 통하여 사람을 사귀었고 가무(歌舞)를 즐기고 철 따라 물 좋고 산 좋은 경관(景觀)을 찾아 노닐면서 자연을 통하여 기상(氣像)을 키워나가는 생활로 심신을 단련하였다.

풍류를 현대의 삶 속에서 해석하면 '잘 놀고, 잘 먹고, 잘 사는 법'이고 고달픈 현실 생활 속에서도 늘 마음의 여유를 갖고 즐겁게 살아갈 줄 아는 '삶의 지혜와 멋'을 가리켜 풍류라고 새롭게 정의하고자 한다.

이러한 풍류가 깃들여 있는 곳이 전국에 산재해 있지만 누정(樓亭) 문화의 정취가 있는 남도 지방 몇 곳을 사례로 들고자 한다.

2) 한국 전통조경에 스며있는 지리적 조영원리(造營原理)

(1) 한국 전통정원의 조영원리

한국 정원2) 조영(造營)원리에 신선사상, 음양오행론과 풍수사상, 성리학 사상이 복합적으로 영향을 미쳐서 축조되었지만, 한국 전통 정원을 지배하는 일관된 흐름은 자연에 순응하며 자연과 조화를 이루려는 한국적 자연주의 사상이다. 한국인의 자연관과 처세술이 정원문화에도 고스란히 반영되어 있는 것이다. 그래서 한국인의 삶 중 최고의 백미는 '한국의 전통정원'이라고 한다. 생활과 여유 공간을 지근거리에 배치하여 삶도 포기하지 않고 그렇다고 도피하지도 않은 선비적 풍모를 유지할 수 있었다.3)

---

1) 풍류: 옛 사람과 나누는 술 한 잔, 2007, 신정일, 한얼미디어

2) 정원(庭園)이라는 용어는 1889년부터 일본에서부터 사용이 시작되었다는 연구자들이 있는데 우리나라의 고려시대와 조선시대에 이미 원림, 임천, 화원, 정원이란 용어들이 쓰이고 있었다. 그래서 이 책에서는 정원(庭苑)이란 용어로 사용한다.

3) 김영모, 진상길, 2002, 신선사상에 영향 받은 전통 조경문화의 전개양상에 관한 연구-古代시대의 조경문화를 중심으로, 한국전통조경학회지 20(3)
역사경관연구회, 2008, 한국정원의 답사수첩, 동녘

한국의 전통정원은 산과 골짜기 등 자연 지형을 그대로 살려서 정원을 조성하였을 뿐, 산을 허물어 평지를 만들고 그곳에 기하학적인 정원을 만들기 위해 연못을 파고 분수를 만들어 물을 솟구치게 하지는 않았다. 물은 높은 곳에서 낮은 곳으로 흐르는 것이 자연의 법칙이므로 근대 이전의 한국 정원에는 위에서 아래로 떨어지는 폭포는 있어도 분수는 없었다.

한국의 전통정원은 주로 대자연의 풍광을 그대로 정원의 일부로 편입시키는 차경 기법(借景 技法)을 활용하였다. 아울러 정원에 조성되는 누(樓), 정(亭), 대(臺)는 중국 이나 일본의 그것과는 다르다. 경관적인 측면에서 비교하면 한국에서는 외부의 자연 경관을 중요시하고 건물 역시 자연과의 조화를 우선적으로 고려하였다. 그 결과 주위 의 자연 풍광은 인위적으로 조영된 정원과 유리됨이 없이 자연스럽게 하나가 되었다. 중국은 정원에서 건물이 어떻게 보이는가와 건물 안에서 밖을 어떻게 내다보도록 만 들 것인가를 고려했기 때문에 내외부를 다 중요시하는 양면지향적이라 할 수 있다.4)

조경 식재의 경우에도 한국은 중국처럼 특별한 수목을 옮겨다 심거나 온갖 화려한 경물을 정원에다 옮겨다 놓지 않았다. 아울러 일본처럼 자연이나 경물을 자로 잰 듯 이 정확하게 의도적으로 배치하거나 하지도 않았다. 계절의 변화 역시 자연의 섭리로 받아들였기 때문에, 한국의 전통정원에는 계절의 영향을 받지 않는 나무는 정원수로 선호하지 않았다. 아울러 조경수를 인위적으로 자르거나 비틀어서 모양을 내지 않고 자연 그대로 자라도록 하였다.

정원 속에 내재되어 있는 풍수지리사상과 성리학의 이치는 다음과 같다. 먼저 풍수 지리는 음양론과 오행설을 기반으로 땅에 관한 이치, 즉 지리(地理)를 체계화한 전통 적 논리구조이다. 그 땅의 지맥(地脈)에 따라 크게는 집안의 길흉화복이 달려 있다는 생각을 했기 때문에, 한국의 정원은 자연의 지세를 가능한 한 살려서 조영하는 것을 원칙으로 하였다. 두 번째, 성리학의 우주론 및 음양론과 관련된 정원 조성원리의 대 표적인 예로는 부용지의 방지원도형(方池圓島形) 연못인데 '하늘은 둥글고 땅은 네모 나다'는 천원지방(天圓地方)을 상징적으로 표현해 놓은 것이다. 이 밖에 정원 속의 경 물이나 정원에 포함된 산 바위 등 자연물에 붙여진 이름, 건축물의 당호나 편액의 내 용 등에서도 성리학과 관련된 내용을 찾아볼 수 있다.

성리학적 요소는 은거한 선비들의 정원인 별서정원에 표현되어 있는데, 이곳에 은 거하면서 자연에 순응하는 삶의 방식으로 있는 대로 자연 지형을 살리고 가능한 한 인공을 가하지 않은 것이 특징이다. 가장 자연에 순응하는 것이 물이기에 대부분의

---

4) 안계복, 2004, 산수유람정원의 거점, 樓·亭·", 한국전통조경학회지 22(4), 94.

전통정원에서는 반드시 물이 흐르는 곳에 정원을 조영할 정도로 수경관이 차지하는 비중이 컸다.[5]

(2) 누정과 원림

① 누정(樓亭)

누각(樓閣)과 정자(亭子)의 줄인 말로 멀리 넓게 볼 수 있도록 다락구조로 높게 지어진 누각과 경관이 수려하고 사방이 터진 곳에 지어진 정자는, 자연 속에서 여러 명이 또는 혼자서 풍류를 즐기며 정신수양의 장소로 활용되었던 건축물이다. 공부하고 학문을 연구하는 양반들은 과거시험에 급제하기 위해 공부를 지속했으며, 사서삼경이 중심이 되는 학문은 학문으로만이 아닌 생활화를 중요시했다. 그것은 자연인으로서의 청렴함과 검소한 생활로 자연에 순응하고자 하는 생활철학이었다. 그 방법으로 선인(仙人)의 경지를 자연인으로 가정하고 선인에 가까워지기 위해서 자신을 항상 자연과 함께 존재하고자 하는 염원이 정자나 누각의 형태로 나타난 것이다. 따라서 정자(亭子)가 개인적이라면, 누각(樓閣)은 공적인 것으로 접대와 풍류와 함께 학문을 연마하면서 정신을 수양하는 높은 수준의 공간이 된다.

조선왕조에서 유교사상이 국가적 차원에서는 물론 일반 생활철학에 철저히 적용되면서 정자는 지배계급, 즉 양반계급의 생활에 넓게 보급되었다. 초창기 설립한 산과 들에서의 정자의 장소성에서 보여주듯이, 자연합일이라는 전통적 건축관이 적극적으로 반영되어 신선이 있을법한 선경(仙景)에 입지하였다. 이후 차츰 일상생활과 가깝게 정자를 두어, 주택조망 또는 주택 내에 정자를 두기도 하고, 별당이 정자의 역할을 하거나 대청마루의 한 부분을 한단 높여 돌출시켜서 정자의 분위기를 꾸민 누마루가 형성되기도 하였다. 따라서 정자는 개인적 수양을 위한 풍류기능, 교육을 위한 강학기능, 종교적인 조상숭배를 위한 기능, 지역적인 계 모임의 기능 등을 위해 건축되고, 은둔과 공부를 위한 별서정원(別墅庭園)과 일반 서민들의 농촌들판 또는 마을 입구에 모정(茅亭)이 있다.

유명한 누각의 예를 들면, 서울 경복궁의 경회루, 창덕궁의 주합루, 삼척의 죽서루, 밀양의 영남루, 진주의 촉석루, 남원의 광한루 외에 궁전, 사찰, 학교, 서원, 성곽 등에 많이 분포하고 있다. 정자로는 창덕궁 내의 부용정, 태극정, 전남 담양의 식영정 등을 비롯하여 전국에 수없이 많다.

---

5) 이재근, 2005, 한국의 별서정원, 한국전통조경학회지 23(1), 141.

〈왕궁의 후원: 창덕궁 비원의 부용정과 부용지〉

② 원림(園林)

원림은 집터에 딸린 뜰로 한국의 원림은 자연과의 조화와 순응을 가장 중요한 원칙으로 삼았다. 원림 요소로는 화초와 나무, 돌과 물, 누정 등이며 원림을 만드는 주체에 따라 궁궐원림(宮苑), 사찰원림(禪苑), 사가원림(私家園林)으로 나눌 수 있다6).

원림(園林)을 정원과 혼용해서 사용하는 경우가 많은데, 정원이 주택에서 인위적인 조경작업을 통하여 분위기를 연출한 것이라면 원림은 교외에서 동산과 숲의 자연스런 상태를 그대로 조경대상으로 삼아 적절한 위치에 인공적인 조경을 삼가면서 더불어 집과 정자를 배치한 것이다. 그래서 중국과 우리나라에선 원림을, 일본에서는 정원을 주로 선호한다.

〈담양 명옥헌 원림과 배롱나무: 한국의 전통정원은 집안에서 밖을 보아야 그 멋을 알 수 있다〉

---

6) 김왕직, 2007, 알기쉬운 한국건축 용어사전: 원림과 누정

3) 소쇄원(瀟灑園)

조선 시대의 대표적인 별서원림은 소쇄원이다. 소쇄원은 전라남도 담양군 남면 지곡리의 가사문화권에 위치해 있으며 소쇄(瀟灑) 양산보(梁山甫, 1503~1557)가 조성한 민간정원의 백미이다. 양산보는 중종 때의 선비로 조광조의 문하생으로 스승인 조광조가 기묘사화(1519)에 연루되어 유배를 당하고 사약을 받고 죽자, 권력의 무상함을 느끼고 낙향하여 창암촌 계곡의 자연 속에 소쇄원을 조영하기 시작한다. 양산보는 평생을 처사로 지내면서 담양 일대의 많은 문인 선비들과 교류하면서 조선의 선비문화가 녹아있는 독특한 별서정원을 완성하였다.

별서정원은 대개 산수 경관이 수려한 곳에 독립적인 형태로 조성되며, 정주공간인 본체와 완전히 격리되지 않는 도보로 1~2km 정도의 거리에 위치하는 것이 보통이다. 대개의 별서정원은 계곡을 낀 자연 지형에 위치하며, 남향에 위치하는 중심 건물인 숙식이 가능한 살림집인 당(堂)과 정원의 한적한 곳에 짓는 누(樓), 그리고 나그네가 쉬어가도록 만들어 놓는 정자, 연못 등으로 구성되어 있다.

소쇄원은 크게 초입부의 초정과 연지를 중심으로 한 전원(前園), 계류를 중심으로 한 계원(溪園), 제월당 주변의 내원(內園)으로 나눌 수 있다. 소쇄원 초입의 대나무 숲을 지나면 인공적으로 쌓은 돌담장과 축대 위에 세워진 대봉대(待鳳臺)라는 초정(草亭)이 있다. 양산보는 태평성대를 희구한다는 뜻으로 대봉대, 즉 '좋은 소식을 전해준다는 봉황새를 기다리는 대'를 만들고 곁에는 벽오동나무와 대나무를 심었다. 대봉대의 이러한 물경(物景)은 봉황, 대나무, 오동나무의 전설과 관련해 당쟁에 염증을 느끼고 정치 일선에서 물러났지만 태평성대가 오기를 기다리는 집주인의 마음이 잘 나타나 있다. 아울러 벼슬에 연연하지 않은 선비의 기상을 대나무만 먹고 오동나무에만 깃드는 봉황을 통해 표현함으로써 물경(物景)의 경지를 넘어 의경(意景)으로 확대하고 있다. 광풍각 옆의 석가산(石假山)은 그 건너편 자미수림(紫薇樹林), 광풍각 위의 도오(桃塢), 계곡 위의 매대(梅臺)와 같이 무릉도원의 선계(仙界)를 나타내려 한 것이다. 지금까지 전해져오고 있는 소쇄원도는 광풍각에 앉아서 그렸는데 손님을 맞는 대봉대, 애양단, 오곡문을 거쳐 외나무 다리를 건너 소쇄원의 선계(仙界)에 들어와서 제월당을 지나 광풍각까지의 경로가 잘 표현되어 있다. 그래서 소쇄원은 눈으로 감상하는 시각적 차원을 넘어선 심상(心像)으로 보아야 제대로 느낄 수 있는, "아는 만큼 보이고, 보이는 만큼 느낄수 있는" 한국 최고의 전통정원이다.[7]

7) 천득염, 1999, 한국의 명원 소쇄원, 도서출판 발언
   정재훈·김대벽, 2000, 소쇄원, 대원사

소쇄원이 오늘까지도 많은 이들로부터 사랑을 받고 있는 이유는 500년 가까운 세월의 풍파를 견디어 왔고 가장 한국적인 정원문화를 느낄 수 있기도 하지만, 현실 속에서 적극적으로 현실을 개혁하기보다는 오히려 자연의 삶 속에서 자신의 안빈낙도(安貧樂道)을 찾았던 조선시대 한 선비의 처연(悽然)함을 느낄 수 있기 때문일 것이다.8)

〈(좌)제주 양씨 집안, 15대 종손 양재혁 / (우)소쇄원 전경: 광풍각과 제월당〉

〈(좌)소쇄원의 대봉대 / (우)소쇄원의 계류(溪流): 오곡문〉

---

8) 현재의 소쇄원은 제주 양씨 집안의 소유로 담양군의 지원과 15대 종손인 양재혁씨가 관리하고 있다.

지명과 장소의 관광자원화

1) 국토 정중앙: 양구

강원도 양구군 남면 국토정중앙로 127에는 한반도의 국토 정중앙 천문대가 있다. 누가 봐도 한반도의 중심이 될 수는 없을 것 같은 양구가 국토 정중앙이 될 수 있었던 것은, 지리적 위치로 관광자원화를 이미 진행했던 선진 사례국가들이 있었다.

지리좌표를 이용하면 여러가지 지리점(Geographical point or site)인 끝점, 중앙점, 하천의 발원점, 최고점, 최저점 등을 찾을 수 있다. 인간은 가고 싶은 곳에 대한 호기심과 갔다 온 곳에 대한 상징성을 기록하고 다시 그 장소를 찾고자 하는 본능이 있다. 그러한 곳 중에서 우리 국토 내에서 상징성이 있고 경관이 우수한 곳은 더욱더 매력적인 공간이 되어 관광지로 각광을 받고 있다. 이미 국내의 경우 정동진, 땅끝마을, 서해안에서 일출을 볼 수 있는 왜목마을, 호랑이 꼬리인 호미곶 등이 있고 해외의 경우 일본, 미국, 독일, 영국, 에콰도르 등 우리의 생각보다 훨씬 많다. 국토 정중앙이라 상징적인 위치로 관광지가 된 사례는 일본의 니시와키, 미국 레바논시, 독일 니더돌라 등이 있다. 영국의 그리니치 천문대는 본초 자오선으로 결정되어 동반구와 서반구의 경계선이 되었고, 에콰도르 키토에는 1736년 프랑스 탐험대가 적도로 확인한 '적도기념비'가 설치된 곳임과 동시에 국가 명칭이기도 하다. 이곳을 찾는 관광객들은 북반구와 남반구의 경계선 위에서 자신의 존재를 확인하는 사진을 찍는다. 이처럼 지리적 위치 하나만 가지고도 세계적으로 유명한 관광지가 될 수 있다.

대한민국 헌법 3조에 근거한 우리나라 영토의 개념이 '한반도와 그 부속 도서'인 점을 고려했을 때, 섬을 포함하여 우리나라의 공식적인 동서남북 4극 지점을 잡을 수 있다. 이 4극지점을 기준으로 중앙경선과 중앙위선의 교차점이 한반도의 정중앙지점이며 그 좌표는 동경 128°02'02.5'', 북위 38°03'37.5''로 바로 양구를 가리킨다. 한반도의 배꼽임을 자처하는 양구군에서 우리나라의 중심에서 하늘을 바라보기 위해 국토 정중앙 천문대를 2007년 5월 31일 개관하였다.

국토정중앙이 양구라는 지리적 위치자원을 찾아내서 대한민국의 지리교육 자료, 장소마케팅 요소 등으로 가치를 부여하고 활용 방안을 모색하는 열정적인 연구자는 강원대학교 지리교육과 김창환 교수[9]이다. 그는 국토 전역에 산재해 있지만, 숨겨져 있는 수많은 지리자원을 개발하는데 선구자적 역할을 하고 있다.

---

9) 김창환, 2008, 지리적 위치자원으로서의 국토 정중앙의 가치와 활용방안, 한국지역지리학회지 14권, 5호, 453p~465p.

《(좌)양구 국토정중앙 천문대 / (우)양구와 국토정중앙10)》

《(좌)대한민국 극남: 마라도 / (우)서해안의 일출: 왜목마을》

2) 유라시아 대륙의 동쪽 끝: 한반도

1933년, 일제강점기하의 한반도에 발을 디딘 한 독일인 지리학자가 있었다. 그는 두 다리와 낡은 포드자동차, 그리고 종종 열차와 선박을 이용하여 북으로는 백두산부터 남으로는 제주도까지 한반도 구석구석을 조사하였다. 그의 연구여행 경로는 장장 15,000km에 달하는 어마어마한 것이었다. 이 대단한 연구여행의 주인공은 훗날 20세기 후반의 위대한 지리학자로 평가받는 헤르만 라우텐자흐(Hermann Lautensach)였다.

라우텐자흐는 '논쟁의 여지가 없는 지지(地誌)의 대가'라는 칭호를 받았을 정도로 지역연구 분야에서 뛰어난 학문적 업적을 이룬 학자로, 연구여행에서 수집한 자료와 1,000여 종에 달하는 참고문헌 분석을 통해 한국지지의 표준서로 불리는 『코레아: 일제 강점기의 한국지리』를 저술하였다. 그는 이보다 앞서 포르투갈의 지리서를 저술하

10) 사진: 김창환, 2008

였는데, 당시 지리학 연구의 큰 틀을 이루었던 비교 지지 연구를 위해 포르투갈과 비슷한 위도상에 위치한 유라시아 대륙 동쪽 끝의 반도인 한국(한반도)을 연구 지역으로 선정하였다. 그는 한국의 지지를 연구한 이유를 "한국 각지에 대한 지리학의 지식을 담은 옛 자료와 최근의 자료를 종합하고, 동시에 경험적 관찰에 근거하면서 한국 전역과 주요 지역에 대하여 학문적으로 깊이 있게 지리학연구를 시도하는 것은 매우 흥미 있는 일"이기 때문이라고 하였다.[11]

이처럼 우리도 몰랐던 한반도의 지리적 위치를 90여년 전에 독일의 지리학자는 이미 알고 있었고 실제로 1년여 가까이 한반도 전역을 답사하여 기록한 책은 후대의 지리학자들에게 귀감이 되는 연구서이다.

3) 지리적 장소의 관광자원화

유라시아 대륙의 서쪽 끝의 포르투갈의 로까 곶을 가면 전 세계 관광객들이 포르투갈의 대문호인 까모에스(Camoes)가 쓴 '이곳에서 대륙이 끝나고 대양이 시작된다'는 표석 앞에 기념사진을 찍고, 돈을 내고 방문 기념 인증서를 발급받는다.

저자는 양구의 국토정중앙 가치를 재조명 심포지엄[12]에서 지리적 위치의 중요성을 다음과 같이 토론하였다. "지리에 대한 가치는 동서양을 막론하고 중요하게 생각해 왔다. 포르투갈은 대륙의 끝 관광지 이야기를 만들어냈고, 독일의 지리학자 라우텐자크는 이베리아반도의 지역연구서를 썼다. 이를 토대로 볼 때 유럽의 경우 그 옛날부터 국토의 의미와 상징성에 대해 연구한 것은 물론 관광자원화를 성공적으로 해냈다는 것을 보여주고 있다. 양구의 국토정중앙도 유럽 포르투갈 등의 사례를 접목해 국토정중앙을 중심으로 다양한 컨텐츠를 개발하는 전략을 구사해 나가야 한다." 그러면서 38도선이 지나는 양구의 국토 정중앙과 동해안의 양양, 그리고 정동진은 포르투갈의 로까 곶 못지않은 관광명소가 될 수 있으니 장소마케팅이 필요하다고 역설하였다.

---

11) 인터넷 교보문고, 코레아 서평
12) 강원도민일보, 2018년 12월 4일, 국토정중앙 가치 재조명 심포지엄, 윤병국 교수 토론문

〈(좌)유라시아 대륙의 서쪽 끝: 포르투갈의 로까 곶 / (우)포르투갈의 로까 곶 방문 증명서〉

〈(좌)동해안 38선 기념비 / (우)정동진: 모래시계로 더 유명하며, 경복궁에서 직선상으로 가장 동쪽
기차역〉

〈남미 대륙 끝: 아르헨티나 우슈아이아〉

02 새롭게 인식하는 관광 공간에서 관광지리의 역할

웰니스(Wellness Tourism) 관광 공간과 관광지리

1) 웰니스의 개념

웰니스는 웰빙(Well-Being)과 건강(Fitness)의 합성어로 신체적, 정신적, 사회적 건강이 조화를 이루는 이상적인 상태를 의미하는데 2000년대 이후 웰빙 트랜드가 확산되면서 한 단계 높은 차원으로 발전된 개념이다.

웰니스 개념은 이전의 한방의료관광[13]에서 한의사 중심의 의료행위가 관광과 접목하는데 있어서 한계에 봉착했던 상황에서 지역의 건강자원과 결합하여 새로운 성장동력으로 활성할 수 있고, 자연환경과 더불어 사는 건강 삶을 살고자 하는 본 책의 지향점과도 일치되는 개념이다.

2) 웰니스관광 자원 유형

한국관광공사의 웰니스 개념은 '건강증진과 삶의 질 향상을 추구하는 관광의 새로운 트렌드'라고 하고 웰니스관광을 실현하기 위한 다음의 4가지 유형으로 분류하여 정책적 지원을 하고 있다. 즉, 한방, 힐링·명상, 뷰티(미용)·스파, 자연·숲 치유의 4가지이다. 자연에서는 숲 치유를 하고 힐링의 정신적 측면은 명상으로 하고, 내적 건강뿐만 아니라 외적인 아름다움을 스파로 치유한다는 것이다. 더불어 한방을 접목하여 전문가적 관점의 치유를 접목한다.

문화체육관광부와 한국관광공사는 웰니스 관광을 실현하는 지역과 사업체로서 2019년까지 41곳의 한국형 웰니스 관광지를 선정하여 국내외 홍보 활동 및 외국인 수용 여건 개선 등의 기반구축 작업 등 다각적 활동을 강화하고 있다.

3) 웰니스관광에서 관광지리의 역할

웰니스관광은 도시의 스파, 힐링센터에서도 진행되지만, 경기의 포천, 강원의 원

---

13) 윤병국·이은미는 한방의료관광연구(2012)에서 "질병 치료, 건강증진 및 한방미용 체험을 목적으로 한국을 방문하여 전통 한의학적인 치료뿐만 아니라, 인간의 재생력(Rejuvenation)·정신적(Mentally)·육체적(Physically)·감성적(Emotionally) 능력을 향상시키기 위하여 명상, 기체조, 약선, 한식체험 등을 포함한 웰니스(Wellness)와 한방 헬스케어(Healthcare)를 결합하는 관광의 유형"으로 정의하였다: 윤병국·이은미, 2012.08, 한국의 한방의료관광 동향과 연구과제에 대한 탐색적 연구, 24권 제6호, 2012.08, 한국관광레저학회, PP 117~135

주·평창·홍천·정선·동해, 경북의 영주, 경남의 산청·거제, 충북의 제천·청주, 충남의 아산·태안, 전북의 전주·진안, 전남의 신안·보성·순천·장흥, 제주시와 서귀포시 등 지역에 축적되어 있는 자연환경을 웰니스 자원으로 활용하는 것이다. 즉, 용어만 새롭게 웰니스라고 사용하지만 각 지역별 지리적 특징과 천연자원을 활용하는 것이다. 강원도의 숲 치료나 물치료 등 자연 휴양 치료를 마련하거나, 제주도에 오름 걷기, 용암해수를 활용한 피부관리 등의 상품을 개발한 것이 그 사례이다. 더 나아가 웰니스 시설을 계획할 때 그 입지적 특성은 풍수지리에서 분석하고 그 지역의 특산물을 제철음식으로 요리하여 맛을 음미하면서 기(氣)를 충만하게 하는 것이다. 이러한 곳은 새롭게 시설을 배치하는 것이 아니고 지역에 수백 년 동안 터를 잡은 고택, 사찰, 누정(樓亭), 원림(園林) 등을 이용하면 전통과 현대가 조화로움으로 함께 가는 것이다.

〈한국형 웰리스 관광지[14]〉

구분	테마	한국형 웰니스 관광지	지역
1		설화수 플래그쉽 스토어	서울
2		SPA 1899 동인비	서울
3		올리바인 스파	서울
4		스파랜드 센텀시티	부산
5		리조트 스파벨리	대구
6		청라 스파렉스	인천
7		편백나라 효소궁	광주
8		허브 아일랜드 허브 힐링센터	경기 포천
9	뷰티 / 스파	편백 숲 힐링토피아	경기 성남
10		아쿠아필드 고양	경기 고양
11		리솜 포레스트 해브나인 힐링스파	충북 제천
12		스파라쿠아 전주온천	전북 전주
13		진안 홍삼 스파	전북 진안
14		태양염전 해양힐링 스파	전남 신안
15		한화리조트 스파테라피센터	제주도 제주시
16		파라다이스시티 씨메르	인천
17		테라피 스파 소베	광주
18		아일랜드 캐슬	경기 의정부
19		파라다이스 스파 도고	충남 아산

14) 출처: 한국관광공사, 2019, 한국형 웰니스 관광지 선정

구분	테마	한국형 웰니스 관광지	지역
20	자영 / 숲치유	동해 무릉 건강숲	강원동해
21		팜카밀레	충남 태안
22		순천만 국가정원&순천만 숲지	전남 순천
23		정남진 편백 숲 우드랜드	전남 장흥
24		국립산림치유원	경북 영주
25		제주허브동산	제주도 서귀포
26		서귀포 치유의 숲	제주도 서귀포
27		부산 치유의 숲	부산
28		용평리조트 발왕산	강원 평창
29	한방	티테라피	서울
30		여용국 한방스파	서울
31		하늘호수	대구
32		산청 동의보감촌	경남 산청
33	힐링 / 명상	비스타 워커힐 웰니스 클럽	서울
34		힐리언스 선마을	강원 홍천
35		파크로쉬리조트&웰리스	강원 정선
36		깊은산속 올달샘 아침편지 명상치유센터	충북 청주
37		WE호텔 웰니스센터	제주도 서귀포
38		취다선 리조트	제주도 서귀포
39		전남권 환경성질환 예방관리센터	전남 보성
40		뮤지엄 산 명상관	강원 원주
41		한화 벨버디어웰리스	경남 거제

한국의 문화관광

1) 문화와 문화관광의 개념

문화라는 단어를 한마디로 설명할 수는 없는 복잡한 구성요소를 가지고 있지만 일반적으로 "어떤 한 지역에서 동일한 자연환경(기후, 지형, 식생, 토양)에서 그 환경에 적응하기 위해 치열한 상호작용을 통해서 형성한 그 민족만이 지니고 있는 독특한 삶의 양식" 또는 '삶의 총체(Totality)'라고 할 수 있다. 그렇다면 이러한 문화를 느끼고 즐기러 가는 문화관광은 "개인의 문화 수준을 향상시키고 새로운 지식·경험·만남을 증가시키는 등 다양한 문화적 요구를 충족시키기 위한 관광 활동"으로 정의할 수 있다. 그러므로 인간만이 만들고 누리고 있는 고차원적인 생활양식인 예술, 종교, 관습, 의·식·주 등 '삶의 모든 것'이 문화의 구성단위이고 이것을 보고 느끼고 즐기는 것이 문화관광인 것이다.

2) 한국의 문화관광 자원개발 현황: 하드웨어 측면

문화관광은 민간 영역에서 활발하게 진행되지만, 그 인프라 구축과 육성에는 문화관광을 총괄하는 문화체육관광부에서 우리나라의 다양한 문화관광자원을 발굴·지원과 활성화 정책을 추진하고 있다.[15]

문화관광자원 개발은 「관광진흥법」에 의해 지정된 관광지나 관광단지, 「문화재보호법」에 의해 지정된 사적지, 정부가 정책적으로 추진하는 광역권 개발 사업에서 제외된 지역에 소재한 독특한 역사·문화, 레저·스포츠자원 등을 대상으로 소규모 자본을 투자하여 관광자원화 함으로써 다양한 관광수요에 대응하고자 1999년부터 매년 200여 개의 사업을 선정하여 예산지원하고 있다.

문화관광자원 개발 사업으로 지역의 독특한 역사문화자원을 테마로 한 관광자원개발이 지속적으로 이루어진다면 각 지역마다 차별화된 관광상품을 보유하고 관광객들의 다양한 관광수요에 부응함과 동시에 지역경제 발전 및 국토의 균형발전에도 기여하게 될 것이다. 이에 국내·외 관광객의 선호도가 단순 관람 위주의 관광에서 체험형 관광으로 변화함에 따라 레저·스포츠 활동 및 역사문화 체험 등 다양한 관광상품 개발을 통해 수준 높은 테마형 관광상품을 개발·육성하고 있다.

3) 한국의 문화관광 상품개발 현황: 소프트웨어 측면

(1) 문화관광 축제 육성

① 한국의 문화관광 축제 현황

현재 한국에서 개최되는 크고 작은 축제를 합하면 약 1만 5천여개로 거의 축제 공화국이 되었다고 한다.[16] 그래서 문화체육관광부는 축제의 수준을 향상시키고 통폐합을 유도하는 정책으로 '문화관광 축제' 지원 사업을 실시하고 있다. 즉, 외국인 관광객 유치 확대를 통한 세계적인 축제 육성 및 지역 관광 활성화를 기본방향으로 두고, 전국의 지역축제 중 관광상품성이 큰 축제를 대상으로 1995년부터 지원·육성하고 있다.

선정방법은 광역 지자체로부터 문화관광축제로의 신규 진입을 희망하는 우수 지역

---

15) 관광동향에 관한 연차보고서, 2019, 문화체육관광부
16) 문화관광부 집계 약 1,000여개, 행안부 집계 2,500여개, 하루짜리까지 축제까지 합하면 15,000여개로 추정 됨

축제를 추천받아 관광·축제분야의 전문가들로 구성된 선정위원회에서 축제 프로그램 등 콘텐츠, 축제의 부가가치 창출 효과, 국내·외 관광객 유치실적 등을 기준으로 선정하게 된다.

1997년 10개에서 시작하여 2018년 40개 문화관광 축제를 선정하였으며, 1999년까지 한국관광공사에서 예산을 지원하던 것을 2000년부터는 전액 국고(관광진흥개발기금)에서 예산지원을 하고 있다. 그리고 2020년부터 기존에 대표/최우수/우수/유망 4등급 구분하여 등급에 따른 예산차등지원제도를 변경하여 등급 구분 없이 2년간 예산균등지원으로 변경하였다.

최근의 문화관광 축제 평가보고서를 보면 관광객이 단순히 보는 관광보다는 직접 체험하는 관광을 선호하고 있으며, 이에 따른 전략으로 자방자치단체, 그리고 지역별 축제추진위원회가 공동으로 축제를 기획하여 축제의 본질과 지역전통문화의 주체성 유지에 바탕을 두고 관광객 참여형 축제로의 전환을 모색하고는 있지만, 다음과 같은 문제점들이 부각되고 있다.

〈2020년 지역축제 현황[17]〉

서울	부산	대구	인천	광주	대전	울산	세종	경기	강원	충북	충남	전북	전남	경북	합계
81	45	38	19	8	8	23	2	110	97	40	98	57	122	86	968

구분	축제명	지역	비고
1	강릉 커피축제	강원	
2	광안리 어방축제	부산	신규
3	담양 대나무축제	전남	
4	대구 약령시한방문화축제	대구	
5	대구 치맥페스티벌	대구	
6	밀양 아리랑대축제	경남	
7	보성 다향대축제	전남	
8	봉화 은어축제	경북	
9	산청 한방약초축제	경남	
10	서산 해미읍성역사체험축제	충남	
11	수원 화성문화제	경기	
12	순창 장류축제	전북	
13	시흥 갯골축제	경기	

---

17) 출처: 문화체육관광부

14	안성맞춤 남사당바우덕이축제	경기	
15	여주 오곡나루축제	경기	
16	연천 구석기축제	경기	신규
17	영암 왕인문화축제	전남	
18	울산 옹기축제	울산	신규
19	원주 다이내믹댄싱카니발	강원	
20	음성 품바축제	충북	
21	인천 펜타포트음악축제	인천	
22	임실N치즈 축제	전북	
23	정남진장흥 물축제	전남	
24	정선 아리랑제	강원	신규
25	제주 들불축제	제주	
26	진안 홍삼축제	전북	신규
27	청송 사과축제	경북	신규
28	추억의충장 축제	광주	
29	춘천 마임축제	강원	
30	통영 한산대첩축제	경남	
31	평창 송어축제	강원	
32	평창 효석문화제	강원	
33	포항 국제불빛축제	경북	
34	한산 모시문화제	충남	
35	횡성 한우축제	강원	

※ 축제명: 가나다순

② 축제(祝祭)의 본연의 목적 상실

축제는 종교적 의미의 제(祭)와 인간 본연의 유희본능(祝)이 복합되어 동양에서는 축하와 제사, 서양에서는 페스티벌(Festival)로 성스러운 날을 의미하는 라틴어 'Festivalis'에서 유래한 것이다. 현대에 와서 제(祭)는 도외시되고 축(祝)만 강조하고 있어 지역 관광활성화의 촉매제 역할을 하고 있다. 그러면서 축제를 개최하게 하는 주제 또한 다양하게 발굴되었는데, 기본적으로 지역의 특산물(인삼 등)을 소개하는 것으로 시작하여 자연생태(반딧불이, 나비 등), 역사적 인물(이순신 등), 민속놀이(소싸움 등), 역사, 공연예술 등으로 진화·발전하고 있다.

지역에 내재되어 있는 지역성을 발굴하여 축제로 승화시키는 것이 축제 본연의 목적이었는데 '축제만이 문화관광'이라는 인식이 고착되어 버린 것이다. 그러다 보니 지역의 다양한 문화관광적 자원들은 배제되어버리는 우(愚)를 범하고 있다.

그리고 그 주체가 지역주민이 아니고 시청·군청에서 공무원이 축제를 준비하는 관(官) 중심의 행사가 되어 버린 것이다. 차츰 지역주민이 참여하는 축제로 개선되어

가고는 있지만 축제 예산이 대부분 지자체에서 충당하다 보니 축제의 자립화가 쉽지 않은 실정이다. 또한 축제가 연중 개최되는 것이 아니고 봄 또는 가을에 3~5일만 진행되다 보니 지역경제 활성화에 미치는 영향은 제한적이다.

③ 축제 콘텐츠의 획일화 추세

초창기 축제는 주제 의식과 특성화가 뚜렷했으나, 축제의 개최년 수가 거듭할수록 그 지역 특성과 주제가 퇴색해가고 전국의 모든 축제가 천편일률적이고 획일화로 진행 중이다. 특히, 축제 행사를 대부분 축제 전문 이벤트사에 위탁 운영하다 보니 축제 기획·운영의 전문성 축적이 쉽지 않다. 그리고 초심이 변질되어 상업적 행사로 변질되어 가고 있다.

또한 지역축제 대부분이 봄·가을에 진행되어 농번기와 겹쳐 지역주민의 참여가 불편해지고 축제의 주인이어야 할 지역 주민들은 관람형 참가객에 불과하게 된다. 그리고 대부분의 축제 프로그램의 메인 이벤트는 유명 연예인들의 공연에 집중되어있는 딜레마에 빠져 있다.

〈우수축제: 산청 한방약초 축제〉

④ 축제 개선방안

먼저, 축제를 상설추진기구로 구성하여 주민여론 수렴, 방문자 의견 종합 등의 결과를 다음 개최 행사에 반영이 되고 지속가능한 경영과 지역주민 자립형 축제로 전환해야 한다. 이미 강릉단오제와 안동국제탈춤 페스티발은 각각 사)강릉단오제위원회와 안동축제관광재단에서 매년 운영하고 있다. 더불어 재정적 자립방안으로 안정적 운영 기금 조성을 위해 흑자축제로 마련한 기금, 광고, 기부, 복권 등의 다양한 마케팅전략을 모색해야 한다.

둘째, 잠깐의 반짝하는 축제가 아니고 다양한 매체를 통한 홍보효과를 지속해야 한다. 그래야 축제 개최일 뿐만 아니라 부모와 자녀, 기업, 기관, 단체 등이 지속적으로 지역을 방문하고 참여하는 프로그램 및 분위기가 조성될 수 있다.

셋째, 지역을 대표할 만한 특화된 자원과 테마 한가지만 개발하고 그것을 중심으로 파생상품을 지속개발해야 한다. 최우수 축제로 명예롭게 은퇴한 함평 나비축제는 생태적으로 건전한 지자체란 큰 브랜드가 구축되어 농산물, 함평한우, 특산물 등의 고가판매의 효과가 발생하고 있다.

넷째, 축제 운영적 축면에서 주민들이 프로그램의 기획자로 참여해서 주민들이 축제의 주인이 되도록 해야 한다. 처음에는 시행착오가 있겠지만 서로 도와주고 보완하면서 나아가는 것이 진정한 축제의 모습이다. 그리고 가설 텐트형 축제가 아니고 상설건물을 활용한 축제장으로 전환해야 한다. 그것이 축제의 상설화의 또 다른 방법이기도 하다.

⑤ 문화체육관광부의 축제 지원정책과 향후 대안

문화체육관광부의 지자체 축제 지원정책은 절반의 성공은 달성하였다. 축제가 지향해야 할 것을 지표화하여 축제의 수준을 높이고 국민의 축제에 대한 관심을 증대시켰다. 즉, 문화관광축제 현장평가단을 구성·운영하고, 한국관광공사는 페이스북 등 SNS 채널을 활용한 정보제공 및 온라인 홍보뿐만 아니라, 전 세계 다양한 관광박람회, 전시회 참여를 통한 오프라인 홍보 활동을 실시하고 있다. 하지만 이것이 오히려 독이 되어 축제평가와 등급제가 축제다운 축제로 나아가는데 걸림돌이 되었다는 것을 인지하게 되었다.

이제는 지역축제의 경쟁력 및 자립성 제고를 위해 직접지원은 줄이고, 문화관광축제의 평가 및 지원 체계를 개선하고 컨설팅 및 마케팅 지원 등 간접지원을 확대하여 자생축제로 유도한다. 지자체에서도 축제에 대한 마인드와 운영 체계를 전환해야 한다. 지자체는 축제 플랫폼(인터넷 기반 플랫폼과 오프라인의 축제장)만 만들고 축제를 위한 켄텐츠 구성과 운영은 주민이 전담해서 주민주도형 축제가 될수 있도록 하면 세계인을 매혹시킬 수 있는 경쟁력 있는 축제로 나아가야 한다.

(2) 상설 문화관광 프로그램

전국 각 지역의 독특한 전통공연예술을 상설 관광상품으로 개발하여 국내외 관광객에게 다양한 볼거리 및 즐길 거리를 제공하고, 이를 관광 상품화하여 외국인 관광객 유치확대 및 서울 중심의 관광객이 지방으로 유도되어 관광목적지 다변화가 될 수 있도록 추진하고 있다.

문화관광축제가 일주일 내외의 단기간 동안 관광객을 집중적으로 유치하기 위한 것이라면 상설 프로그램은 언제든지 관광객이 그 장소에 가면 동일한 공연을 볼 수 있도록 한다는 점에서 문화관광축제와 상호보완적인 관광상품이라 할 수 있다.

〈상설문화관광 프로그램 현황[18]〉

시·도	프로그램(주최)	기간 및 장소
부산(1)	토요상설 전통민속놀이마당(부산시)	• 4~11월(20회)/7, 8월은 제외/매주 토요일 • 용두산공원 야외무대 및 광장
대구(1)	옛골목은 살아있다(대구시)	• 5~6월/9~10월(15회) 매주 토요일 • 중구 계산동 이상화·서상돈 고택 일원
울산(1)	태화루 누각 상설공연 및 전통문화놀이 체험(울산시)	• 4~5월/9~10월(17회) 토요일 • 태화루 누각 및 태화마당
경기(2)	화성행궁 상설한마당(수원시)	• 4~10월(81회)/매주 토, 일요일 • 수원 화성행궁
	안성남사당놀이 상설공연(안성시)	• 3~11월(71회)/매주 토, 일요일 • 안성남사당 전용공연장
강원(1)	정선아리랑극(정선군)	• 4~11월(48회)/월 6회 공연 • 아리랑센터 아리랑홀
충북(1)	난계국악단 상설공연(영동군)	• 1~12월(70회)/매주 토요일 • 영동국악체험촌 우리소리관 공연장
충남(2)	국악 가, 무, 악, 극(부여시)	• 3~10월(33회)/매주 토요일 • 국악의 전당 등
	웅진성 수문병 근무교대식(공주시)	• 4~11월(38회)/매주 토, 일요일 • 공주시 공산성 금서루 일원
전북(2)	신관사또부임행사(남원시)	• 4~11월(35회)/ 매주 토, 일요일 • 광한루원·남원루 등
	상설문화관광프로그램 "필봉 GOOD! 보려가세"(임실군)	• 4~10월(34회) /목, 금요일 • 임실필봉농악 전수교육관 야외공연장 및 실내공연장
전남(1)	진도토요민속여행(진도)	• 3~11월(39회)/매주 토요일 • 진도향토문화회관
경북(1)	하회별신굿 탈놀이상설공연(안동시)	• 1~12월(175회)/기간별 상연 요일 상이 • 하회마을 하회별신굿탈놀이 전수교육관
경남(2)	무형문화재 토요상설공연(진주시)	• 4~11월(25회)/매주 토요일 • 진주성 야외공연장 등
	화개장터 최참판댁 주말문화공연(하동군)	• 3~11월(143회)/ 매주 토, 일요일 • 화개장터, 최참판댁 행랑채
계	15개	

자료: 문화체육관광부, 2018년 12월 31일 기준

18) 출처: 문화체육관광부, 2018년 12월 31일 기준.

(3) 전통한옥(고택) 관광자원화 및 템플스테이

다양한 숙박시설 확충을 위하여 우리나라의 전통 한옥인 고택·종택 등에 체류하며 전통문화를 체험할 수 있는 체험형 숙박시설을 관광자원화 하기 위하여 전국의 전통가옥에 관광객을 위한 숙박편의시설 개·보수를 지원하고 있다.

2002년 한·일 월드컵 당시 외래관광객 숙박문제를 해결하기 위하여 시작된 템플스테이는 한국의 전통문화와 불교문화가 결합된 숙박 및 체험시설로, 정부의 재정지원과 민간(한국불교문화사업단, 개별 사찰 등)의 노력이 상호 결합하여 양적·질적으로 좋은 평가를 받고 있다. 2002년 33개 사찰에서 시작된 템플스테이는 2018년 135개 사찰로 확대되었으며, 사찰의 시설개선과 프로그램 개발, 홍보 및 마케팅을 통하여 2018년 기준 286,610명이 템플스테이를 체험하였다

한국의 템플스테이는 특히 2009년 OECD로부터 한국 문화를 대표하는 세계적 관광상품으로 선정되는 등 한국의 대표 관광상품으로 괄목할만한 성과를 거두었으며, 주5일 근무제, 체험관광과 에코투어리즘, 웰빙 및 명상에 대한 수요증가로 인해 템플스테이는 꾸준히 확산되고 있는 실정이다. 또한 정부가 정책적으로 추진하고 있는 융복합상품의 대표적인 사례로, 전통문화와 정신문화, 음식(사찰음식), 체험콘텐츠 등이 결합된 우수한 문화관광자원으로 평가받고 있다

(4) 문화재를 활용한 관광자원화 사업

문화재는 우리 민족의 유구한 자주적 문화정신과 지혜가 담겨 있는 역사적 소산이며 우리의 문화를 소개할 수 있는 문화·관광 자원으로 「문화재보호법」에 의해 지정되며, 그 종류는 유형문화재, 무형문화재, 기념물, 민속자료로 구분된다.

문화재는 관광자원 중 가장 중요한 자원의 하나로 관광지개발 사업에 있어서 상당수의 관광지가 문화재를 포함하고 있어 상호보완적 관계를 갖고 있다. 이에 따라 정부는 문화재 보존·정비 사업과 관광자원 개발 사업이 상호보완적이고 효과적으로 추진될 수 있도록 노력하고 있다.

특히 평상시에는 접하기 힘든 궁궐 문화유산을 일반인들에게 특별히 공개하고, 특히 봄 가을 밤에 고궁 '궁궐 별빛 야행' '달빛 기행' 행사는 최고의 문화관광행사로 자리 잡고 있다.

우리 땅에 내재한 문화관광 콘텐츠 발굴

1) 관광에서 4차 산업사회의 도래

현대사회는 인공지능과 빅데이터, 사물인터넷 등의 등장으로 모든 것이 디지털화되어 인간 삶은 더욱더 편리해지면서 여가가 인간 삶의 한 부분으로 자리 잡게 될 것이다. 관광의 행태도 AR과 VR을 활용한 가상공간체험도 일반화되겠지만, 오히려 그 상반된 현상으로 순수 자연을 희구하고 감성적이며 인간 중심의 관광 활동을 선호하게 될 것이다. 이를 잘 구현하는 차별화된 관광 기업과 관광상품은 살아남게 되겠지만, 그렇지 않은 것들은 세상에서 퇴출하는 운명이 곧 도래할 것이다..

2) 우리 국민의 관광 행태의 변화

현대사회의 관광의 트랜드와 행태는 다양화, 건강추구, 세계화 등의 키워드로 대변할수 있다.

관광의 행태는 주 5일제가 정착하면서 자유롭고(Free-Plan), 자신만이 좋아하는(SIT:Special Interest Tourism)하는 곳을 자주 방문(Repeater)하는데 그 정보 정보수집 방법도 전통적인 방법에서 스마트한 방법으로 바뀌고 있다.

관광의 트랜드도 지속가능하고 웰니스(Wellniss)적 건강한 라이프스타일을 추구하고(LOHAS: Lifestyle of Health and Sustainability) 여유있는(Downshift: 기어를 한 단계 내림) 삶을 추구한다.

이러한 트랜드를 즐기기 위해 지역에 있지만 세계적인 수준(Glocalization)을 지향하고, 개인주의를 지향하기도 하지만 가족중심형 체험형··체류형·다양한 관광지를 찾아간다.

3) 지역에 내재된 문화관광지 발굴

앞에서 설명한 다양하고 체험적인 관광의 키워드를 해외 유명관광지에서 찾을 수도 있겠지만, 우리 땅에 내재되어 있는 문화관광지를 발굴할 수 있는 그 키워드를 찾아보자.

(1) 문학 속에 내재되어 있는 문화관광지

문학은 한국인의 삶을 가장 잘 표현하는 도구이다. 시와 소설의 배경지나 작가 탄생지는 최고의 문화관광의 소재가 되는 것이다. 소나기의 양평, 김삿갓의 묘가 있는 영월, 박경리의 토지의 배경지인 하동 악양벌 등은 이미 그 지역을 대표하는 관광지가 되어 있다. 아래의 소설의 배경이 되었던 곳들은 그 소설의 독자뿐만 아니라 가장 한국적인 정서를 담고 있는 곳으로 연중 관광객들의 발길이 이어지고 있다.

가장 절묘하게 허구의 소설 속 공간을 현실의 공감처럼 꾸며 놓은 곳이 악양벌이 내려다 보이는 최참판댁이다. 박경리 선생은 소설 토지를 통해 한국 근대사를 살아온 최 참판 집안의 4대의 강인하면서 애절한 삶을 풀어 놓았고, 하동군은 이곳에 고택을 옮겨 복원하여 실제로 소설 속의 공간처럼 꾸며 놓았다. 이것으로 하동은 가장 한국적인 모습을 간직한 고장이 되었고 그 진가는 매일 보고 사는 한국인이 아니라 외국인들이 먼저 알아본 것이다.

〈(좌)하동 악양면 최참판댁 / (우)조정래 태백산맥 문학관〉

〈하동 악양면 최참판댁에서 내려본 악양벌〉

아래의 문학지역의 배경지는 작가가 태어나고 자란 곳이거나 성장기에서 강렬한 추억이 있는 곳이기에 문학작품 속에서 실제로 있었던 일처럼 생생하게 상상을 풀어 놓았던 곳이다. 지금은 이 지역 자체가 문학관광지가 될 뿐만 아니라 드라마나 영화의 배경지가 되어 또 다른 부활을 꿈꾸고 있는 곳이다.

- 「토지(박경리)」의 하동군 악양면 평사리
- 「무진기행(김승옥)」의 순천시의 순천만
- 「모래톱 이야기(김정한)」의 부산광역시의 을숙도
- 「장길산(황석영)」의 화순군 운주사
- 「당신들의 천국(이청준)」의 고흥군 소록도
- 「객주(김주영)」의 문경시 문경새재
- 「중국인 거리(오정희)」의 인천광역시 북성동
- 「섬진강(김용택)」의 임실군 진메마을
- 「몽실언니(권정생)」의 안동시 일직면 노곡마을
- 「태백산맥(조정래)」의 보성군 벌교읍
- 「리진(신경숙)」의 여주군 명성황후생가
- 「남한산성(김훈)」의 광주시 남한산성
- 「탁류(채만식)」의 군산시 시가지

(2) 역사유적 속에 내재되어 있는 문화관광지

각종 역사적 사실과 사건의 발생지는 영화 촬영지와 역사유적 관광지로서 최고의 조건을 갖추고 있다. 사례로서 병자호란과 남한산성, 정조와 화성 그리고 소설 속 허구와 같겠지만 사실일 수도 있는 홍길동과 오키나와[19] 등이 있다. 또한 전쟁 및 종교 유적지인 DMZ와 판문점, 천주교 순교성지 등도 훌륭한 문화 관광지이다. 아래의 횡성의 풍수원 성당은 종교 박해를 피해 숨어 살았던 천주교도들이 강원도 횡성군 서원면 유현리에 1907년 된 건립된 성당이다. 100년이상 된 역사성과 그 상징성 뿐만 아니라 고딕양식의 단아한 분위기로 인해 TV나 영화에 자주 등장하여 고즈넉한 관광지가 되어 있다.

---

19) 윤병국 외 4인, 2012. 6, 민족적 연대감에 의한 여행상품 개발 모색-일본 오키나와의 삼별초와 홍길동을 중심으로-, 한국사진지리학회지, 22권 2호, 한국사진지리학회

〈횡성. 풍수원 성당(1907년 완성)〉

(3) 의식주 속에 내재되어 있는 문화관광지

지금 세계는 한국의 문화인 한류(韓流)에 심취해있다. 그것은 드라마와 영화의 제 작기법과 주인공의 매력도 있지만 전통적인 한국인의 삶 속에 함께 해온 의(한복),식 (한식),주(한옥)가 그 영상에 투영되어 있기 때문이다. 최고의 한류 드라마인 '대장금' 은 한국의 전통음식이 곧 보약이 된다는 '식약동원(食藥同原)'의 정신이 그 안에 녹아 있다. 옛 주거지였던 전통마을과 고택 등은 가장 한국적인 모습을 간직하고 있는 경 관이 되고 있다. 안동하회마을과 순천 낙안읍성은 내국인 뿐만 아니라 외국인들이 가 장 많이 찾는 한류관광지가 되어 있다. 전통의복인 한복과 장신구 등을 세계인이 극 찬을 마지않는 아름다움을 품고 있다. 젊은이들 사이에서 전주 한옥마을과 서울의 왕 궁에서 찍은 한복 사진을 최고의 인생사진으로 SNS에 올린 것을 보면, 한류의 미래 를 보는 것 같아 기분이 좋아진다.

세계로 나가고 있는 한국의 6대 전통발효식품(김치, 고추장, 된장, 간장, 젓갈류, 천 일염), 불고기와 비빔밥 등은 한식 세계화의 선두주자이다.

(4) 영화, TV 드라마 속의 문화관광지

드라마 속의 촬영지인 겨울연가의 남이섬, 가을 동화의 속초, 올인의 섭지코지, 모 래시계의 정동진 등은 그 드라마가 종영된 이후에도 내국인은 물론이고 중국, 동남아, 서구 유럽사람들도 즐겨 찾는 관광지가 되어있다. 이미 해외의 사운드 오브 뮤직의 오스트리아, 로마의 휴일의 이탈리아, 반지의 제왕의 뉴질랜드 등도 이러한 현상이 일 반화되어 있다. 그렇지만 한국의 영화나 드라마 속의 배경지는 평상시에는 현지 주민들도 잘 가지 않았던 곳을 영상미와 애절한 드라마 속의 줄거리로 투영되어 더욱 애잔하고 사랑스런 공간으로 팬들에게 전달되어 꾸준히 찾는 관광지로 발전하였다.

〈(좌)가을동화의 속초: 갯배, 일본어 해설 / (우)제주 오조포구: KBS2 '공항 가는 길' 촬영지〉

(5) 음악, 미술 등 예술 속의 문화관광지

전통음악인 창, 탈춤, 전통악기 등이 발생한 곳이나 대가들이 활동한 공간은 전통예술 애호가들이 자주 방문하는 곳이 되어있다. 충북 영동은 난계 박연 선생이 탄생한 곳으로 난계 국악발물관과 난계 국악축제를 개최하면서 지역의 대표 브랜드가되고 있다. 정선 아리랑, 진도 아리랑 등은 그 지역 정서를 담아 애절함이 있고, 시(詩)·서(書)·화(畵)가 탄생한 대가들의 작업실에서는 그들의 창작혼과 숨결을 느낄수 있는 공간이 되고 있다. 전통남화의 대가인 소치 허련선생이 작품 활동한 진도의운림산방, 목민심서 등 다산 정약용 선생의 집필 혼을 느낄 수 있는 강진 다산초당등은 공무원 교육뿐만 아니라 일반 관광객들의 선호가 아주 높은 관광지이다. 화가의고향 생가터에 지은 양구 박수근 미술관, 창작지인 이중섭의 서귀포 등은 지역에서머물면서 창작 활동을 했던 공간을 보존하고 미술관을 건립하여 그들을 기리고 있다.

〈(좌)서귀포 이중섭 미술관 / (가운데)강진, 다산초당 / (우)진도, 운림산방〉

(6) 역사성의 스토리텔링으로 거듭난 문화관광지

① 산청의 동의보감촌과 동의 본가

산청은 동의보감을 쓴 허준 선생이 '산음(현재의 산청)에 가서 스승을 만나서 의술을 배웠다'는 이 한가지 사실을 근거로 스토리텔링 하여 하여 동의보감 발간 500주년을 기념하는 산청 세계전통의약 엑스포를 보건복지부와 경남도·산청군이 공동으로 성공적으로 개최하였으며, 그 행사장인 동의보감촌은 한방의료관광의 상징물이 되어있다. 특히 지리산의 아름다운 자연경관 속에서 맞춤형 한방 진료를 통해 현대인들의 지친 몸과 마음을 힐링해 주는 '대장금 동의본가' 한방체험 프로그램이 엑스포의 가장 인기 장소였고[20] 지금도 한방 힐링과 기(氣)바위를 체험하고자 하는 관광객들의 방문이 많다.

〈관광공사 사장과 동의본가 운영의 최주리 원장. 본 교수〉

② 무주의 태권도원

무주의 태권도원은 세계 태권도인들의 순례와 수련의 새로운 성지로 태권도 종주국의 자부심을 느낄 수 있게 하는 공간임과 동시에 태권도체험 수련공간 및 문화교류의 허브로서 '진정한 태권도 정신이 살아 숨쉬는 곳!'으로 세계화의 중추적 역할을 하는 곳이다.[21] 그런데 전국의 많은 후보지 중에서 무주가 선정된 것은 당시 군수의 기발한 아이디어 덕분이다. 당시 태권도원 후보지 유치경쟁이 치열했었는데, 그 발표 PT에 무주가 가지고 있는 경상도(과거의 신라 땅)와의 관계성에서 근원을 삼아 스토

20) 본 교수는 동의본가의 홍보 마케팅을 진행하면서 수집한 설문조사를 자료로 논문화작업을 하였고, 엑스포 행사 기간 중 가장 만족도가 높은 곳이었다. 특히 경희의료원 암환우들을 대상으로 2013년 9월 27일~28일 1박2일 '동의본가' 체험 프로그램을 진행한 것이 가장 큰 보람으로 느낀다. 윤병국·유근준, 2014.1, 한방의료관광 서비스품질과 신뢰도가 방문객 체험만족 및 재방문의도에 미치는 영향연구: 2013 산청세계전통의약엑스포 동의본가를 중심으로, 관광레저연구 제26권 1호, pp. 41~59, 한국관광레저학회
21) 태권도원 홈페이지

리텔링을 한 것이 주효하였다. '나제통문(삼국시대에는 없었음)이 있다는 것은 신라와 백제의 경계선이고 당시 백제군이 주둔하면서 수련한 전통무술이 태권도의 원형이다.' 그리고 주변에 수많은 병사들의 무덤과 개천의 이름도 전쟁과 관련된 것을 찾아내어 무주가 태권도의 본향(本鄕)라는 것을 프레젠테이션하여 성공한 것이다.[22] 전혀 거짓 말은 아니며 무주의 역사성에 약간의 스토리텔링을 가미하였다. 그런데 옛 신라와 백 제의 경계관문(境界關門)이었다는 이 통문은 삼국시대 때부터 있던 것이 아니라 일제 강점기 때 뚫었다는 주장이 제기되어 논란이 일고 있다.

〈무주: 나제통문[23]〉

③ 장성의 홍길동 축제

홍길동은 연세대학교 국학연구회에서 장성군과 일본 오키나와 등 현지를 조사한 결과[24] 소설 속의 허구적 인물이 아니라 장성군 출신의 실존 인물임이 밝혀진 바 있다. 실제 '홍'씨 집안의 '길동'이 있었고 심지어 서자 출신이었다. 홍길동이 태어난 곳으로 알려진 전라남도 장성군 황룡면 아곡1리(아 치실)에는 시누대(대나무)로 둘러싸인 생가 터가 그대로 남아 있고, 사시사철 맑은 물이 끊이지 않고 흐르는 '길동샘' 등 홍길동 관련 유적이 많이 남아 있다. 하지만 그 홍 길동이 허균 선생의 소설 속에 등장하는 의 적 홍길동인지 아닌지는 그 누구도 모른다. 또한 장성군에는 가난한 이들을 도와주는 도둑에 관한 전설도 있었다.

이에 따라 장성군에서 1997년 홍길동 생가를 복원하고, 캐릭터를 개발하는 등 홍 길동 관련사업을 육성시켜 오다가 1999년부터 문화축제로 발전시킨 것이다. 홍길동 추모제와 홍길동 길놀이, 홍길동 부활 축하공연, 홍길동과의 만남 자료전, 홍길동 백 일장대회, 전국 홍길동 캐릭터공모전, 전국 홍길동 선발대회 등의 행사가 열린다. 특 히 축제에서 강조하는 것은 홍길동의 정신을 기리기 위하여 홍길동 생가터(추정)에서

---

22) 당시 김세웅 무주 군수와 직접 대화한 내용임
23) 출처:『한국민족문화대백과사전』, ⓒ한국학중앙연구원(ENCYKOREA.AKS.ac.kr)
24) 윤병국 외 4인, 2012. 6, 민족적 연대감에 의한 여행상품 개발 모색-일본 오키나와의 삼별초와 홍길동을 중심으로-, 한국사진지리학회지, 22권 2호, 한국사진지리학회

펼쳐지는 추모 행사이며, 홍길동과의 만남 자료전은 홍길동이 실존 인물임을 증명하는 각종 역사적 고증자료와 홍길동 캐릭터, 홍길동과 활빈당이 마지막으로 찾은 이상향(理想鄕)인 율도국 관련 자료를 전시하고 있다.[25)

〈장성 홍길동 테마파크 내, 홍길동 생가 복원〉

문화관광의 개발

1) 문화관광 개발 프로세스

우리 땅에 스며져 있는 전통을 발굴하고 마케팅하여 관광화하는 문화관광을 통해 지역을 활성화했던 경험을 도식화하면 다음과 같은 프로세스로 정리할 수 있다.

---

25) 장성 홍길동축제, 두산백과/장성 홍길동 테마파크 현지답사

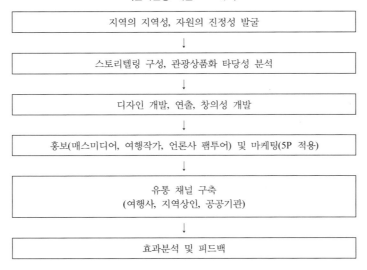

〈문화관광 개발 프로세스〉

지역의 지역성, 자원의 진정성 발굴

↓

스토리텔링 구성, 관광상품화 타당성 분석

↓

디자인 개발, 연출, 창의성 개발

↓

홍보(매스미디어, 여행작가, 언론사 팸투어) 및 마케팅(5P 적용)

↓

유통 채널 구축
(여행사, 지역상인, 공공기관)

↓

효과분석 및 피드백

2) 문화관광 개발 사례

(1) 진정성 발굴 사례

문화관광의 소재를 발굴함에 있어서 가장 쉽게 접근하는 것은 신화와 전설이다. 모든 사람들이 알고 있는 것이기에 쉽게 알려질 수는 있지만, 그 모든 사람이 알기에 더 이상 신기성(新奇性)은 없어 금방 식상한다. 그래서 문화관광을 개발하는데 있어서 제일 먼저 하는 작업은 지역에 내재되어 있지만 아무나 발견할 수 없는 것들을 발굴해내는 것이다. 그것이 바로 진정성이다. 진정성(Authenticity)는 그 지역의 자원이 세계문화유산으로 지정되기 위한 제1조건으로 '그 지역에만 있고 그 어디에도 없는 인류의 보편적 가치'이다.

한국 수원 화성은 정조가 억울하게 죽은 아버지 사도세자의 묘를 수원의 화산으로 천봉하고 그 인근에 새로운 성을 만들어서 천도하려는 구상이 담겨 있다. 화성은 정조의 효심이 축성의 근본이 되었을 뿐만 아니라 당쟁에 의한 당파정치 근절과 강력한 왕도정치의 실현을 위한 원대한 정치적 포부가 담긴 정치구상의 중심지로 축성한 것이었다.

이렇게 화성 축조 정신에 담긴 '진정성'은 조부 영조에 대한 원망과 아버지 사도세자 그리고 어머니 혜경궁 홍씨에 대한 효성, 거중기를 사용한 실학 정신, 더위에 공사를 중단하고 인건비를 지급하여 1794년 1월에 착공에 들어가 1796년 9월에 완공하여 2년 8개월의 최단기간 완성한 애민 정신, 정조가 생각한 새로운 자립기반 왕국의 모습까지도 담겨져 있다. 이것이 인정되어 200여년 밖에 안된 건축물을 세계유산위원회가 등재를 결정한 것이다. 물론 그 바탕에는 '화성성역의궤'와 그 도면에 충실한 복원정신도 한몫한 것이다.

서울시청 바로 앞에 있으면서도 왕궁 같지 않은 도심 속에 갇힌 덕수궁 전경이 우리나라 문화관광의 현실을 대변하는 것 같아 답답하기 그지없다. 그렇다고 이 분야의 연구자로서 손 놓을 수는 없다. 아래의 사례 분석은 한국의 문화관광을 발굴하고 다듬어 활성화하고자 하는 저자의 절실한 소망이 담겨져 있다.

〈(좌)수원 화성: 창룡문 / (우)도심 속에 갇힌 덕수궁 전경〉

(2) 스토리텔링 구성 사례

관광 분야뿐만 아니라 온갖 분야에서 스토리텔링의 홍수로 그냥 이야기만 만들면 된다고 생각하고 진정성 없는 스토리만 넘치고 있다. 스토리텔링은 '스토리(Story)와 텔링(Telling)'의 합성어로서 말 그대로 '이야기하다'라는 의미이다. 즉, 상대방에게 알리고자 하는 바를 재미있고 생생한 이야기로 설득력 있게 전달하는 행위이다. 지역에서 발굴한 진정성에다 이야깃거리(Topic, 선녀 이야기)을 선택하고 주제(Theme, 나무꾼의 사랑)에 맞는 골격의 짜임새(Organization, 날개옷을 감추고 선녀를 아내로 맞이한다)를 만들고, 그 골격에 생명을 불어넣어야 한다. 즉, 갈등을 거쳐 행복이나 이별로 마무리해야 감동이 남는다(아이를 세 명 낳으면 날개옷을 줘야 하는데, 두 명째에 날개옷을 주니 두 아이를 안고 하늘 나라로 돌아갔다).

문화관광 분야에서 스토리텔링을 형상화한 대표적인 사례는 양평의 '황순원 문학관 소나기 마을'이다. 시골마을 양평에서 있었을 것 같은[26] 소녀와 소년의 풋풋한 사랑을 소설로 잘 꾸민 '황순원의 소나기'는 한국인이 가장 사랑하는 소설인데 이것이 '소

---

26) "어른들의 말이, 내일 소녀네가 양평읍으로 이사 간다는 것이었다."(황순원, 「소나기」 중)

나기 마을'로 탄생한 것이다. 물론 이것이 실현된 것은 양평군의 의지와 설득으로 황순원 교수의 유족들이 아버지의 묘소를 이곳으로 이장하였고, 경희대 국문과 김종회 교수(현: 소나기 마을 촌장)와 후배・제자들이 교수님의 작품과 유품을 모아서 전시한 황순원 문학관이 그 모태가 된 것이기도 하다.

〈양평: 황순원 문학촌, 소나기 마을[27]〉

(3) 연출

문화관광에서 진정성과 스토리텔링을 구체화할 수 있는 이미지의 연출은 아주 중요하다. 그것은 이미지의 연출가가 얼마나 그 지역을 잘 이해하고 사랑하는지에 달려 있다. 예로서 건축가의 작품을 든다면, 평면의 건축설계 도면에 그 지역의 정서와 자연환경을 시각적으로 표현할 수 있을까? 하는 것이다. 일본을 대표하면서 한국에 상징적인 작품을 남긴 안도 다다오와 이타미 준, 그 대표적인 건축가 두 명을 비교해보면 극명하게 나타난다.

안도 다다오(安藤忠雄)는 일본 특유의 자연관인 차경(借景)과 축경(縮景)의 논리와 노출 콘크리트 건축기법으로 제주 휘닉스 아일랜드(현재 휘닉스 제주 섭지코지) 시설과 본태 박물관에 그의 건축 철학을 표현하였지만, 회색의 노출 콘크리트와 유리의 글래스 하우스를 보고 있노라면 섭지코지의 어메니티를 제대로 반영했는지 의구심이 든다.

---

27) 출처: 소나기 마을(blog.naver.com/sonagivill)

<제주도, 안도 다다오의 건축 작품>

휘닉스 제주 리조트

지니어스 로사이

글래스 하우스

본태 박물관

반면에 재일 교포 이타미 준(伊丹潤)은 일본에서 건축활동을 하였지만, 제주의 자연과 삶을 건축에 조화롭게 반영한 작품인 포도호텔, 두손 갤러리, 수·풍·석 뮤지엄, 방주 교회를 통해 완벽하게 구현해 놓았다. 그래서 문화관광에서 이미지가 얼마가 중요하다는 것을 새삼스레 다시 알 수 있다.28)

---

28) 김석현·윤병국, 2020. 2, 제주도 건축관광에 관한 연구: 선행적 연구로서 제주도 건축관광의 상품화 방안을 중심으로, 관광연구저널 PP.197~200, 제34권 2호, 한국관광연구학회

〈제주도, 이타미 준의 건축 작품〉

포도 호텔 전경

포도호텔 로비: 선큰 가든

방주 교회

물 뮤지엄

바람 뮤지엄

돌 뮤지엄

하지만 아무리 대단한 건축물이라고 하더라고, 우리 조상들이 우리 국토에서 살면서 배치해 놓은 고택, 전통 마을, 누정과 같이 자연과 조화되는 건축물보다 더 나은 것은 보지 못했다. 그리고 거기에 품어져 나온 기품은 그 건물과 지역을 대표하는 이미지로 남는다!

〈남도의 운치: 담양의 정자와 다연〉

　구례 운조루(雲鳥樓)는 금환낙지(金環落地)의 명당이기도 하지만 뒷 부엌 근처에 가면 누구든지 쉽게 접근할 수 있는 곳에 타인능해(他人能解) 뒤주를 놓아두어 배고 프던 시절 누구의 눈치도 보지 않고 쌀을 가져갈 수 있도록 배려한 노블레스 오블리 제(Noblesse Oblige)를 실천한 조선 양반가의 가풍을 느낄 수 있는 곳이다. "매달 그 믐날이면 뒤주에 쌀이 없도록 해라"하여 누구든지 가져가라는 가풍의 인심 덕분에 6.25와 지리산 빨치산이 득세할 때에도 류이주 선생이 세운 55칸의 200여년 된 이 고 택만은 온전히 보존될 수 있었다. 이제 자식들이 다 분가하여 외롭게 이 넓은 고택을 지키고 있는 9대 종부 이길순 어르신의 뒷모습에서 우리의 전통이 사라져 가는 안타 까움도 느끼지만, 사랑채 누마루에서 하동 녹차 한잔 권하는 막내아들이 이 가풍을 잇겠다고 돌아와 있으니 참 다행이다.

〈금환낙지(金環落地)의 명당: 구례 운조루 고택과. 종부의 뒷 모습〉

〈(좌)운조루의 타인능해(他人能解)의 뒤주 / (우)운조루 종손이 건네준 녹차한잔〉

(4) 창의성 개발

창의성은 다양한 분야에서 최근에 가장 많이 회자되고 있는데, 교육심리학 분야에서는 '새롭고, 독창적이고, 유용한 것을 만들어내는 능력' 또는 '전통적인 사고방식을 벗어나서 새로운 관계를 창출하거나, 비일상적인 아이디어를 산출하는 능력' 등 창의성의 개념을 어떤 틀에다 넣지 않고 다양하게 정의하고 있다.[29] 공통적인 단어를 조합하면 창의성은 '기존의 틀을 벗어나 자유롭게 새롭고 독창적이며 인간 세상이 발전하는 데 유용한 것을 만들어내는 능력이다'라고 할 수 있다.

문화관광 분야도 최근에 창의성을 필요로 하고 있다. 그 근간에는 전국의 관광지가 획일화되어 비슷하게 되면서 신기성과 재방문의 매력이 없어진다는 것이다. 저자가 전국의 지정 관광지 평가[30]를 하면서 전국의 거의 대부분의 관광지에서 볼 수 있는 현상이었다. 수변가에는 산책로 데크를 만들고 예산의 여유가 있는 지자체는 수상 분수를 만들고 조각공원과 전통 정자를 꾸며 놓는다. 아주 잘 만들어 놓아서 지자체 주

29) 교육심리학용어사전, 2000, 한국교육심리학회, 학지사
30) 한국의 관광지개발 사업 평가, 2007.5, 문화체육관광부(한국문화관광연구원, 경희대학교)

민이나 외지 관광객들의 호평이 이어진다. 그런데 이와 유사한 관광시설들이 전국에 산재되어 차별성이 없고 수상분수와 조각공원은 지속적으로 유지·관리하는 데 상당한 예산이 소요된다. 중앙정부 예산이 끊기고 담당 공무원이 교체되면 결국은 매력 없는 공감으로 방치된 상태로 운영하고 있다.

그런데도 창의성으로 성공적인 관광지를 소개하면 다음과 같다.

먼저, 가평의 '아침고요 수목원'이 대표적인 곳이다. 설립자 한상경 교수(삼육대, 원예학과)와 이영자 원장의 창의성과 불굴의 의지로 탄생한 한국 정원이다. 1994년 경기도 가평에 위치한 축령산 한 자락의 돌밭 10만평 부지를 매입하여 직접 호미를 들고 묵묵히 식물을 가꾸고 일구어 가장 한국적인 정원인 '아침고요 수목원'이 탄생하였다. 수목원을 조성하는 과정에서 살던 집을 팔아야 했던 경제적 어려움, 수목원 근처 주민들이 외지 관광객들이 자기집 앞을 지나가는 것이 싫다고 마을 도로를 폐쇄하는 등의 고난도 있었지만, 이를 슬기롭게 극복하여 지금의 아침고요 수목원을 이루어냈다. 연간 방문객이 100만 명이 넘었고 약 5,000여 종의 식물을 관람할 수 있는 22여 개의 특색 있는 주제 정원으로 구성한 것이다. 가평의 중요한 명소가 되었고 그 주변 마을에 펜션, 카페, 식당 등이 입지하면서 부가가치가 창출되었고 지가 상승은 당연한 결과이다. 이것이 진정 우리 국토를 사랑하고 애정을 가지고 가꾼 결실이며, 돌밭을 아름다운 꽃밭으로 만든'창의성과 불굴의 의지 '가 만든 파라다이스이다.[31]

이러한 창의성과 대칭이 되면서 같은 의미로 역발상이 있다. 해가 지는 서해 마을을 동해의 일출처럼 보이게 하는'서해의 해돋이 왜목 마을 ', 두바이의 아무도 가지 않을 것 같은 사막에 최고급 '알마하 사막리조트'를 만들어 성공하였고, 낮에만 가야 한다는 동물원 개방시간을 밤까지 연장하여 오히려 더 많은 관광객을 몰리게 한 싱가포르 '나이트 사파리' 등이 역발상의 창의성으로 성공적인 사례로 무궁무진하다.

또 하나의 대표적인 사례는, 누구도 거들떠보지 않았던 부산 기장의 한적한 바닷가를 경험과 혜안을 담아 최고의 복합 리조트 단지로 만든 곳이 아난티 코브(ANANTI COVE)이다.

창의성은 기존의 고정관념을 탈피한 전문성과 경험을 가진 사람이 성공의 확신을 가지고 추진하는 프로젝트에서 나온다. 두바이의 대통령 '모하메드 알 막툼'이 사막의 두바이를 가장 가고 싶어하는 매력적인 공간으로 연출하였고, 그들과 견줄만큼 창의적인 인물이 아난티(옛 에머슨퍼시픽)의 설립자, 운영자, 설계자가 바로 그들이다. 아난티 그룹(옛 에머슨퍼시픽)이 처음 기장군에 '아난티 코브' 계획을 밝혔을 때도 주변

31) 아침고요 수목원 홈페이지 참조

의 만류가 많았다. 해운대나 광안리처럼 잘 알려진 장소도 아니고 오히려 기장군은 '멸치'로 더 유명한 곳이었다. 이곳이 성공하겠다는 신념은 이미 아난티가 남해군에서 매립하였지만 파리만 들끓어 버려진 땅을 2006년 10월에 매입하여 힐튼 남해와 골프 장(현, 아난티 남해)을 개발하여 성공한 노하우에서 발현된 것이다. 아난티 코브의 백 미는 힐튼호텔이 아니고 아래층에 있는 이름도 아름다운 '영원한 여행(Eternal Journey)'이며, 도서관이자 서점이며 카페인 '지적인 즐거움'으로 가득한 공간에서 찾 을 수 있다.

바다와 연결되어 호텔에서 가장 좋은 공간 500평을 차지하고 있는 '이터널 저니'는 단순히 책을 사는 곳이 아니다. 강연회와 전시회 등 다양한 문화 경험을 즐길 수 있 는 공간이자 아난티 대표와 설계자의 철학인 '휴식'과 '가치'라는 정체성을 잘 구현한 것이다.

기장의 '아난티 코브'는 창의성과 전문성을 잘 발휘하면 자신의 자긍심도 지키면서 경제적 이득도 창출할 수 있다는 대표적인 사례이다. 그 무엇보다도 남들이 눈여겨보 지 않은 가치 없는 땅에 새로운 역할과 숨결을 부여한다는 관광 개발의 진정한 이념 을 잘 구현한 공간이다.

〈기장 아난티 코브 전경과 이터널 저니〉

(5) 홍보

홍보는 관광 활동을 하는 조직과 기업이 가장 신경을 쓰는 부분이다. 광고보다는 비용이 적게 들어 선호하지만 그만큼 타겟 시장이 넓어 그 효과성이 떨어지는 수단이 기도 하다. 하지만 관광지의 홍보 수단으로 제대로 한방의 효과를 충분히 볼 수 있는 것이 TV 드라마나 영화의 영상 촬영지로 등장하는 것이다. 시청자들은 영화나 드라 마의 영상을 통해서 전혀 가보지 않은 특정 장소에 관한 정보를 간접경험을 하게 되고 관광목적지에 대한 정보를 무의식적으로 얻을 뿐만 아니라 장소에 대한 친밀성을 느끼고 향후 목적지로 선택할 수 있는 잠재관광지가 된다.

영상 촬영지의 유형 크게 로케이션 방식의 자연경관활용 세트장과 인공적인 설치에 의한 세트장 유형으로 나눌 수 있다. 또한 인공 세트장은 다시 영상촬영만을 목적으로 하는 세트장 유형과 영상촬영 및 관광객 유치를 목적으로 하는 테마파크 유형 세트장으로 나눌 수 있다.

자연경관 유형의 촬영지는 자연 그대로의 아름다운 경관을 영상에 담을 수 있고 촬영이 끝난 후에도 관광명소로 남아, 관광객들로 하여금 지속적으로 찾아오는 관광지로 자리매김할 수 있다. 한류열풍으로 영화, 드라마 촬영지의 관광명소 기능이 강화되면서 영화사 및 드라마 제작사가 지자체에 요청하여 제작비 지원을 요청하는 경우가 많지만, 잘만 하면 그 효과성이 충분하기에 거절하기 힘든 제안이기도 하다. 영상이 방영될 때는 매니아 관광객들로 인해 반짝 인기가 있지만, 영상이 종영되면 방문객이 끊겨 그 후유증이 심각한 사례이므로 매력적인 지연경관 그 자체를 잘 보전하고 지속적인 관리를 통해 그 진정성을 유지해야 한다. 최근에 방영한 SBS의 '더킹: 영원의 군주'는 기장군의 남평 문씨 문중이 소유한 400년 된 산림과 대나무숲에서 촬영한 후 부산 뿐만 아니라 전국에서 관광객들이 찾아드는 명소가 되었다.

특히, 지자체에서 세트장 촬영지를 유치할 경우 심각하게 고민해야 한다. 특히, 사극이나 시대극의 테마파크 유형을 요청하여 많은 제작비가 소요되는 경우에 더욱더 경계해야 한다. 궁극적인 목적인 영상 촬영과 동시에 관광객 유치를 위한 관광 사업도 함께 추진하여 만들어지므로 꾸준한 투자 관리와 개발이 필수적으로 이루어져야 한다. 사례 지역으로는 드라마 '주몽, 이산, 태왕사신기' 등의 사극 촬영지인 전남 나주영상테마파크는 '주몽' 촬영이 끝난 후에도 관광객을 위한 체험시설과 자체 캐릭터의 개발로 기념품 판매 등의 수익사업과 관광객 유치는 물론 지역홍보에도 효과를 보였으나 세월이 지남에 따라 지자체의 골칫거리로 전락하고 있다. 부여의 서동요(SBS 드라마) 테마파크 또한 마찬가지이고, KBS 제천 촬영장으로 '태조 왕건'의 예성강 벽란도 포구 세트장(2000년 촬영)으로 각광 받았으나 드라마 종영 후 관광객 급감으로 쇠락한 모습으로 방치되어 제천시의 고민거리가 되었다. 이후 KBS 제천 촬영장 계약 종료에 따른 관련시설 철거 및 신규사업 유치 실패로 당초 개발목표인 영상테마 관광지로서의 정체성 확립이 불가능해짐에 따라 제천 성내관광지로 명칭 변경(2018. 12. 14)하고 한국환경공단 연수원 유치하여 그 설립목적에 한참 벗어나고 있다. 한때 욘사마의 인기로 최고의 명소였던 제주도의 묘산봉 태왕사신기 세트장은 이미 사라진지

오래이다.

하지만 하동 최참판댁은 그 자체 고택[32]을 활용하여 수많은 영상물을 제작하여 그 명성이 더해가고 있는 사례에서 보듯이 그 지역이 갖고있는 '지역성'을 잘 드러내는 영상촬영지는 성공하지만 비실재(Unreal)[33]적 공간을 연출할 경우에는 반드시 실패한다는 교훈을 잊지 말아야 할 것이다.

그러므로 영상 촬영지를 지자체에 유치할 때는 그 영상의 방영 당시 뿐 만 아니라 그 이후의 계획도 면밀히 검토하여 유치해야 한다. 드라마나 영화의 스토리 외에도 지역의 고유한 자연환경과 유산 등 특징을 살린 지속적인 테마와 프로그램을 개발하여 장소에 대한 다양한 이미지를 형성시킬 수 있도록 '콘텐츠'를 개발하고 지속관리가 필요하다.

용인에 있는 에버랜드는 테마파크 규모로는 세계 10대 테마파크에 들어갈 수 없지만 봄의 꽃, 여름의 캐리비안베이, 가을의 국화, 겨울의 눈을 테마로 끊임없이 자기 변신을 하고 낮에도 활용하지만 밤 시간대에도 관광객이 몰리게 하여 연중 사시사철 아이들이 가고 싶어 하기에 꾸준히 그 명성을 유지하고 있다.

관광지는 살아있는 유기체와 같아서 꾸준한 관심과 방문객이 많으면 살아나지만, 관광객이 오지 않는 관광지는 생명을 다해 소멸하는 것이다. 앞에서 설명한 하동의 최참판댁은 비록 소설 속의 공간이지만 실재(Real)한 고택을 이전 복원하여 악양벌과 함께 주민들의 삶과 어우러져 있기에 어떠한 시대극을 촬영하여도 그 공간이 주는 매력을 흠뻑 발산하고 있다.

《(좌)부여, 서동요 테마파크 / (우)제천 KBS 촬영장》

---

32) 물론 이것도 하동군에서 인위적으로 만든 고택이지만, 고증과 건축에 심혈을 기울여 진짜 고택처럼 느껴진다.
33) 비실재(Unreal): 인간이 인위적으로 꾸민 공간으로 나이트클럽이나 인공적인 숙박시설 등 그 공간에 자연스럽지 않은 것들

〈(좌)하동 최참판댁 영화촬영지 / (우) 기장 아홉산숲: 더킹 : 영원의 군주 촬영지〉

문화관광을 통한 지역활성화

여가의 시대에 그 화룡점정(畵龍點睛)인 관광활동은 지역사회가 더욱 풍요로워지게 하고 그곳에서 삶의 터전을 가꾸고 살아가는 지역민이 자긍심을 갖고 즐겁게 살아가게 만드는 일석이조의 효과가 있다. 그 방법은 멀리 있는 것이 아니고 해당 지역에 스며있는 역사성과 지역성을 창의적으로 발굴하여 고부가가치를 창출하는 문화관광 상품으로 개발하는 것이 가장 효과적이다.

그러므로 지역 간의 경쟁이 심화되는 추세 속에서 지역의 문화관광 개발을 성공시키려면, 자기 지역의 문화적 잠재력과 특성을 정확히 인식하여 자원의 '진정성'과 '지역성'을 관광상품으로 개발해내는 계획과 활동이 최우선적으로 추진해야 할 정책이다. 이 과정에서, 성공의 최대 키워드는 타지역과 구별되는 독특한 '차별성의 확보'와 '유지'에 있다.

문화관광 개발이 지역발전의 수단으로 전환하기 위해서는 첫째, 지역의 고유문화를 관광객 욕구와 일치시키는 축제나 이벤트 상품을 창의적으로 개발하여 활용하는 게 효과적이다. 그런데 그 행사를 관(官) 주도가 아닌 지역주민이 자발적으로 추진해야 한다. 그래야지만 지역주민의 지역에 대한 자긍심을 확고히 하며 지역홍보를 강화해 가는 등 다양한 효과를 거둘 수 있다.

둘째, 민속 문화, 역사유적 이외에 음악, 미술, 연극, 영화, 드라마 등 다양한 문화예술 장르별로 '테마별 여행 상품'으로 개발해내는 것이 필요하다. 그런 의도된 노력을 통해 단순 통과 관광객 뿐만 아니라 목적을 갖고 체류형 관광객들이 머무를 수 있는 '야행' '맛집' '쇼핑' '독특한 숙박시설'등의 인프라가 구축되어야 한다.

셋째, 지역의 문화관광 관련 이미지를 확산시키기 위한 전략으로 다양한 매체를 동원한 홍보마케팅 전략개발이 필수적이다. 여행 작가나 언론방송사 등에 대한 팸투어, 기획보도 등의 유치와 인터넷 등 각종 사이버 홍보매체도 적극 활용하는 등의 온·오프라인을 병행하는 마케팅 전략을 수립하고 매뉴얼화하고 경험이 축적되고 전달될 수 있어야 한다.

　이러한 모든 방법이 지역의 관광 활성화가 될 수 있으며, 그것이 곧 지역경제 활성화와 신규 고용창출로 이어져 '지역의 번영'으로 이어진다.

참고문헌

권수현, 2014, 정부의 문화관광축제 선정 지원요인이 지역발전 기대감과 지역주민의 만족도에 미치는 영향 연구, 중앙대학교 예술경영학과 석사학위논문

김석현·윤병국, 2020. 2, 제주도 건축관광에 관한 연구: 선행적 연구로서 제주도 건축관광의 상품화 방안을 중심으로, 관광연구저널 PP.197~200, 제34권 2호, 한국관광연구학회

김용기, 최종희, 2004, 한국의 궁궐조경, 한국전통조경학회지 22(4), 29, 118-119.

김영모, 진상길, 2002, "신선사상에 영향 받은 전통 조경문화의 전개양상에 관한 연구-古代 시대의 조경문화를 중심으로", 한국전통조경학회지 20(3), 79.

문화체육관광부, 2019, 관광동향에 관한 연차보고서

박석희, 1999, 나도 관광자원해설가가 될 수 있다, 1999, 백산출판사

심우경, 2005, "우리 전통조경의 특징과 배경", 한국전통조경학회지 23(1), 117

신정일, 2007, 풍류: 옛 사람과 나누는 술 한 잔, 2007, 한얼미디어

안계복, 2004, "산수유람정원의 거점, 樓·亭·臺", 한국전통조경학회지 22(4), 94.

이재근, 2005, "한국의 별서정원", 한국전통조경학회지 23(1), 141.

윤병국 외, 2006년, 테마가 있는 리조트 개발 및 경영, 형설출판사

윤병국 외, 2012.02, 한방의료체험을 통한 한방의료관광 인식이 재방문의사에 미치는 영향: 대장금 한방의료체험 행사장을 방문한 중국관광객을 중심으로, 관광학연구, 36권 1호, pp. 133~156, 한국관광학회

윤병국 외 4인, 2012. 6, 민족적 연대감에 의한 여행상품 개발 모색-일본 오키나와의 삼별초와 홍길동을 중심으로-, 한국사진지리학회지, 22권 2호, 한국사진지리학회

윤병국·이은미, 2012.08, 한국의 한방의료관광 동향과 연구과제에 대한 탐색적 연구, 24권 제6호, 2012.08, 한국관광레저학회, PP 117~135

윤병국 외, 2012년 8월, 유네스코 세계문화유산과 관광, 도서출판 새로미

윤병국 외, 2013년 11월 관광학개론, 도서출판 백암

윤병국·유근준, 2014.1, 한방의료관광 서비스품질과 신뢰도가 방문객 체험만족 및 재방문의도에 미치는 영향연구: 2013 산청세계전통의약엑스포 동의본가를 중심으로, 관광레저연구 제26권 1호, pp. 41~59, 한국관광레저학회

윤병국 외, 2014년 10월, 세계관광지와 문화이해, 새로미

윤병국 외, 2015년 2월, 관광학개론, 한올

이정은 외 인, 2019, 문화관광의 이해, 지식인

장원기 외 1인, 2019, 문화관광스토리텔링, 대왕사
최상규, 2016, 문화관광축제가 도시재생에 미치는 영향인식에 관한 연구, 배재대학교 관광경영
　　　학과 박사학위논문
한국교육심리학회, 2000, 교육심리학용어사전, 학지사
태권도원 홈페이지

에필로그

인생 여행에서 관광지리가 필요한 이유

우리가 여행을 떠날 때 여행 관련 용품은 미리 철저하게 준비하지만, 정작 여행에 필요한 관광지나 관광자원에 대한 정보는 인터넷이나 스마트폰을 통해서 단편적인 지식만을 습득하고 있다. 그러다 보니 여행 과정에서 무의식적으로 맹목적으로 또는 아무런 생각 없이 관광지에 진입하고 관광자원을 접하는 여행이 일반적이다.

교육을 위한 여행이 아니더라도 관광지에 대해 제대로 인식하고 새로운 시각과 감각으로 관광자원을 느껴보는 훈련이 필요하다. 그러한 능력은 하루아침에 터득되는 것이 아니고 지속적이고 끊임없는 '관심'과 '경험의 축적'에서 나타난다. 어차피 평생 여행하면서 인생을 즐길 것이면 남들보다 더 차별화되고 의미 있는 여행을 하면 더 좋을 것이다. 그래서 이 책은 그러한 여행자를 위해서 조그마한 지식과 경험을 보탠 것이다.

'세상은 아는 만큼 보이고, 보이는 만큼 느낄 수 있다!' 학교와 강의실에서 배우는 지식도 인생살이에서 중요하지만, 여행을 통해 "길 위에서 느끼는 경험"은 삶을 풍요롭고 행복하게 해준다!

지금부터 실천해 봅시다! 지리 여행은 은퇴 후에 다리 떨릴 때 가는 것이 아니고 가슴 떨릴 때 가는 것입니다! 시간은 기다려 주지 않는다.

내가 사는 '지금'이 '내 인생의 가장 젊은 날'이다!

여행 덕분에 행복한 관광지리학자

윤병국

저자 윤병국 교수는 경희대학교 지리학과에서 학부·석·박사 과정을 하면서 학문적 정통성을 이어받았고, 경희대의 관광학연구 전통을 접목하여 관광지리학 부흥에 힘쓰고 있다.

1995년 광주보건대학 관광영어과를 거쳐 2003년부터 경희사이버대학교 관광레저항공경영학부에 교수로 재직하면서 대학원장과 부총장 역할까지 완수하고 교수의 세 가지 덕목인 연구 및 강의, 국가에 대한 봉사를 즐겁게 수행하고 있다.

연구 분야인 관광지리, 관광개발, 문화관광, 의료관광, 여행사경영론 분야의 전공서 29편을 저술하였고, 60여 편의 학술논문 실적을 보유하고 있다.

국가기관에 대한 봉사로서 한국관광공사, 경기관광공사, 하동군 등에서 관광 분야 자문, 심사·위원으로 활동하고, 지방자치인재개발원에서 공무원 관광교육 지도교수의 역할을 자긍심을 가지고 수행하고 있다. 또한, 한국관광공사의 호텔업 등급결정 평가위원으로도 활동하고 있다.

대학 때 은사인 한국 최초의 세계여행가 김찬삼 교수의 세계여행시리즈를 이어받아 현재 시점의 '관광지리학자와 함께 하는 세계여행'을 연재 중이다.

4,000여 명의 교수·학자들의 지식집단인 한국관광연구학회 회장이며, 관광 전문 싱크탱크인 국민여가관광진흥회 이사장을 수행하면서 '길위의 대학' 설립을 준비 중에 있다.

윤병국 교수는 그의 경험과 지식이 필요한 곳이면 어디든지 즐겁게 여행가듯이 달려가며, '지금이 내가 사는 인생 중에서 가장 젊은 날이다'라는 생각으로 오늘도 떠날 준비를 하고 있다.

관광지리학자와 함께 답사하는
한국의 땅

초판인쇄 2020년 8월 31일
초판발행 2020년 8월 31일

지은이 윤병국
펴낸이 채종준
펴낸곳 한국학술정보㈜
주소 경기도 파주시 회동길 230(문발동)
전화 031) 908-3181(대표)
팩스 031) 908-3189
홈페이지 http://ebook.kstudy.com
전자우편 출판사업부 publish@kstudy.com
등록 제일산-115호(2000. 6. 19)

ISBN 979-11-6603-076-5 03980